高等院校数字艺术精品课程系列教材

# Photoshop 核心应用案例教程

第2版 Photoshop 2021

全彩慕课版

周建国 张维梅 主编 / 刘峰 副主编

人民邮电出版社
北京

**图书在版编目（CIP）数据**

Photoshop核心应用案例教程 ： 全彩慕课版 ：
Photoshop 2021 / 周建国，张维梅主编. -- 2版. -- 北
京 ： 人民邮电出版社，2023.8（2024.1 重印）
高等院校数字艺术精品课程系列教材
ISBN 978-7-115-62304-1

Ⅰ. ①P… Ⅱ. ①周… ②张… Ⅲ. ①图像处理软件－
高等学校－教材 Ⅳ. ①TP391.413

中国国家版本馆CIP数据核字(2023)第129146号

## 内 容 提 要

本书全面、系统地介绍 Photoshop 2021 的基本操作技巧和核心功能，包括初识 Photoshop、Photoshop 基础知识、常用工具的使用、抠图、修图、调色、合成、特效和商业案例等内容。

本书主要章节的内容均以课堂案例为主线，每个案例都有详细的操作步骤，读者通过实际操作可以快速熟悉软件功能并领会设计思路。主要章节的软件功能解析部分可以帮助读者深入学习软件功能和制作特色。主要章节的最后还安排了课堂练习和课后习题，可以拓展读者对软件的实际应用能力。本书的商业案例可以帮助读者快速地掌握商业图形图像的设计理念和设计思路，顺利达到实战水平。

本书可作为高等院校数字媒体艺术类专业课程的教材，也可作为 Photoshop 初学者的自学参考用书。

◆ 主　　编　周建国　张维梅
　副 主 编　刘　峰
　责任编辑　马　媛
　责任印制　王　郁　焦志炜

◆ 人民邮电出版社出版发行　　北京市丰台区成寿寺路 11 号
　邮编　100164　　电子邮件　315@ptpress.com.cn
　网址　https://www.ptpress.com.cn
　临西县阅读时光印刷有限公司印刷

◆ 开本：787×1092　1/16
　印张：13.5　　2023 年 8 月第 2 版
　字数：354 千字　　2024 年 1 月河北第 2 次印刷

定价：69.80 元

**读者服务热线：(010)81055256　印装质量热线：(010)81055316**
**反盗版热线：(010)81055315**
**广告经营许可证：京东市监广登字 20170147 号**

# FOREWORD 前言

本书全面贯彻党的二十大精神，以社会主义核心价值观为引领，传承中华优秀传统文化，坚定文化自信，使内容更好地体现时代性、把握规律性、富于创造性。

## Photoshop 简介

Photoshop 是由 Adobe 公司开发的图形图像处理和编辑软件。它在图像处理、视觉创意、数字绘画、平面设计、包装设计、界面设计、产品设计、效果图处理等领域都有广泛的应用，功能强大、易学易用，深受图形图像处理爱好者和平面设计人员的喜爱，已经成为相关领域流行的软件之一。

## 如何使用本书

**Step1** 精选基础知识，结合慕课视频，让读者快速上手 Photoshop。

**Step2** 课堂案例 + 软件功能解析，让读者边做边学软件功能，熟悉设计思路。

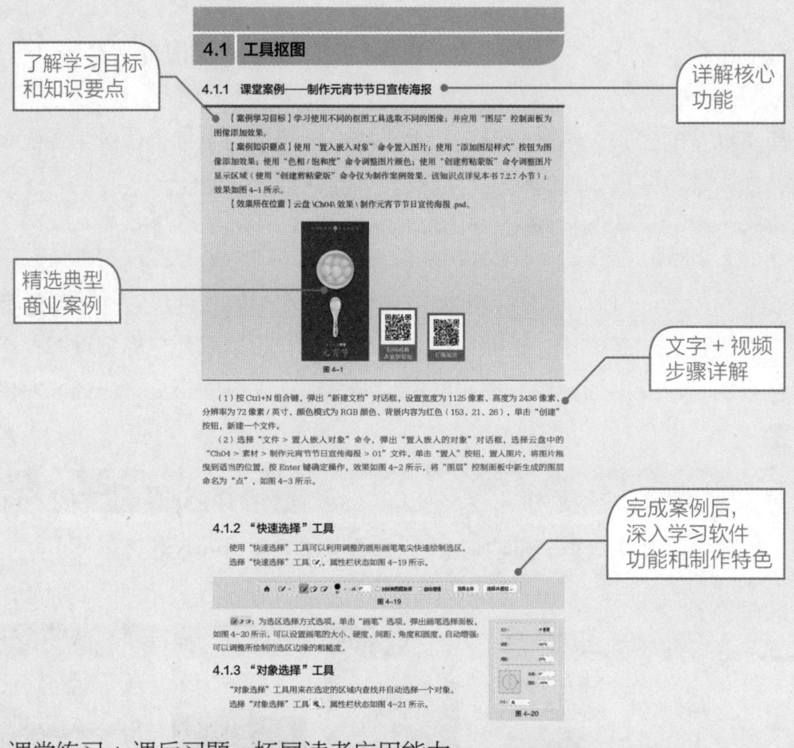


## 4.1 工具抠图

### 4.1.1 课堂案例——制作元宵节节日宣传海报

【案例学习目标】学习使用不同的抠图工具选取不同的图像；并应用“图层”控制面板为图像添加效果。

【案例知识要点】使用“置入嵌入对象”命令置入图片；使用“添加图层样式”按钮为图像添加效果；使用“色相 / 饱和度”命令调整图片颜色；使用“创建剪贴蒙版”命令调整图片显示区域（使用“创建剪贴蒙版”命令仅为制作案例效果，该知识点详见本书 7.2.7 小节）；效果如图 4-1 所示。

【效果所在位置】云盘 \Ch04\ 效果 \ 制作元宵节节日宣传海报 .psd。

图 4-1

（1）按 Ctrl+N 组合键，弹出“新建文档”对话框，设置宽度为 1125 像素、高度为 2436 像素、分辨率为 72 像素 / 英寸、颜色模式为 RGB 颜色、背景内容为红色（153、21、26），单击“创建”按钮，新建一个文件。

（2）选择“文件 > 置入嵌入对象”命令，弹出“置入嵌入的对象”对话框，选择云盘中的“Ch04 > 素材 > 制作元宵节节日宣传海报 > 01”文件。单击“置入”按钮，置入图片，将图片拖曳到适当的位置，按 Enter 键确定操作，效果如图 4-2 所示，将“图层”控制面板中新生成的图层命名为“点”，如图 4-3 所示。

### 4.1.2 “快速选择”工具

使用“快速选择”工具可以利用调整的圆形画笔笔尖快速绘制选区。

选择“快速选择”工具，属性栏状态如图 4-19 所示。

图 4-19

：为选区选择方式选项。单击“画笔”选项，弹出画笔选择面板，如图 4-20 所示，可以设置画笔的大小、硬度、间距、角度和圆度。自动增强：可以调整所绘制的选区边缘的粗糙度。

图 4-20

### 4.1.3 “对象选择”工具

“对象选择”工具用来在选定的区域内查找并自动选择一个对象。

选择“对象选择”工具，属性栏状态如图 4-21 所示。

**Step3** 课堂练习 + 课后习题，拓展读者应用能力。

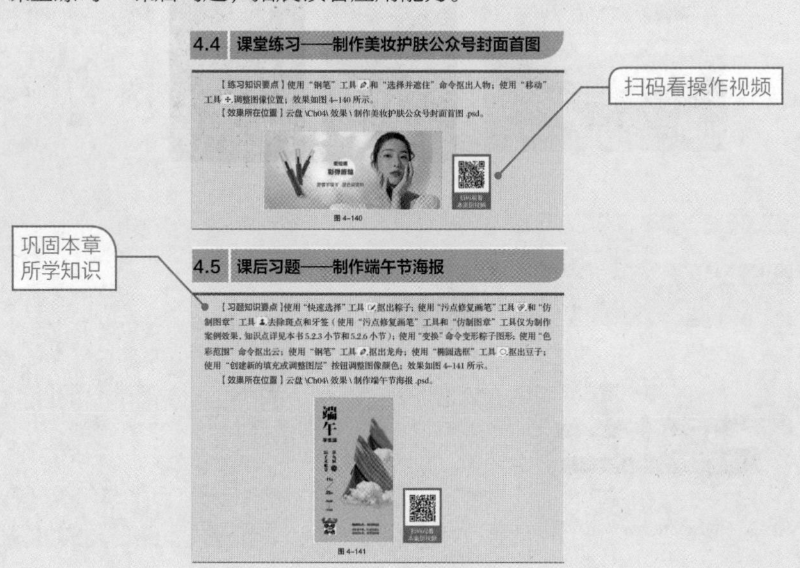


## 4.4 课堂练习——制作美妆护肤公众号封面首图

【练习知识要点】使用“钢笔”工具和“选择并遮住”命令抠出人物；使用“移动”工具调整图像位置；效果如图 4-140 所示。

【效果所在位置】云盘 \Ch04\ 效果 \ 制作美妆护肤公众号封面首图 .psd。

图 4-140

## 4.5 课后习题——制作端午节海报

【习题知识要点】使用“快速选择”工具抠出粽子；使用“污点修复画笔”工具和“仿制图章”工具去除斑点和牙签（使用“污点修复画笔”工具和“仿制图章”工具仅为制作案例效果，知识点详见本书 5.2.3 小节和 5.2.6 小节）；使用“变换”命令变形粽子图形；使用“色彩范围”命令抠出云；使用“钢笔”工具抠出龙舟；使用“椭圆选框”工具抠出豆子；使用“创建新的填充或调整图层”按钮调整图像颜色；效果如图 4-141 所示。

【效果所在位置】云盘 \Ch04\ 效果 \ 制作端午节海报 .psd。

图 4-141

# FOREWORD 前言

**Step4** 综合实战，结合扩展设计知识，演练真实商业项目制作过程。

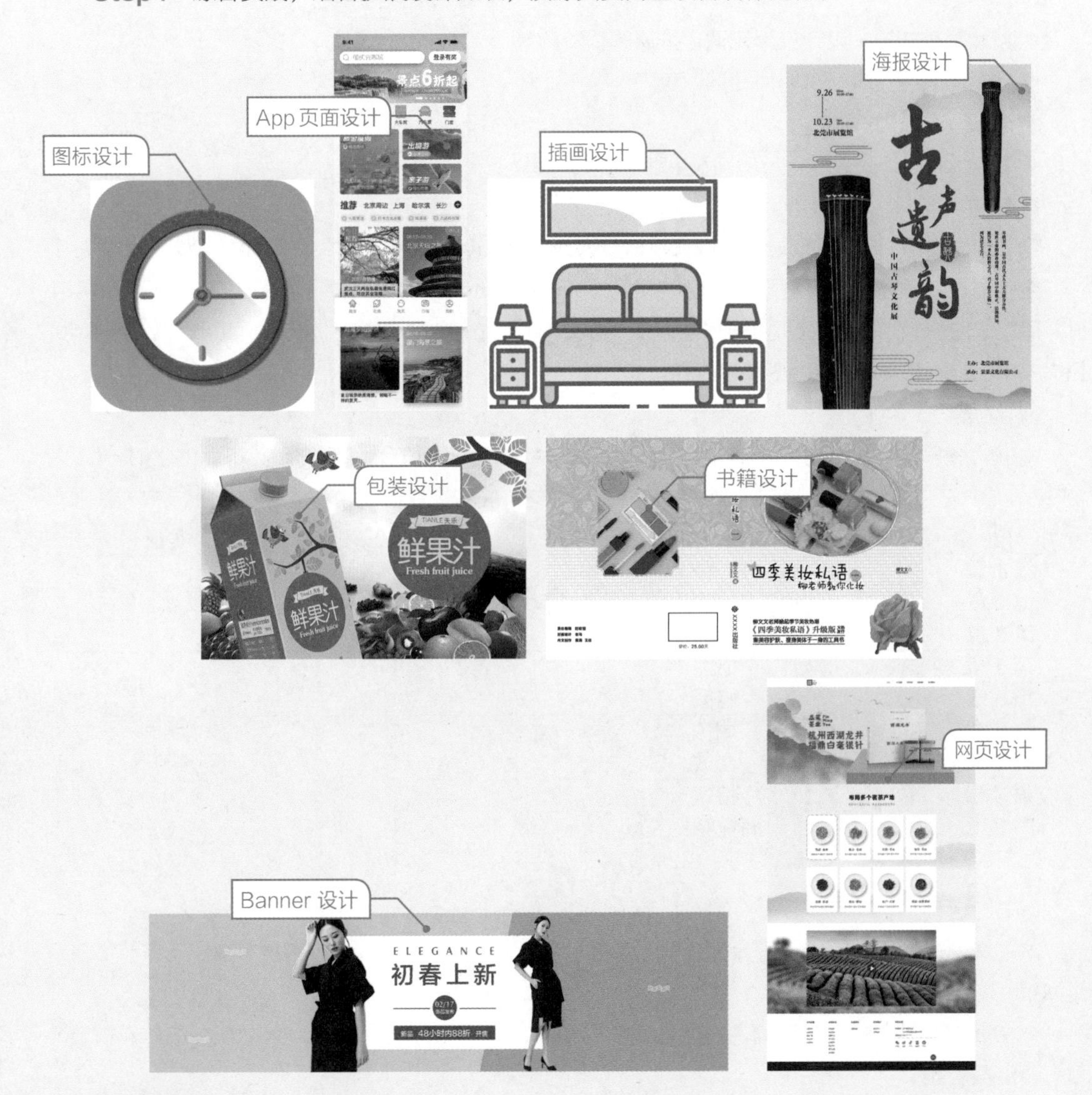


**配套资源**

- 所有案例的素材及最终效果文件。
- 案例操作视频，扫描书中二维码即可观看。
- 扩展案例，扫描书中二维码即可查看扩展案例操作步骤。
- 商业案例的详细操作步骤，扫描书中二维码即可查看第 9 章商业案例的详细操作步骤。

Photoshop

- 设计基础知识＋设计应用知识，扩展阅读资源。
- 常用工具速查表、常用快捷键速查表。
- 全书 9 章 PPT 课件。
- 教学大纲。
- 教学教案。

全书配套资源，读者可登录人邮教育社区（www.ryjiaoyu.com），在本书页面中免费下载并使用。

全书慕课视频，读者可登录人邮学院网站（www.rymooc.com）或扫描封面的二维码，使用手机号码完成注册，在首页右上角单击“学习卡”选项，输入封底刮刮卡中的激活码，即可在线观看视频。扫描书中二维码也可以使用手机观看视频。

**教学指导**

本书的参考学时为 64 学时，其中，实训环节为 34 学时，各章的参考学时参见下面的学时分配表。

| 章 | 课程内容 | 学时分配 | |
|---|---|---|---|
| | | 讲授 | 实训 |
| 第 1 章 | 初识 Photoshop | 2 | — |
| 第 2 章 | Photoshop 基础知识 | 2 | 2 |
| 第 3 章 | 常用工具的使用 | 2 | 4 |
| 第 4 章 | 抠图 | 4 | 4 |
| 第 5 章 | 修图 | 4 | 4 |
| 第 6 章 | 调色 | 4 | 4 |
| 第 7 章 | 合成 | 4 | 4 |
| 第 8 章 | 特效 | 4 | 4 |
| 第 9 章 | 商业案例 | 4 | 8 |
| 学时总计 | | 30 | 34 |

**本书约定**

本书案例素材所在位置：云盘 \ 章号 \ 素材 \ 案例名。如云盘 \Ch04\ 素材 \ 制作元宵节节日宣传海报。

本书案例效果文件所在位置：云盘 \ 章号 \ 效果 \ 案例名。如云盘 \Ch04\ 效果 \ 制作元宵节节日宣传海报 .psd。

本书中关于颜色设置的表述，如蓝色（232、239、248），括号中的数字分别为其 R、G、B 的值。

本书由周建国、张维梅任主编，刘峰任副主编。由于编者水平有限，书中难免存在不妥之处，敬请广大读者批评指正。

编　者

2023 年 4 月

CONTENTS 目录

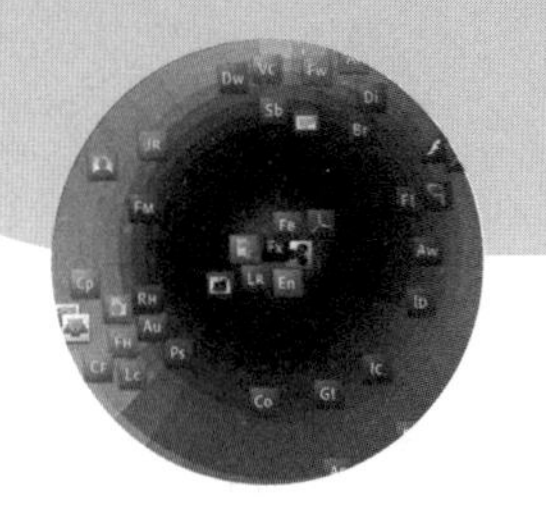

—01—

## 第1章 初识 Photoshop



—02—

## 第2章 Photoshop 基础知识

Photoshop

—03—

## 第 3 章 常用工具的使用



—04—

## 第 4 章 抠图

CONTENTS 目录

—05—

# 第 5 章 修图

Photoshop

—06—

## 第 6 章 调色

CONTENTS 目录

—07—

## 第 7 章 合成



—08—

## 第 8 章 特效

Photoshop

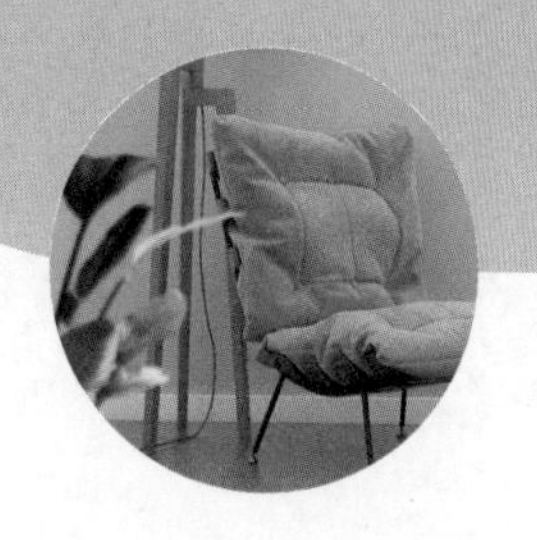

—09—

## 第 9 章 商业案例

CONTENTS 目录

# 扩展知识扫码阅读

## 设计基础

- 认识形体
- 透视原理
- 认识设计
- 认识构成
- 形式美法则
- 点线面
- 基本型与骨骼
- 认识色彩
- 认识图案
- 图形创意
- 版式设计
- 字体设计

>>>

## 设计应用

- 创意绘画
- 图标设计
- 装饰设计
- VI设计
- UI设计
- UI动效设计
- 标志设计
- 包装设计
- 广告设计
- 文创设计
- 网页设计
- H5页面设计
- 电商设计
- MG动画设计
- 网店美工设计
- 新媒体美工设计

01

# 第1章 初识 Photoshop

## 本章介绍

在学习 Photoshop 软件之前，首先了解 Photoshop，包括 Photoshop 的概述、Photoshop 的历史和应用领域，只有认识了 Photoshop 的特点和功能，才能更有效率地学习和运用 Photoshop，从而为我们的工作和学习带来便利。

### 学习目标

- 了解 Photoshop 的诞生和发展
- 熟悉 Photoshop 的应用领域

### 技能目标

- 培养读者的知识结构和专业技能
- 掌握 Photoshop 的基础知识和功能特色

### 素养目标

- 激发读者对 Photoshop 的学习兴趣
- 培养读者的创新意识

# 1.1 Photoshop 概述

Photoshop 概述

Photoshop，简称“PS”，是一款专业的数字图像处理软件，深受创意设计人员和图像处理爱好者的喜爱。Photoshop 拥有强大的绘图和编辑工具，可以对图像、图形、文字、视频等进行编辑，完成抠图、修图、调色、合成、特效等工作。

Photoshop 是十分强大的图像处理软件，人们常说的“P 图”，就是从 Photoshop 而来的。作为设计师，无论身处哪个领域，如平面、网页、动画和影视等，都需要熟练掌握 Photoshop。

# 1.2 Photoshop 的历史

## 1.2.1 Photoshop 的诞生

Photoshop 的历史

在启动 Photoshop 时，在启动界面中有一个名单，排在第一位的是对 Photoshop 最重要的人——Thomas Knoll，如图 1-1 所示。

图 1-1

1987 年，Thomas Knoll 还是美国密歇根大学的博士生，他在完成毕业论文的时候，发现苹果计算机黑白位图显示器无法显示带灰阶的黑白图像，如图 1-2 所示。于是他动手编写了一个叫 Display 的程序，如图 1-3 所示，可以在黑白位图显示器上显示带灰阶的黑白图像，如图 1-4 所示。

图 1-2　图 1-3　图 1-4

后来他又和他的哥哥 John Knoll（如图 1–5 所示）一起在 Display 中增加了色彩调整、羽化等功能，并将 Display 更名为 Photoshop。再后来，软件“巨头”Adobe 公司花了 3450 万美元买下了 Photoshop。

图 1–5

## 1.2.2 Photoshop 的发展

Adobe 公司于 1990 年推出了 Photoshop 1.0，之后不断优化 Photoshop，随着版本的升级，Photoshop 的功能越来越强大。Photoshop 的图标也在不断地变化，直到 2002 年推出了 Photoshop 7.0，如图 1–6 所示。

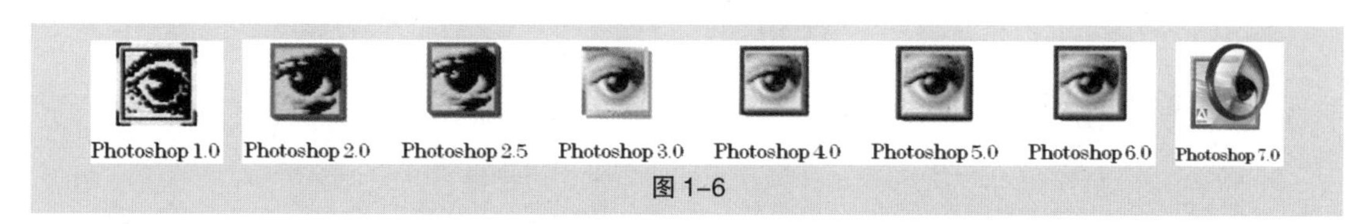

图 1–6

2003 年，Adobe 公司整合了旗下的设计软件，推出了 Adobe Creative Suit（Adobe 创意套装），简称 Adobe CS，如图 1–7 所示。Photoshop 也被命名为 Photoshop CS，之后陆续推出了 Photoshop CS2、Photoshop CS3、Photoshop CS4、Photoshop CS5，2012 年推出了 Photoshop CS6，如图 1–8 所示。

2013 年，Adobe 公司推出了 Adobe Creative Cloud（Adobe 创意云），简称 Adobe CC，如图 1–9 所示。Photoshop 也被命名为 Photoshop CC。

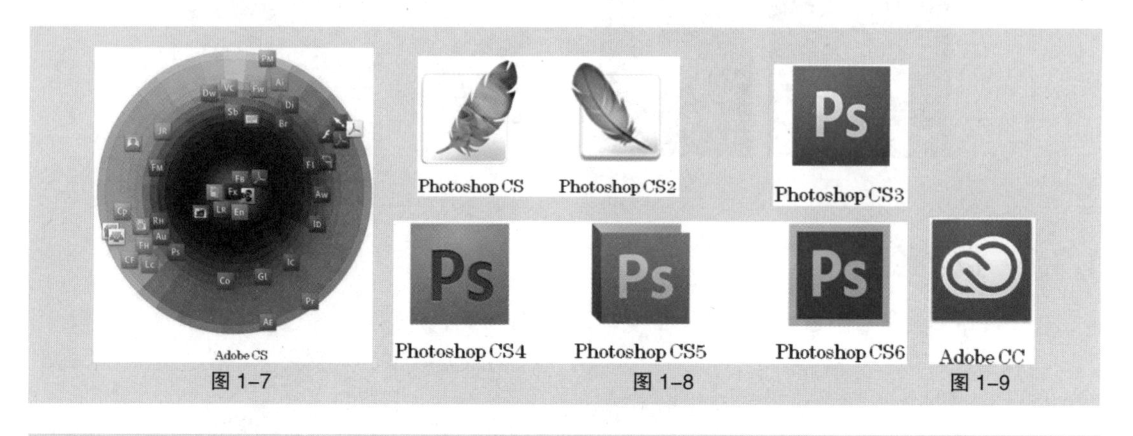

图 1–7　图 1–8　图 1–9

**扩展：** Adobe 公司创建于 1982 年，是世界领先数字媒体和在线营销方案的供应商。

# 1.3 Photoshop 的应用领域

## 1.3.1 图像处理

Photoshop 具有强大的图像修饰功能，能够最大限度地满足人们对美的追求。利用 Photoshop 的抠图、修图、照片美化等功能，可以让图像变得更加完美且富有想象力，如图 1–10 所示。

图 1-10

## 1.3.2 视觉创意

Photoshop 为用户提供了无限广阔的创作空间，用户可以根据自我想象对图像进行合成、添加特效以及 3D 创作等，达到视觉与创意的完美结合，如图 1-11 所示。

图 1-11

## 1.3.3 数字绘画

Photoshop 提供了丰富的色彩以及种类繁多的绘制工具，为数字艺术创作提供了便利条件，用户在计算机上就可以绘制出风格多样的精美插画。数字绘画已经成为新文化群体表达意识形态的重要途径，在日常生活中随处可见，如图 1-12 所示。

图 1-12

## 1.3.4　平面设计

平面设计是 Photoshop 应用最为广泛的领域之一，无论是广告、招贴，还是宣传单、海报等具有丰富图像的平面印刷品，都可以使用 Photoshop 来制作，如图 1-13 所示。

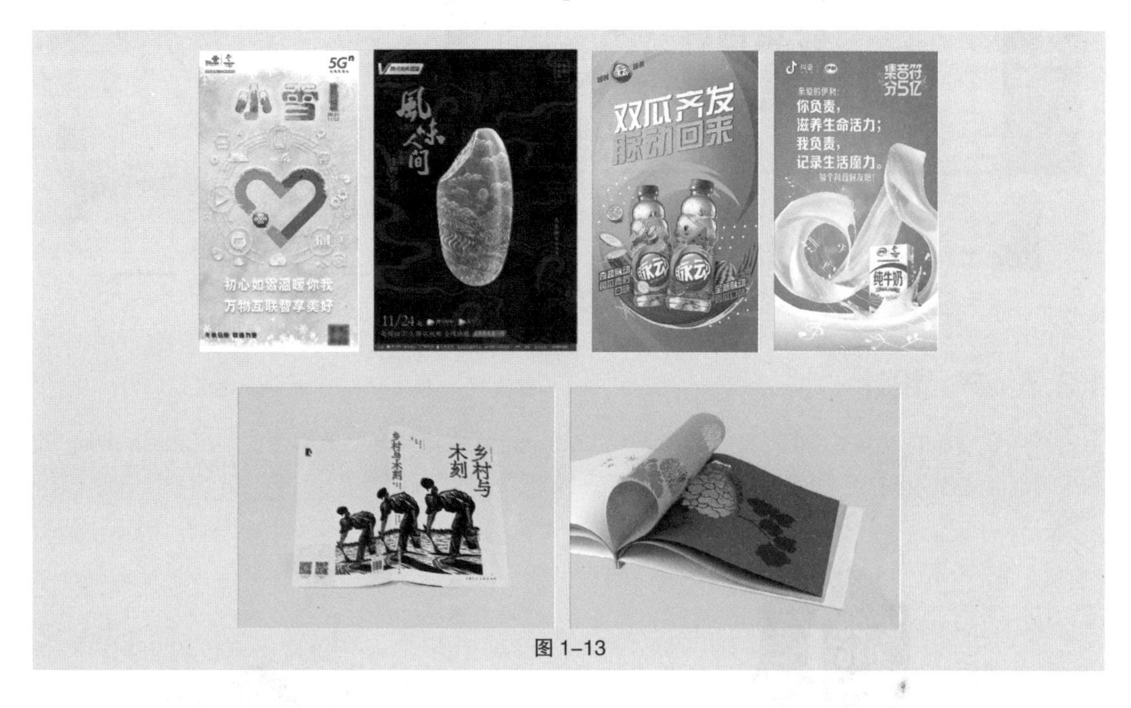


图 1-13

## 1.3.5　包装设计

在书籍装帧设计和产品包装设计中，Photoshop 对图像元素的处理也至关重要，是设计出有品位的包装的必备“利器”，如图 1-14 所示。

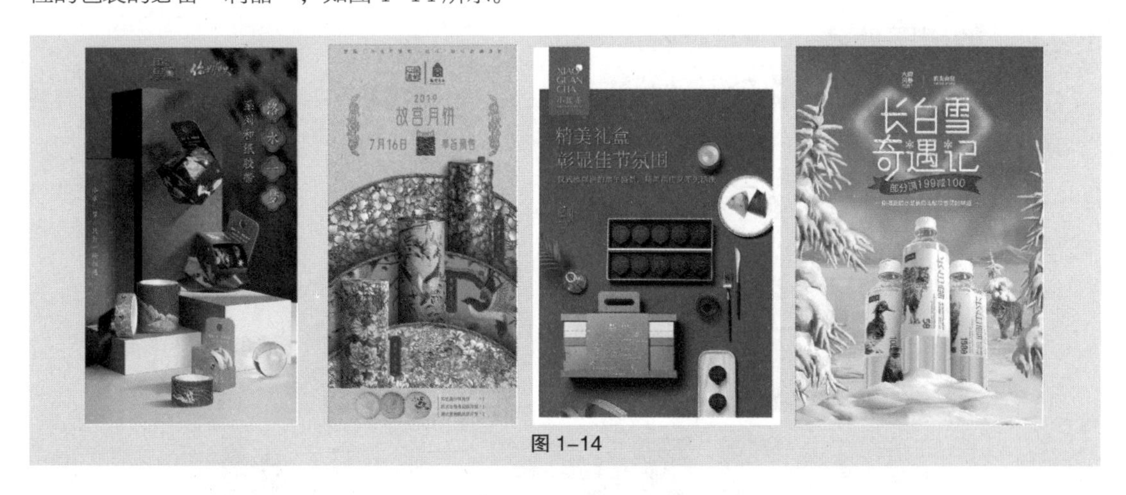


图 1-14

## 1.3.6　界面设计

随着互联网的普及，人们对界面的审美要求也在不断提升，Photoshop 的应用就显得尤为重要。它可以美化网页元素、制作各种真实的特效，已经受到越来越多的设计者的喜爱，如图 1-15 所示。

图 1–15

## 1.3.7 产品设计

在产品设计的效果图表现阶段，经常要用 Photoshop 来绘制产品效果图。利用 Photoshop 的强大功能能充分展示产品功能上的优越性和细节，如图 1–16 所示。

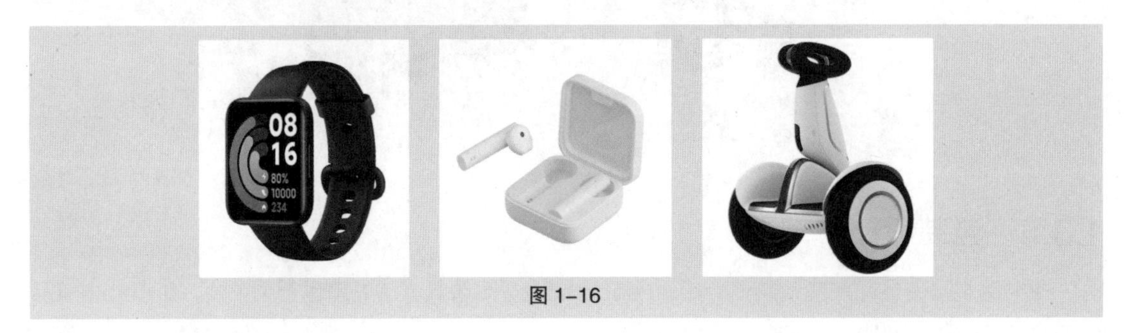


图 1–16

## 1.3.8 效果图处理

Photoshop 作为强大的图像处理软件，不仅可以对渲染出的室内外效果图进行配景、色调调整等后期处理，还可以绘制精美贴图，将其贴在模型上达到好的渲染效果，如图 1–17 所示。

图 1–17

02

# 第2章 Photoshop 基础知识

## 本章介绍

本章对 Photoshop 的基本功能和图像处理基础知识进行讲解。通过对本章的学习，读者可以对 Photoshop 的多种功用有整体的了解，有助于在制作图像的过程中快速地定位、应用相应的知识点，完成图像的制作任务。

### 学习目标

- 了解软件的工作界面
- 了解位图、矢量图和分辨率
- 了解常用的图像色彩模式
- 了解常用的图像文件格式

### 技能目标

- 熟练掌握新建文件和打开文件的方法
- 熟练掌握保存文件和关闭文件的技巧
- 掌握恢复操作的应用

### 素养目标

- 培养读者运用理论知识进行设计的能力
- 培养读者和谐、灵活的设计观念

# 2.1 工作界面

熟悉工作界面是学习 Photoshop 的基础。熟练掌握工作界面的组成，有助于初学者日后得心应手地驾驭软件。Photoshop 的工作界面主要由菜单栏、属性栏、工具箱、控制面板、图像窗口和状态栏等组成，如图 2–1 所示。

图 2–1

菜单栏：菜单栏共包含 12 个菜单。利用各菜单可以完成编辑图像、调整色彩和添加滤镜效果等操作。

属性栏：属性栏用于对工具箱中的各个工具进行具体设置。通过在属性栏中设置不同的选项，可以快速地完成多样化的操作。

工具箱：工具箱包含多个工具。利用不同的工具可以完成对图像的绘制、观察和测量等操作。

控制面板：控制面板是 Photoshop 的重要组成部分。通过不同的功能面板，可以完成在图像中填充颜色、设置图层和添加样式等操作。

图像窗口：图像窗口显示用户正在处理的文件。可以将图像窗口设置为选项卡式窗口，并且可以进行分组和停放。

状态栏：状态栏可以提供当前文件的显示比例、文档大小、当前工具和暂存盘大小等提示信息。

## 2.1.1 菜单栏

Photoshop 的菜单栏依次分为“文件”菜单、“编辑”菜单、“图像”菜单、“图层”菜单、“文字”菜单、“选择”菜单、“滤镜”菜单、“3D”菜单、“视图”菜单、“增效工具”菜单、“窗口”菜单及“帮助”菜单，如图 2–2 所示。

文件(F)　编辑(E)　图像(I)　图层(L)　文字(Y)　选择(S)　滤镜(T)　3D(D)　视图(V)　增效工具　窗口(W)　帮助(H)

图 2–2

“文件”菜单：包含新建、打开、存储、置入等文件的操作命令。“编辑”菜单：包含还原、剪切、复制、填充、描边等编辑命令。“图像”菜单：包含修改图像模式、调整图像颜色、改变图像大小等编辑图像的命令。“图层”菜单：包含对图层的新建、编辑、调整等命令。“文字”菜单：包含对文字的创建、编辑和调整等命令。“选择”菜单：包含关于选区的创建、选取、修改、存储和载入等命令。“滤镜”菜单：包含对图像进行各种艺术化处理的命令。“3D”菜单：包含创建 3D 模型、编辑 3D 属性、调整纹理及编辑光线等命令。“视图”菜单：包含对图像视图的校样、显示和辅助信息的设置等命令。“增效工具”菜单：包含对插件的访问和管理等命令。“窗口”菜单：包含排列、设置工作区以及显示或隐藏控制面板等命令。“帮助”菜单：提供了各种帮助信息和技术支持。

菜单命令的不同状态：有些菜单命令中包含子菜单，包含子菜单的菜单命令右侧会显示黑色的三角形▸，单击带三角形的菜单命令，就会显示出其子菜单，如图 2-3 所示；当菜单命令不符合运行的条件时，就会显示为灰色，即处于不可执行状态，例如，在 CMYK 模式下，“滤镜”菜单中的部分菜单命令将变为灰色，不能使用；当菜单命令后面显示有省略号“…”时，如图 2-4 所示，表示单击此菜单命令，可以弹出相应的对话框、面板等，可以在其中进行相应的设置。

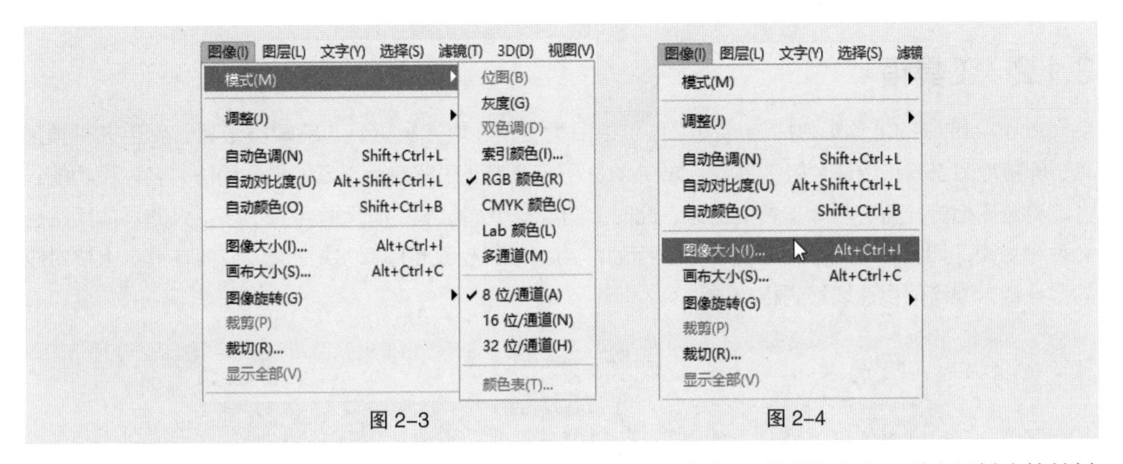

图 2-3　　图 2-4

键盘快捷键和菜单命令：选择“窗口 > 工作区 > 键盘快捷键和菜单”命令，弹出“键盘快捷键和菜单”对话框，如图 2-5 所示，可以根据操作自定义和保存键盘快捷键，如图 2-6 所示。选择“菜单”选项卡，可以根据需要隐藏或显示指定的菜单命令，如图 2-7 所示，还可以为不同的菜单命令设置不同的颜色，如图 2-8 所示。

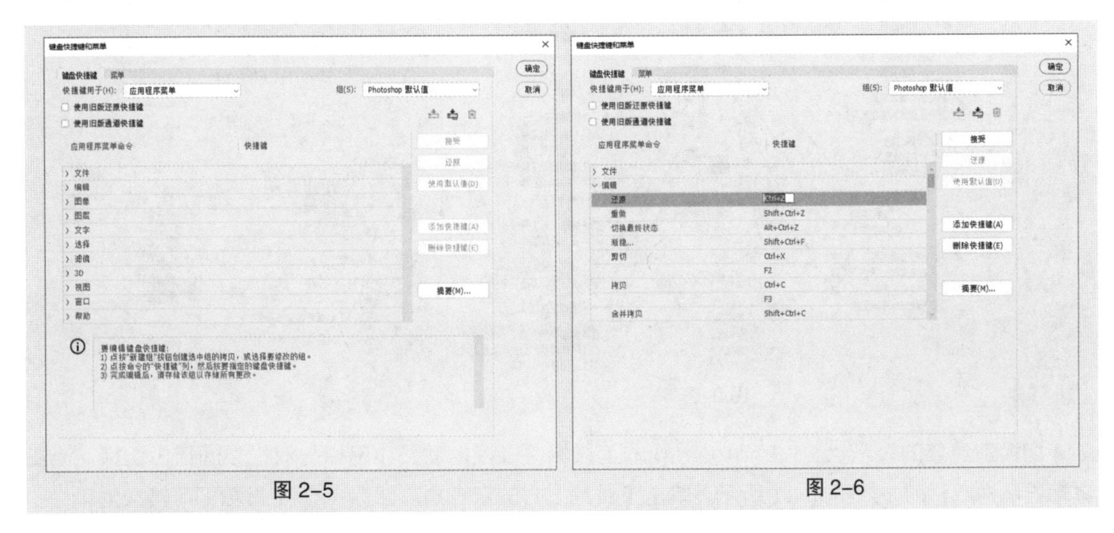
图 2-5　　图 2-6

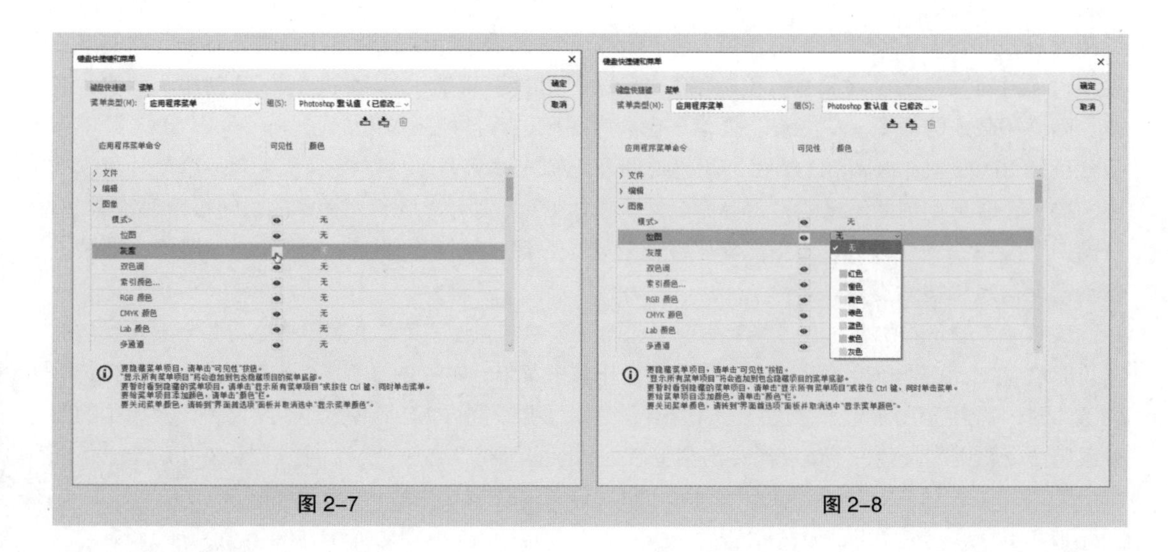

图 2–7　　图 2–8

## 2.1.2　工具箱

Photoshop 的工具箱包括选择类工具、绘图类工具、填充类工具、编辑类工具、颜色选择类工具、屏幕视图工具和快速蒙版工具等，如图 2–9 所示。想要了解每个工具的具体用法、名称和功能，可以将鼠标指针放置在具体工具的上方，此时会出现一个演示框，演示框会显示该工具的具体用法、名称和功能，如图 2–10 所示。工具名称后面的字母代表选择此工具的快捷键，只要在键盘上按对应的快捷键，就可以快速切换到相应的工具。

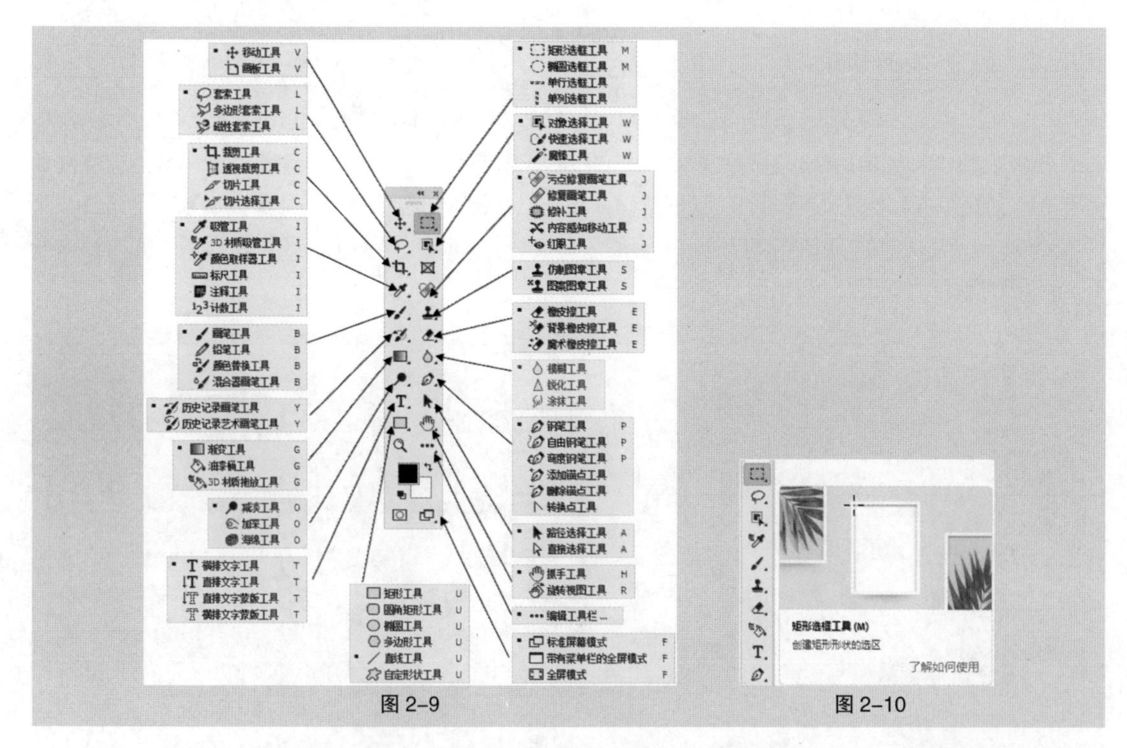


图 2–9　　图 2–10

切换工具箱的显示状态：Photoshop 的工具箱可以根据需要在单栏与双栏之间自由切换。当工具箱显示为双栏时，如图 2–11 所示。单击工具箱上方的双三角形图标 «，工具箱即可转换为单栏，节省工作空间，如图 2–12 所示。

图 2-11　　图 2-12

显示或隐藏工具箱：在工具箱中，部分工具图标的右下方有一个黑色的小三角，表示在该工具下还有隐藏的工具。在工具箱中有小三角的工具图标上长按鼠标左键，可显示隐藏工具，如图 2-13 所示，将鼠标指针移动到需要的工具图标上单击，即可选择该工具。

恢复工具的默认设置：要想恢复工具默认的设置，可以选择该工具，在其属性栏中，右击工具图标，在弹出的快捷菜单中选择“复位工具”命令，如图 2-14 所示。

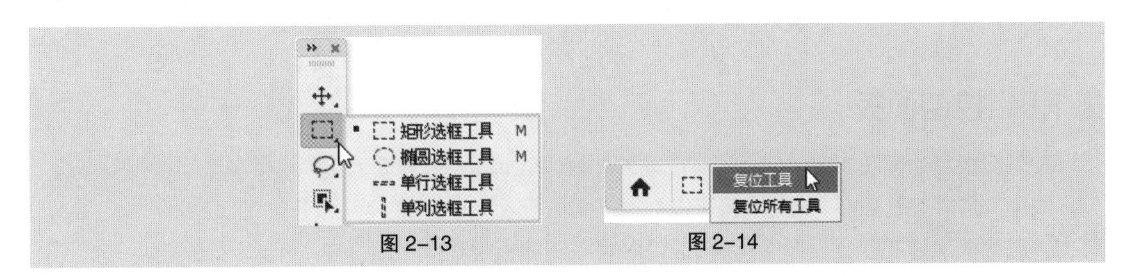

图 2-13　　图 2-14

鼠标指针的显示状态：当选择工具箱中的工具后，鼠标指针就会改变外形。例如，选择“裁剪”工具，图像窗口中的鼠标指针显示为裁剪工具的对应外形，如图 2-15 所示。

选择“画笔”工具，鼠标指针显示为画笔工具的对应外形，如图 2-16 所示。按 Caps Lock 键，鼠标指针转换为精确的十字形，如图 2-17 所示。

图 2-15　　图 2-16　　图 2-17

## 2.1.3　属性栏

当选择某个工具后，会出现相应的属性栏，可以通过属性栏对工具进行进一步的设置。例如，选择“魔棒”工具时，工作界面的上方会出现相应的“魔棒”工具属性栏，可以应用属性栏中的各个选项对工具做进一步的设置，如图 2-18 所示。

图 2-18

## 2.1.4 状态栏

打开一幅图像时，图像的下方会出现该图像的状态栏，如图 2-19 所示。状态栏的左侧显示当前图像缩放显示的百分数。在显示比例区的文本框中输入数值可改变图像窗口的显示比例。在状态栏的中间部分显示当前图像的文件信息，单击三角形图标 〉，在弹出的菜单中可以选择显示当前图像的相关信息，如图 2-20 所示。

图 2-19　　图 2-20

## 2.1.5 控制面板

控制面板是处理图像时另一个不可或缺的部分。Photoshop 界面为用户提供了多个控制面板组。

收缩与扩展控制面板：控制面板可以根据需要进行收缩与扩展。面板的展开状态如图 2-21 所示。单击控制面板上方的双三角形图标 ▸▸，可以将控制面板收缩，如图 2-22 所示。如果要展开某个控制面板，可以直接单击其选项卡，相应的控制面板会自动弹出，如图 2-23 所示。

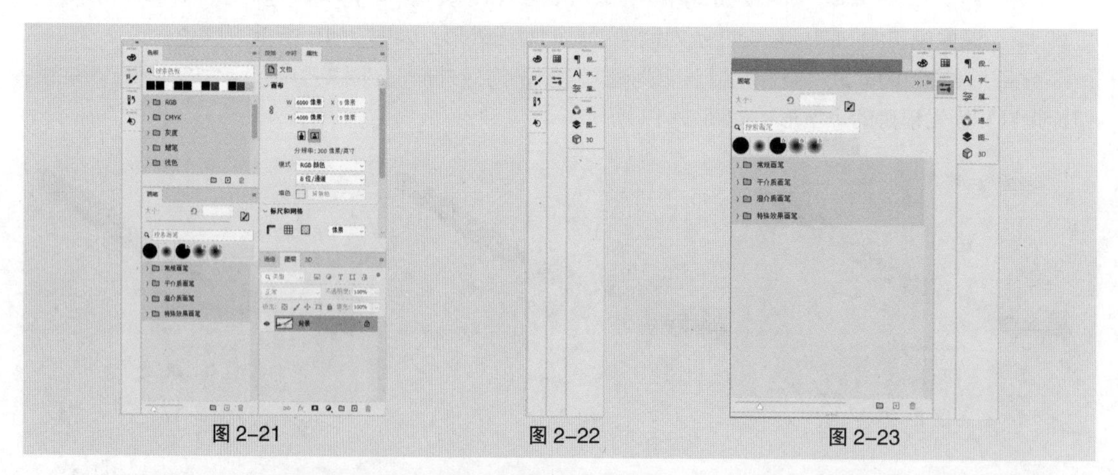

图 2-21　　图 2-22　　图 2-23

拆分控制面板：若需单独拆分出某个控制面板，可选中该控制面板的选项卡并向工作区拖曳，如图 2-24 所示，选中的控制面板将被单独地拆分出来，如图 2-25 所示。

组合控制面板：可以根据需要将两个或多个控制面板组合到一个面板组中，这样可以节省操作的空间。要组合控制面板，可以选中外部控制面板的选项卡，将其拖曳到要组合的面板组中，面板组周围出现蓝色的边框，如图 2-26 所示，此时，释放鼠标左键，控制面板将被组合到面板组中，如图 2-27 所示。

控制面板弹出式菜单：单击控制面板右上方的图标≡，可以弹出控制面板的相关菜单，应用菜单中的命令可以提高控制面板的功能性，如图 2–28 所示。

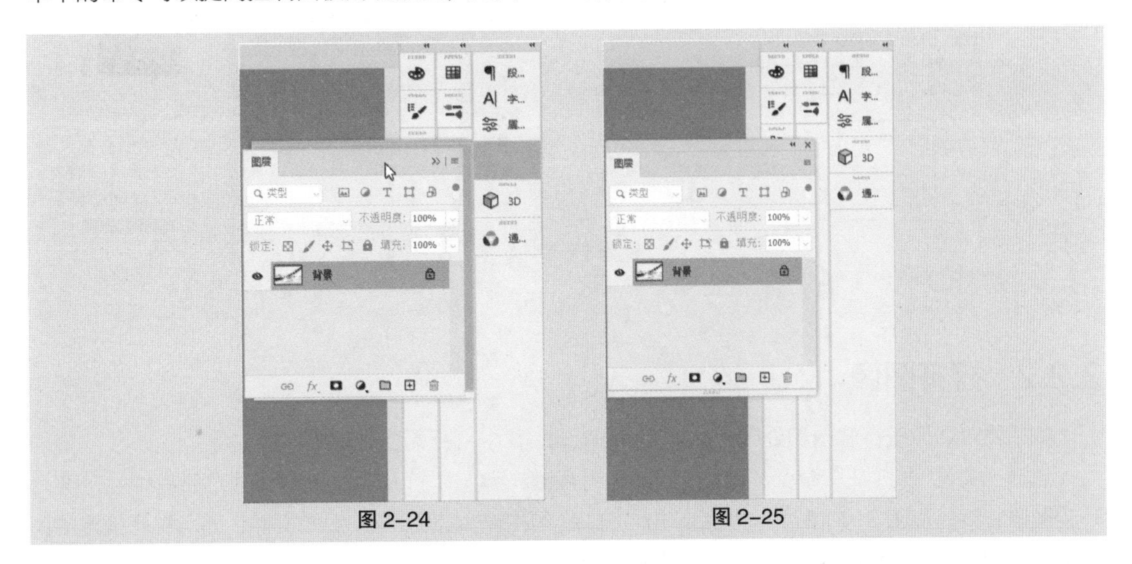

图 2–24　　图 2–25

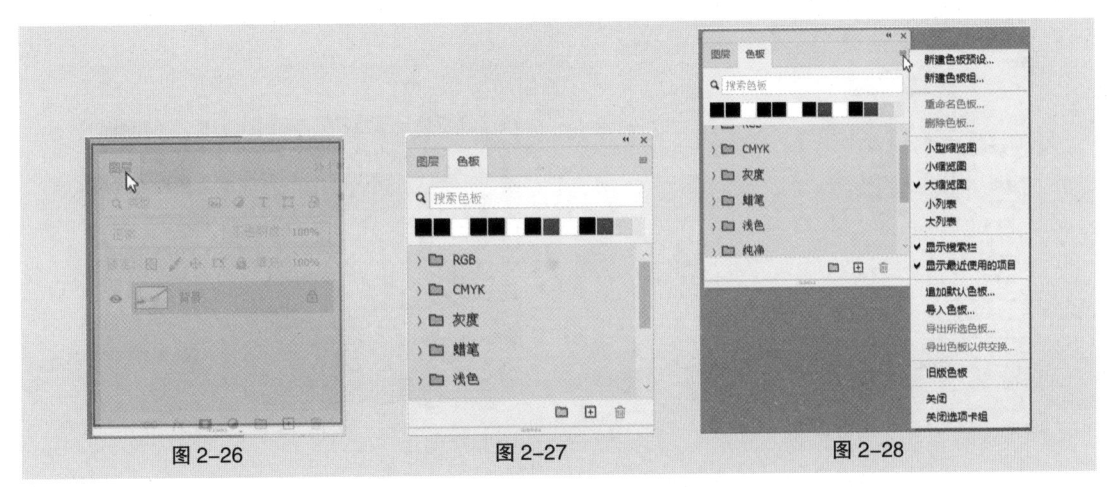


图 2–26　　图 2–27　　图 2–28

隐藏与显示控制面板：按 Tab 键，可以隐藏工具箱和控制面板；再次按 Tab 键，可以显示出隐藏的部分。按 Shift+Tab 组合键，可以隐藏控制面板；再次按 Shift+Tab 组合键，可以显示出隐藏的部分。

## 2.2　新建和打开图像

### 2.2.1　新建图像

新建和打开图像

选择“文件 > 新建”命令，或按 Ctrl+N 组合键，弹出“新建文档”对话框，如图 2–29 所示。在该对话框中可以设置新建图像的名称、宽度、高度、分辨率、颜色模式等选项，单击图像名称右侧的按钮，可以新建文档预设。设置完成后单击“创建”按钮，即可新建图像，如图 2–30 所示。

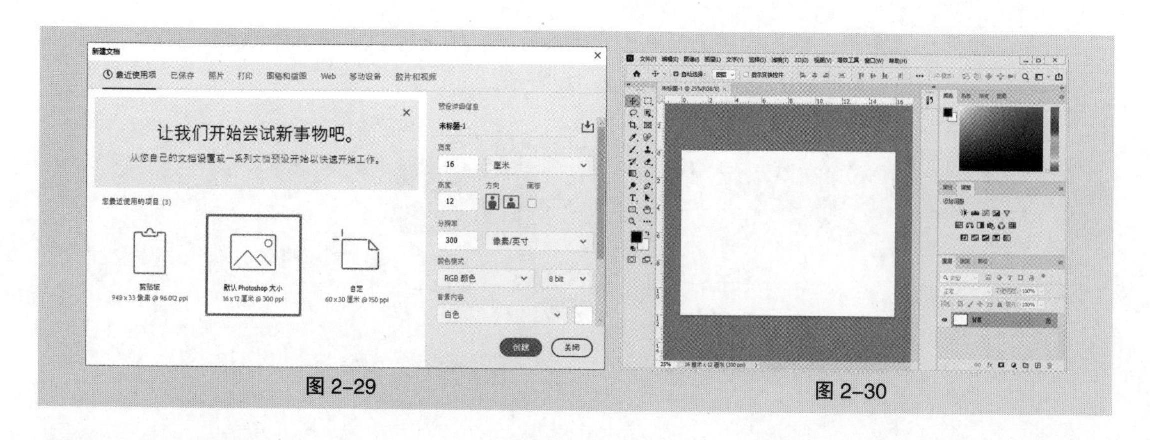


图 2-29　　图 2-30

## 2.2.2 打开图像

如果要对图像进行修改和处理，就要在 Photoshop 中打开需要处理的图像文件。

选择“文件 > 打开”命令，或按 Ctrl+O 组合键，弹出“打开”对话框，在对话框中找到要打开的图像文件，如图 2-31 所示，然后单击“打开”按钮，或直接双击图像文件，即可打开指定的图像文件，如图 2-32 所示。

图 2-31　　图 2-32

# 2.3 保存和关闭图像

## 2.3.1 保存图像

保存和关闭图像

编辑和制作完图像后，就需要对图像文件进行保存，以便于下次打开继续操作。

选择“文件 > 存储”命令，或按 Ctrl+S 组合键，可以存储图像文件。当对设计好的作品进行第一次存储时，选择“文件 > 存储”命令，将弹出对话框，单击“保存到云文档”按钮，可将图像文件保存到云中；单击“保存在您的计算机上”按钮，将弹出“另存为”对话框，如图 2-33 所示。在“另存为”对话框中选择保存路径、输入文件名、选择文件格式后，单击“保存”按钮，即可将图像文件保存。

当对已存储过的图像文件进行各种编辑操作后，选择“存储”命令，将不弹出“另存为”对话框，计算机会直接保存最终确认的结果，并覆盖原始文件。

图 2-33

## 2.3.2 关闭图像

图像文件存储完毕后，可以将其关闭。

选择“文件 > 关闭”命令，或按 Ctrl+W 组合键，即可关闭文件。关闭图像文件时，若当前文件被修改过或是新建的文件，则会弹出提示框，如图 2-34 所示。单击“是”按钮即可存储并关闭图像文件；单击“否”按钮将直接关闭图像文件而不保存对文件的修改；单击“取消”按钮可以取消关闭操作。

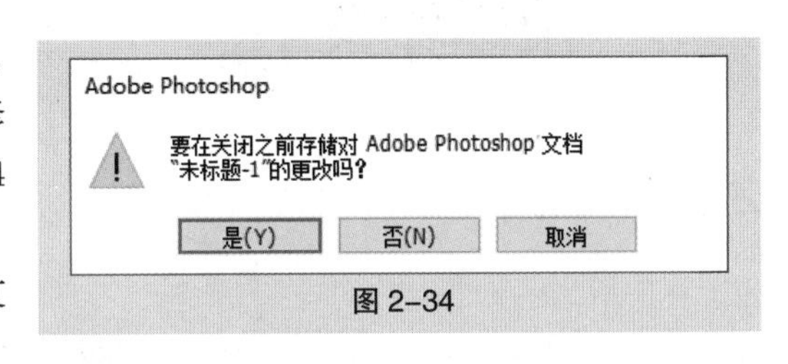

图 2-34

# 2.4 恢复操作的应用

## 2.4.1 恢复到上一步的操作

在编辑图像的过程中可以随时将操作返回到上一步，也可以还原图像到恢复前的效果。选择“编辑 > 还原”命令，或按 Ctrl+Z 组合键，可以恢复到上一步操作。如果想还原图像到恢复前的效果，按 Shift+Ctrl+Z 组合键即可。

## 2.4.2 中断操作

当 Photoshop 正在进行图像处理时，想中断这次正在进行的操作，按 Esc 键即可。

## 2.4.3 恢复到操作过程中的任意步骤

“历史记录”控制面板可以将进行过多次处理操作的图像恢复到任意一步操作时的状态，即所谓的“多次恢复功能”。选择“窗口 > 历史记录”命令，弹出“历史记录”控制面板，如图 2-35 所示。

控制面板下方的按钮从左至右依次为“从当前状态创建新文档”按钮 、“创建新快照”按钮 、“删除当前状态”按钮 。

单击控制面板右上方的图标 ≡，会弹出“历史记录”控制面板的菜单，如图 2-36 所示。“前进一步”命令用于将当前选中向下移动一位；“后退一步”命令用于将当前选中向上移动一位；“新建快照”命令用于根据当前选中的操作记录建立新的快照；“删除”命令用于删除控制面板中当前选中的操作记录；“清除历史记录”命令用于清除控制面板中除最后一条记录外的所有记录；“新建文档”命令用于根据当前状态或者快照建立新的文件；“历史记录选项”命令用于设置“历史记录”控制面板；“关闭”和“关闭选项卡组”命令分别用于关闭“历史记录”控制面板和控制面板所在的选项卡组。

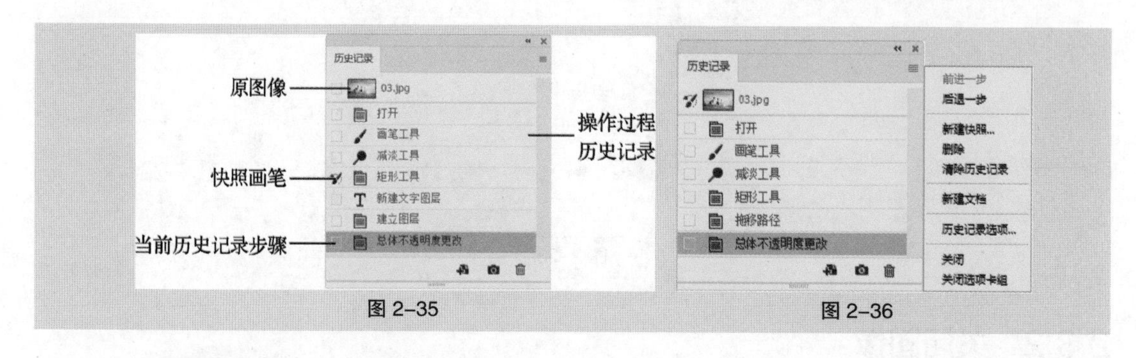

图 2-35 图 2-36

# 2.5 位图和矢量图

## 2.5.1 位图

位图也叫点阵图，它是由许多单独的小方块组成的。这些小方块又被称为像素点。每个像素点都有特定的位置和颜色值。位图的显示效果与像素点是紧密联系在一起的，不同排列和着色的像素点组合在一起构成了一幅色彩丰富的图像。像素点越多，图像的分辨率越高，相应地，图像文件的大小也会随之增大。

一幅位图的原始效果如图 2-37 所示。使用放大工具放大后，可以清晰地看到像素点的小方块形状与不同的颜色，效果如图 2-38 所示。

图 2-37 图 2-38

位图与分辨率有关，如果在屏幕上以较大的倍数放大显示图像，或以低于创建时的分辨率打印图像，图像就会出现锯齿状的边缘，并且会丢失细节。

## 2.5.2 矢量图

矢量图也叫向量图，它是一种基于图形的几何特性来描述的图像。矢量图中的各种图形元素被称为对象。每一个对象都是独立的个体，都具有大小、颜色、形状、轮廓等属性。

矢量图与分辨率无关，可以将它设置为任意大小，其清晰度不会改变，也不会出现锯齿状的边缘。在任何分辨率下显示或打印，都不会损失细节。一幅矢量图的原始效果如图 2-39 所示。使用放大工具放大后，其清晰度不变，效果如图 2-40 所示。

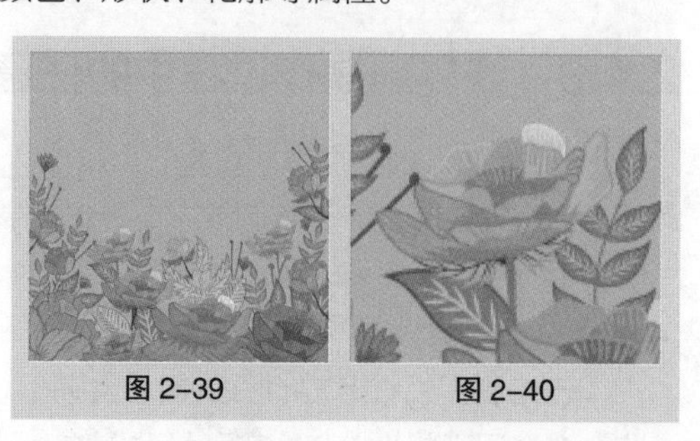
图 2-39 图 2-40

矢量图所占的容量较少，但其缺点是不易制作色调丰富的图像，而且绘制出来的图形无法像位图那样精确地描绘各种绚丽的景象。

# 2.6 图像分辨率

在 Photoshop 中，图像中每单位长度上的像素点数目称为图像的分辨率，其单位为像素 / 英寸（1 英寸≈ 2.54 厘米）或像素 / 厘米。

在相同尺寸的两幅图像中，高分辨率的图像包含的像素点比低分辨率的图像包含的像素点多。例如，一幅尺寸为 1 英寸 ×1 英寸的图像，其分辨率为 72 像素 / 英寸，这幅图像包含 5184 个像素点（72×72 = 5184）。同样尺寸，分辨率为 300 像素 / 英寸的图像，包含 90000 个像素点。相同尺寸下，分辨率为 72 像素 / 英寸的图像效果如图 2-41 所示，分辨率为 10 像素 / 英寸的图像效果如图 2-42 所示。由此可见，在相同尺寸下，高分辨率的图像能更清晰地表现图像内容。

图 2-41　　图 2-42

# 2.7 常用的图像色彩模式

常用的图像色彩模式

## 2.7.1 CMYK 模式

CMYK 代表了印刷中常用的 4 种油墨颜色：C 代表青色，M 代表洋红色，Y 代表黄色，K 代表黑色。CMYK 模式的“颜色”控制面板如图 2-43 所示。

CMYK 模式在印刷时应用了色彩学中的减法混合原理，即减色色彩模式。它是图片、插图和其他 Photoshop 作品中最常用的一种印刷色彩模式。因为在印刷中通常都要先进行四色分色，制作出四色胶片，再进行印刷。

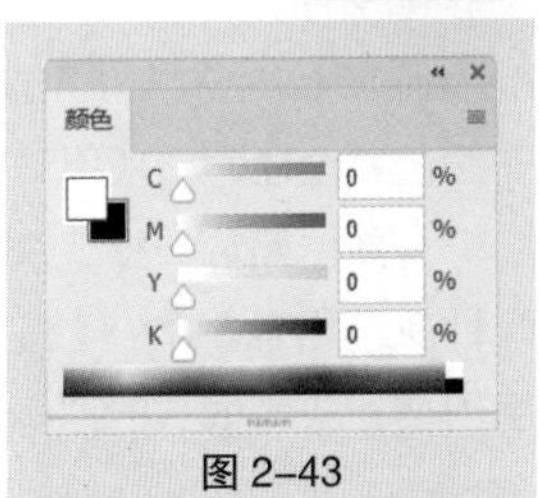


图 2-43

## 2.7.2 RGB 模式

与 CMYK 模式不同的是，RGB 模式是一种加色模式。它通过红、绿、蓝 3 种色光相叠加而形成更多的颜色。RGB 是色光的彩色模式，一幅 24 bit 的 RGB 图像有 3 个色彩信息的通道：红色（R）、绿色（G）和蓝色（B）。RGB 模式的“颜色”控制面板如图 2-44 所示。

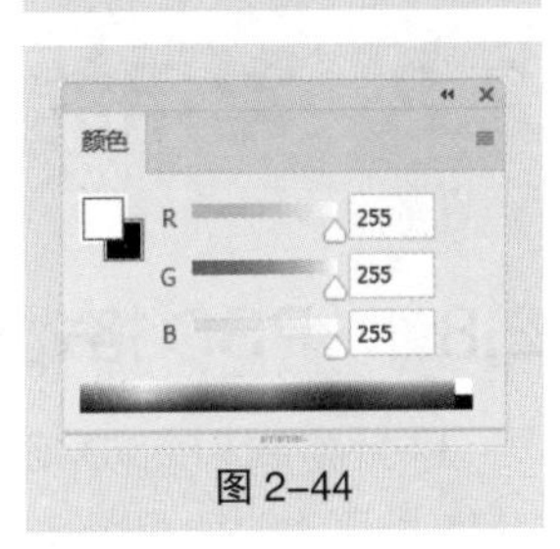


图 2-44

每个通道都有 8 bit 的色彩信息—— 一个 0 ～ 255 的亮度值色域。也就是说，每一种色彩都有 256 个亮度水平级。3 种色彩相叠加，可以有 256×256×256=16777216 种可能的颜色。这 16777216 种颜色足以表现出绚丽多彩的世界。

在 Photoshop 中编辑图像时，RGB 模式应是最佳的选择。因为它可以提供全屏幕的多达 24 bit 的色彩范围，一些计算机领域的色彩专家称之为“True Color”（真色彩）显示。

### 2.7.3 Lab 模式

Lab 模式是 Photoshop 中的一种国际色彩标准模式，它由 3 个通道组成：一个通道是透明度，即L；其他两个是色彩通道，即色相和饱和度，用 a 和 b 表示。a 通道包括的颜色值从深绿到灰，再到亮粉红色；b 通道是从亮蓝色到灰，再到焦黄色。Lab 模式的“颜色”控制面板如图 2-45 所示。

图 2-45

Lab 模式色彩在理论上包括人眼可见的所有色彩，它弥补了 CMYK 模式和 RGB 模式的不足。在这种模式下，图像的处理速度比在 CMYK 模式下快数倍，与 RGB 模式的速度相仿。而且在把 Lab 模式转成 CMYK 模式的过程中，所有的色彩都不会丢失或被替换。事实上，当 Photoshop 将 RGB 模式转换成 CMYK 模式时，Lab 模式一直扮演着中介者的角色。也就是说，RGB 模式先转成 Lab 模式，再转成 CMYK 模式。

### 2.7.4 HSB 模式

HSB 模式只有在颜色吸取窗口中才会出现。H 代表色相，S 代表饱和度，B 代表亮度。色相的意思是纯色，即组成可见光谱的单色。红色为 0 度，绿色为 120 度，蓝色为 240 度。饱和度代表色彩的纯度，饱和度为零时为灰色，黑、白、灰 3 种色彩没有饱和度。亮度是色彩的明亮程度，最大亮度是色彩最鲜明的状态，黑色的亮度为 0。HSB 模式的“颜色”控制面板如图 2-46 所示。

图 2-46

### 2.7.5 灰度模式

灰度图又叫 8 bit 深度图。每个像素用 8 个二进制位表示，能产生 $2^8$（即 256）级灰色调。当一个彩色文件被转换为灰度模式文件时，所有的颜色信息都将丢失。尽管 Photoshop 允许将一个灰度文件转换为彩色模式文件，但不可能将原来的颜色完全还原。所以，当要转换成灰度模式时，应先做好图像的备份。

与黑白照片一样，灰度模式的图像只有明暗值，没有色相和饱和度这两种颜色信息。0% 代表白，100% 代表黑。其中的 K 值用于衡量黑色油墨用量，灰度模式的“颜色”控制面板如图 2-47 所示。

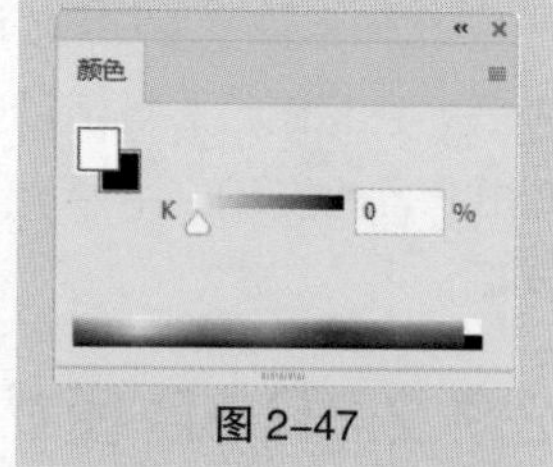

图 2-47

## 2.8 常用的图像文件格式

### 2.8.1 PSD 格式和 PDD 格式

常用的图像文件格式

PSD 格式和 PDD 格式是 Photoshop 自身的专用文件格式，能够支持从线图到 CMYK 模式的所有图像类型，但由于在一些图形处理软件中没有得到很好的支持，所以其通用性不强。PSD 格式和 PDD 格式能够保存图像数据的细节部分，如图层、蒙版、通道等 Photoshop 对图像进行特殊处理的信息。在没有最终决定图像存储的格式前，最好先以这两种格式存储。另外，Photoshop 打开和存储这两种格式的文件比其他格式更快。但是这两种格式也有缺点，就是用这两种格式存储的图像文件体积大，占用的磁盘空间较多。

## 2.8.2 TIFF

TIFF 是标签图像格式。用 TIFF 存储时应考虑到文件的大小，因为 TIFF 的结构要比其他格式更复杂。但 TIFF 支持 24 个通道，能存储多于 4 个通道的文件格式。TIFF 还允许使用 Photoshop 中的复杂工具和滤镜特效。TIFF 非常适用于印刷和输出。

## 2.8.3 GIF

GIF 是 Graphics Interchange Format 的缩写。GIF 的图像文件容量比较小，它形成一种压缩的 8 bit 图像文件。正因为这样，这种格式的文件可缩短图形的加载时间。如果在网络中传送图像文件，GIF 图像文件的处理要比其他格式的图像文件快得多。

## 2.8.4 JPEG 格式

JPEG 是 Joint Photographic Experts Group 的缩写，中文意思为联合图片专家组。JPEG 格式既是 Photoshop 支持的一种文件格式，也是一种压缩方案。它是 Mac 上常用的一种图片存储类型。JPEG 格式是压缩格式中的“佼佼者”，它的压缩比例大，但它使用的有损失压缩，会丢失部分数据。用户可以在存储前选择图像的最高质量，这就能控制数据的损失程度。

## 2.8.5 EPS 格式

EPS 是 Encapsulated PostScript 的缩写。EPS 格式是 Illustrator 和 Photoshop 之间可交换的文件格式。Illustrator 制作出来的流动曲线、简单图形和专业图形一般都存储为 EPS 格式。Photoshop 可以处理这种格式的文件。在 Photoshop 中，也可以把其他图形文件存储为 EPS 格式，便于在排版类的 PageMaker 和绘图类的 Illustrator 等软件中使用。

## 2.8.6 PNG 格式

PNG 格式是用于无损压缩和在 Web 上显示图像的文件格式，是 GIF 的无专利替代品，它支持 24 位图像且能产生无锯齿状边缘的背景透明度；还支持无 Alpha 通道的 RGB 模式、索引颜色、灰度模式和位图模式的图像。某些 Web 浏览器不支持 PNG 格式的图像。

## 2.8.7 选择合适的图像文件存储格式

可以根据工作任务的需要选择合适的图像文件存储格式，下面就根据图像的不同用途介绍应该选择的图像文件存储格式。

用于印刷：TIFF、EPS。

用于网络图像：GIF、JPEG、PNG。

用于 Photoshop：PSD、PDD、TIFF。

03

# 第3章 常用工具的使用

## 本章介绍

本章主要介绍 Photoshop 常用工具的使用，讲解选择图像、绘画和绘图的方法以及文字工具的使用技巧。通过对本章的学习，读者可以快速地选择和绘制规则与不规则的图形，并能添加适当的文字，制作出多变的图像效果。

### 学习目标

- 熟练掌握选择工具组的应用
- 掌握绘画工具组的应用
- 掌握文字工具组的应用
- 熟练掌握绘图工具组的应用

### 技能目标

- 掌握家居装饰类电商 Banner 的制作方法
- 掌握美好生活公众号封面次图的制作方法
- 掌握立冬节气宣传海报的制作方法
- 掌握家居装饰类公众号插画的制作方法

### 素养目标

- 培养读者根据不同制作要求正确使用各工具的能力，提升工作效率
- 提升素材的搭配能力，提升读者审美

# 3.1 选择工具组

对图像进行编辑，首先要进行选择图像的操作。能够快捷、精确地选择图像是提高图像处理效率的关键。

## 3.1.1 课堂案例——制作家居装饰类电商 Banner

【案例学习目标】学习使用不同的选择工具来选择不同外形的装饰摆件。

【案例知识要点】使用“椭圆选框”工具、“矩形选框”工具扣取时钟和画框；使用“磁性套索”工具、“从选区减去”按钮扣取绿植；使用“移动“工具合成图像；效果如图 3-1 所示。

【效果所在位置】云盘 \Ch03\ 效果 \ 制作家居装饰类电商 Banner.psd。

图 3-1

（1）按 Ctrl+O 组合键，打开云盘中的“Ch03 > 素材 > 制作家居装饰类电商 Banner > 01、02”文件，如图 3-2、图 3-3 所示。

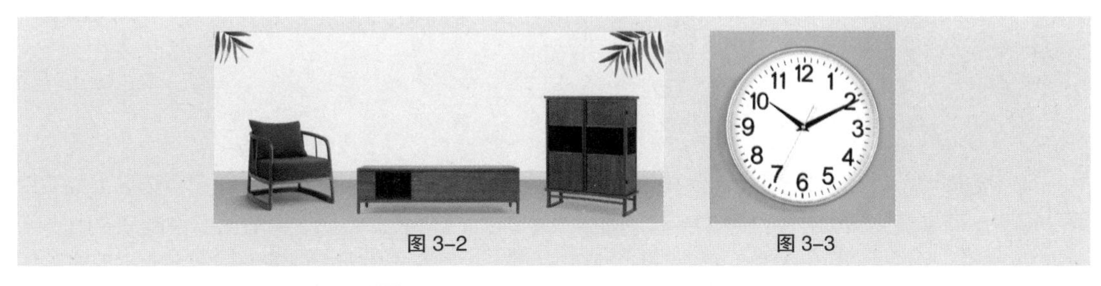

图 3-2　　图 3-3

（2）选择“椭圆选框”工具，在“02”图像窗口中，按住 Alt+Shift 组合键，按住鼠标左键不放，拖曳鼠标绘制圆形选区，如图 3-4 所示。

（3）选择“移动”工具，将选区中的图像拖曳到“01”图像窗口中的适当位置，如图 3-5 所示，将“图层”控制面板中新生成的图层命名为“时钟”。

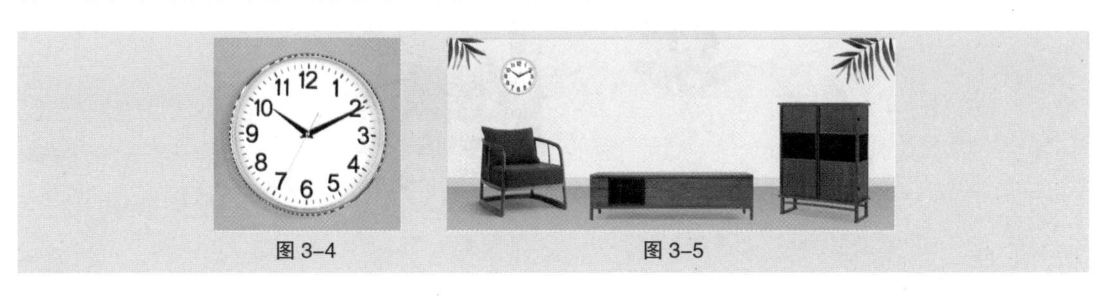

图 3-4　　图 3-5

（4）单击“图层”控制面板下方的“添加图层样式”按钮 fx，在弹出的菜单中选择“投影”命令，在弹出的对话框中进行设置，如图 3-6 所示；单击“确定”按钮，效果如图 3-7 所示。

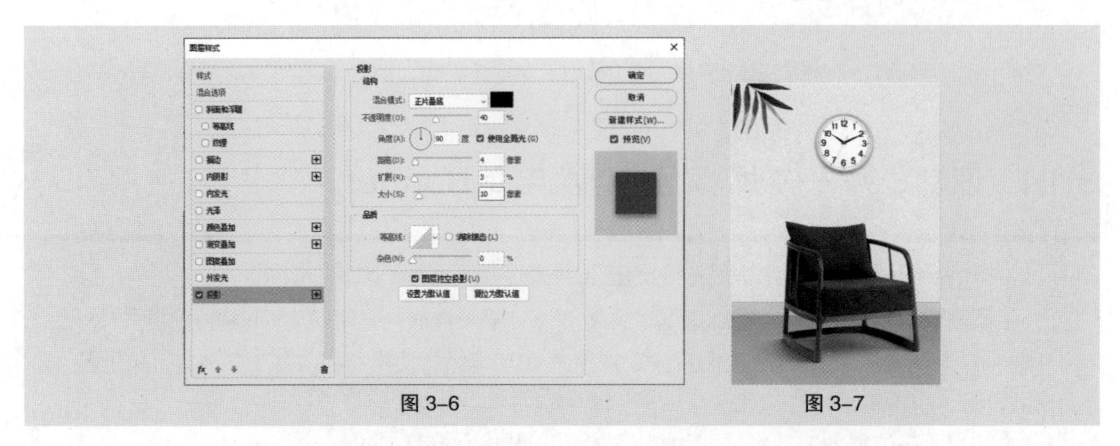

图 3-6　　图 3-7

（5）按 Ctrl+O 组合键，打开云盘中的“Ch03 > 素材 > 制作家居装饰类电商 Banner > 03”文件，如图 3-8 所示。选择“磁性套索”工具，在“03”图像窗口中按住鼠标左键不放，沿着绿植图像边缘拖曳鼠标，“磁性套索”工具的磁性轨迹会紧贴图像的轮廓，如图 3-9 所示，将鼠标指针移回起点，如图 3-10 所示，单击封闭选区，效果如图 3-11 所示。

图 3-8　　图 3-9　　图 3-10　　图 3-11

（6）选择“磁性套索”工具，在属性栏中单击“从选区减去”按钮，在已有选区上继续绘制，减去空白区域，效果如图 3-12 所示。选择“移动”工具，将选区中的图像拖曳到“01”图像窗口中的适当位置，效果如图 3-13 所示，将“图层”控制面板中新生成的图层命名为“绿植”。

图 3-12　　图 3-13

（7）按 Ctrl+O 组合键，打开云盘中的“Ch03 > 素材 > 制作家居装饰类电商 Banner > 04”文件，选择“移动”工具，将花瓶图片拖曳到图像窗口中的适当位置，效果如图 3-14 所示，将“图层”控制面板中新生成的图层命名为“花瓶”。

（8）按 Ctrl+O 组合键，打开云盘中的“Ch03 > 素材 > 制作家居装饰类电商 Banner > 05”文件，如图 3-15 所示。

图 3-14　　图 3-15

（9）选择“矩形选框”工具，在“05”图像窗口中按住鼠标左键不放，沿着画框边缘拖曳鼠标绘制矩形选区，如图 3-16 所示。选择“移动”工具，将选区中的图像拖曳到“01”图像窗口中的适当位置，如图 3-17 所示，将“图层”控制面板中新生成的图层命名为“画框”。

图 3-16　　图 3-17

（10）单击“图层”控制面板下方的“添加图层样式”按钮，在弹出的菜单中选择“投影”命令，在弹出的对话框中进行设置，如图 3-18 所示；单击“确定”按钮，效果如图 3-19 所示。

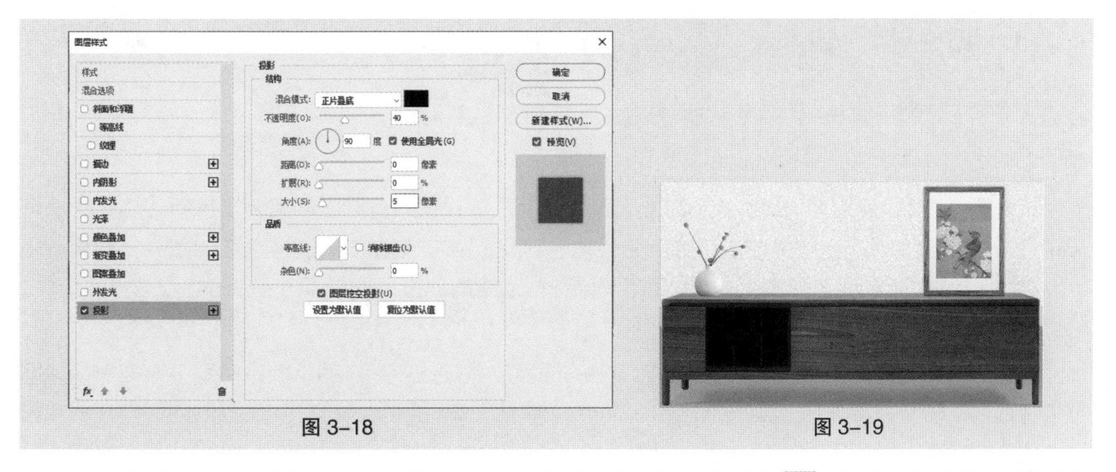


图 3-18　　图 3-19

（11）单击“图层”控制面板下方的“创建新的填充或调整图层”按钮，在弹出的菜单中选择“色相 / 饱和度”命令，“图层”控制面板中生成“色相 / 饱和度 1”图层，同时弹出“色相 / 饱和度”面板，单击“此调整影响下面的所有图层”按钮使其显示为“此调整剪切到此图层”按钮，其他选项设置如图 3–20 所示；按 Enter 键确定操作，效果如图 3–21 所示。

（12）按 Ctrl+O 组合键，打开云盘中的“Ch03 > 素材 > 制作家居装饰类电商 Banner > 06”文件，选择“移动”工具，将广告文字拖曳到图像窗口中的适当位置，效果如图 3–22 所示，将“图层”控制面板中新生成的图层命名为“文字”。制作家居装饰类电商 Banner 案例制作完成。

图 3–20 图 3–21 图 3–22

## 3.1.2 “移动”工具

“移动”工具可以将图层中的整幅图像或选定区域中的图像移动到指定位置。

单击或按 V 键选择“移动”工具，其属性栏状态如图 3–23 所示。

图 3–23

## 3.1.3 “矩形选框”工具

使用“矩形选框”工具可以在图像或图层中绘制矩形选区。

单击或按 Shift+M 组合键选择“矩形选框”工具，其属性栏状态如图 3–24 所示。

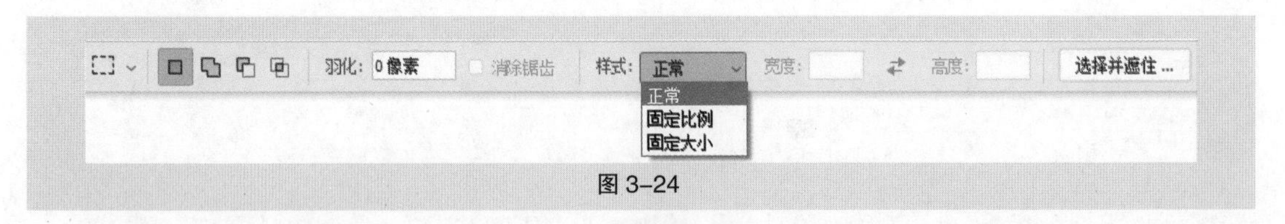


图 3–24

新选区：去除旧选区，绘制新选区。添加到选区：在原有选区的上面增加新的选区。从选区减去：在原有选区上减去新选区的部分。与选区交叉：选择新旧选区重叠的部分。羽化：用于设定选区边界的羽化程度。消除锯齿：用于清除选区边缘的锯齿。样式：用于选择类型。选择并遮住：用于创建或调整选区。

选择“矩形选框”工具，在图像窗口中的适当位置按住鼠标左键不放，向右下方拖曳鼠标即可绘制选区；松开鼠标左键，矩形选区绘制完成，如图 3–25 所示。按住 Shift 键的同时，在图像窗口中拖曳鼠标可以绘制出正方形选区，如图 3–26 所示。

在属性栏中的“样式”下拉列表中选择“固定比例”，将“宽度”选项设为 1，“高度”设为 3，如图 3–27 所示，可在图像中绘制固定比例的选区，效果如图 3–28 所示。单击“高度和宽度互换”按钮，可以快速地将宽度和高度的数值互相置换，互换后绘制的选区效果如图 3–29 所示。

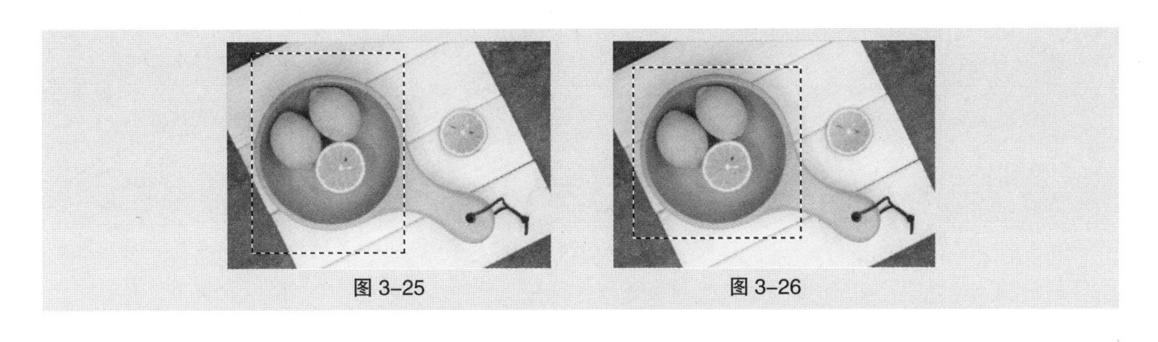

图 3-25　　图 3-26

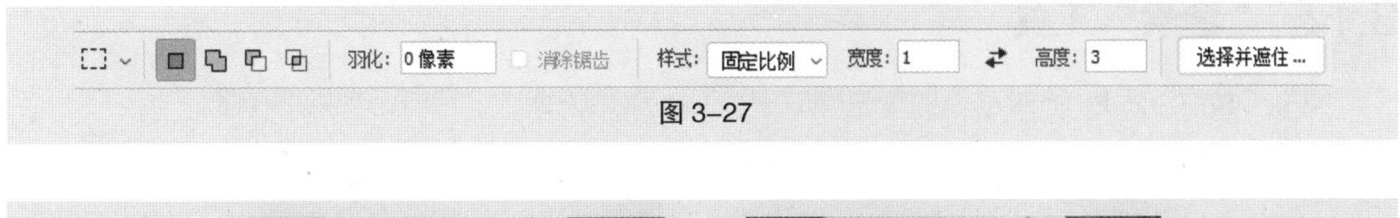


图 3-27

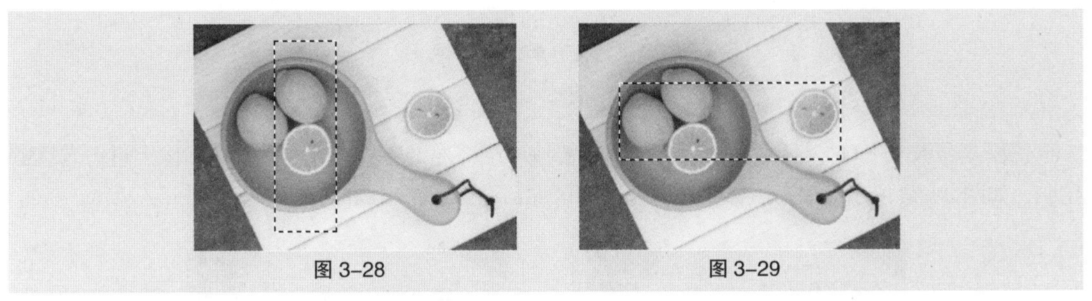

图 3-28　　图 3-29

在属性栏中的“样式”下拉列表中选择“固定大小”，在“宽度”和“高度”选项中输入数值，如图 3-30 所示，可绘制固定大小的选区，效果如图 3-31 所示。单击“高度和宽度互换”按钮⇄，可以快速地将宽度和高度的数值互相置换，互换后绘制的选区效果如图 3-32 所示。

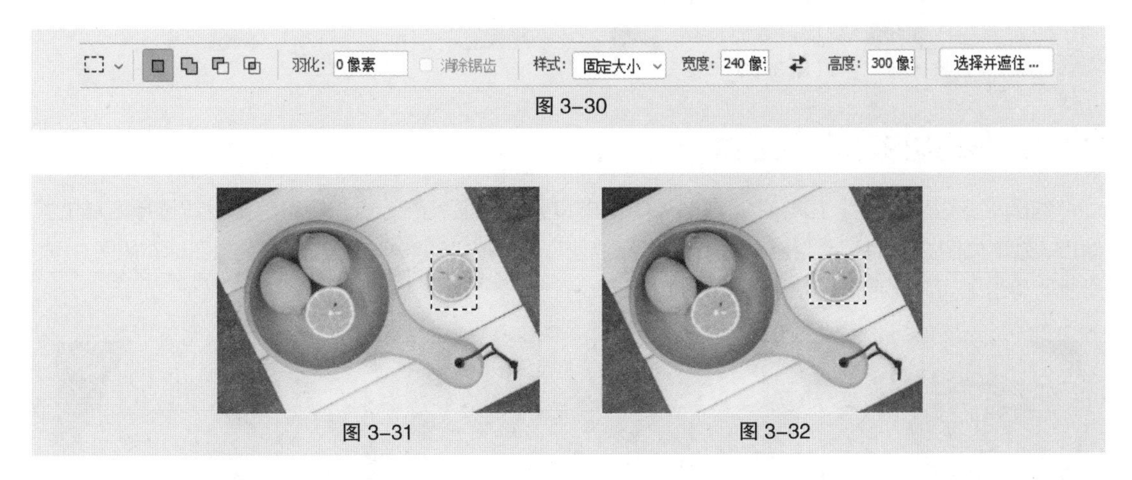


图 3-30

图 3-31　　图 3-32

## 3.1.4 “椭圆选框”工具

选择“椭圆选框”工具◯，在图像中的适当位置按住鼠标左键不放，拖曳鼠标绘制出需要的选区，松开鼠标左键，椭圆选区绘制完成，如图 3-33 所示。绘制时按住 Shift 键，可以在图像中绘制出圆形选区，如图 3-34 所示。

“椭圆选框”工具◯和“矩形选框”工具⬚的属性栏相同，这里就不赘述了。

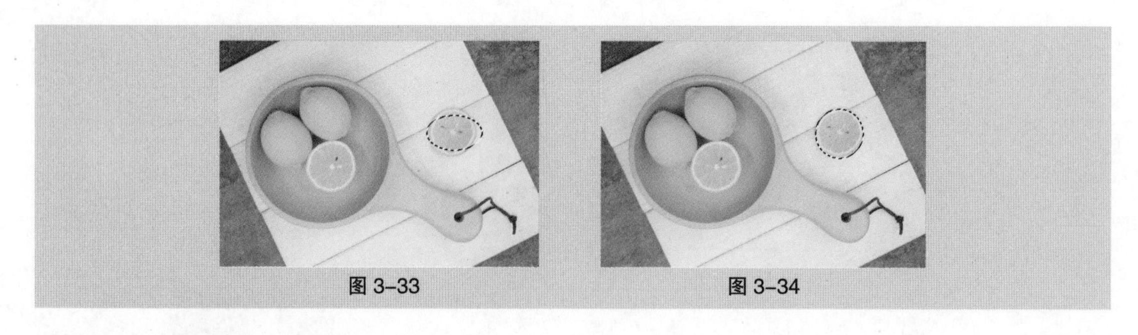

图 3-33　　图 3-34

## 3.1.5 “套索”工具

使用“套索”工具可以在图像或图层中绘制不规则的选区，选取不规则的图像。

单击或按 Shift+L 组合键选择“套索”工具，其属性栏状态如图 3-35 所示。

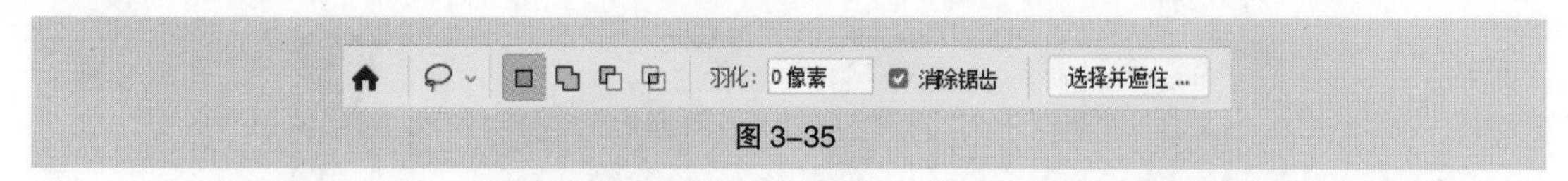


图 3-35

选择“套索”工具，在图像中适当的位置按住鼠标左键不放，拖曳鼠标在图像上进行选区的绘制，如图 3-36 所示，松开鼠标左键，选择的区域自动封闭生成选区，效果如图 3-37 所示。

图 3-36　　图 3-37

## 3.1.6 “多边形套索”工具

选择“多边形套索”工具，在图像中单击设置所选区域的起点，接着单击设置选择区域的其他点，效果如图 3-38 所示。将鼠标指针移回到起点，“多边形套索”工具显示为图标，如图 3-39 所示。单击即可封闭选区，效果如图 3-40 所示。

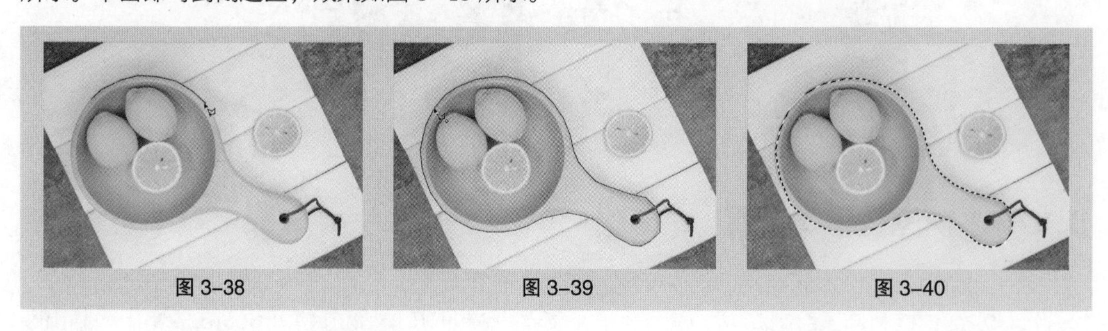

图 3-38　　图 3-39　　图 3-40

## 3.1.7 “磁性套索”工具

单击选择“磁性套索”工具，其属性栏状态如图 3-41 所示。

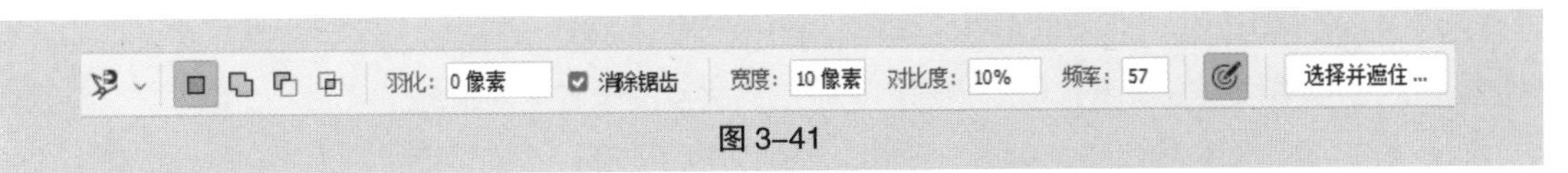


图 3-41

宽度：用于设定套索检测范围，“磁性套索”工具将在这个范围内选取反差最大的边缘。对比度：用于设定选取边缘的灵敏度，数值越大，则要求边缘与背景的反差越大。频率：用于设定选区点的标记速率，数值越大，标记速率越快，标记点越多。 ：用于设定专用绘图板的笔刷压力。

# 3.2 绘画工具组

## 3.2.1 课堂案例——制作美好生活公众号封面次图

【案例学习目标】学习使用“定义画笔预设”命令和“画笔”工具制作美好生活公众号封面次图。

【案例知识要点】使用“定义画笔预设”命令定义画笔图像；使用“画笔”工具 和“画笔设置”控制面板制作装饰点；使用“橡皮擦”工具 擦除多余的点；使用“高斯模糊”滤镜命令为装饰点添加模糊效果；效果如图 3-42 所示。

【效果所在位置】云盘 \Ch03\ 效果 \ 制作美好生活公众号封面次图 .psd。

图 3-42

（1）按 Ctrl+O 组合键，打开云盘中的“Ch03 > 素材 > 制作美好生活公众号封面次图 > 01”文件，如图 3-43 所示。按 Ctrl+O 组合键，打开云盘中的“Ch03 > 素材 > 制作美好生活公众号封面次图 > 02”文件，按 Ctrl+A 组合键，全选图像，如图 3-44 所示。

图 3-43

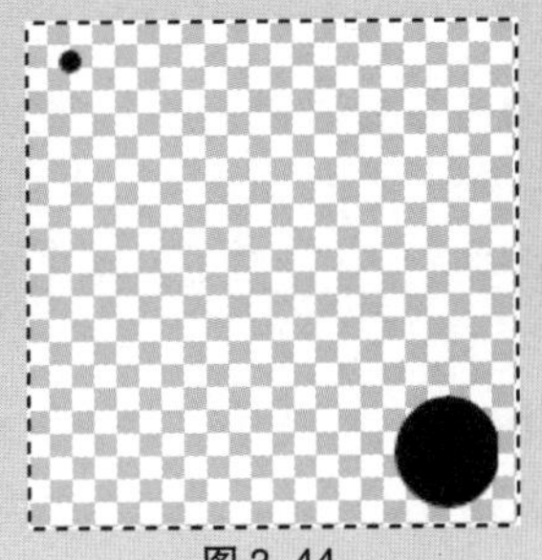

图 3-44

（2）选择“编辑 > 定义画笔预设”命令，弹出“画笔名称”对话框，在“名称”文本框中输入“点.psd”，如图 3-45 所示，单击“确定”按钮，将点图像定义为画笔。

（3）在“01”图像窗口中，单击“图层”控制面板下方的“创建新图层”按钮⊞，将新生成的图层命名为“装饰点 1”。将前景色设为白色。选择“画笔”工具🖌，在属性栏中单击“画笔预设”选项，在弹出的画笔选择面板中选择前面定义好的点形状画笔，如图 3-46 所示。

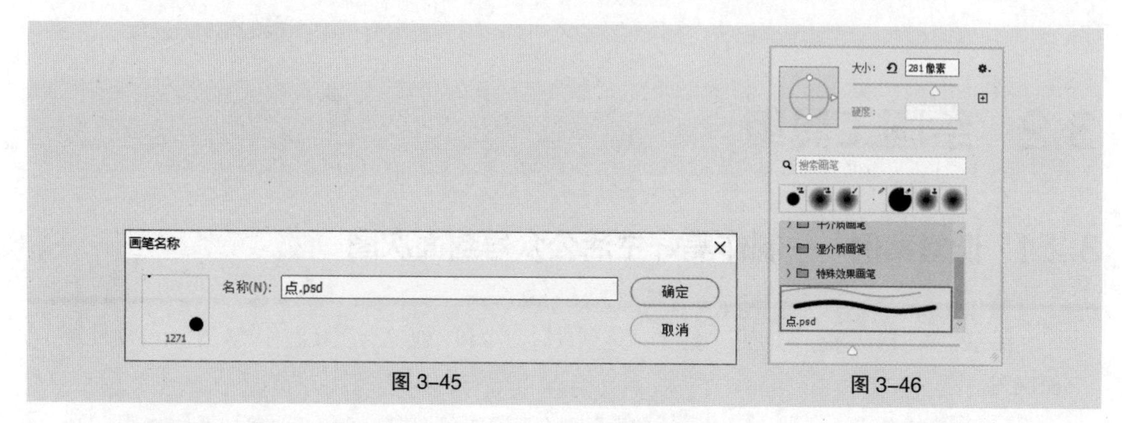


图 3-45　　图 3-46

（4）在属性栏中单击“切换画笔设置面板”按钮☑，弹出“画笔设置”控制面板，选择“形状动态”选项，切换到相应的面板中进行设置，如图 3-47 所示；选择“散布”选项，切换到相应的面板中进行设置，如图 3-48 所示；选择“传递”选项，切换到相应的面板中进行设置，如图 3-49 所示。

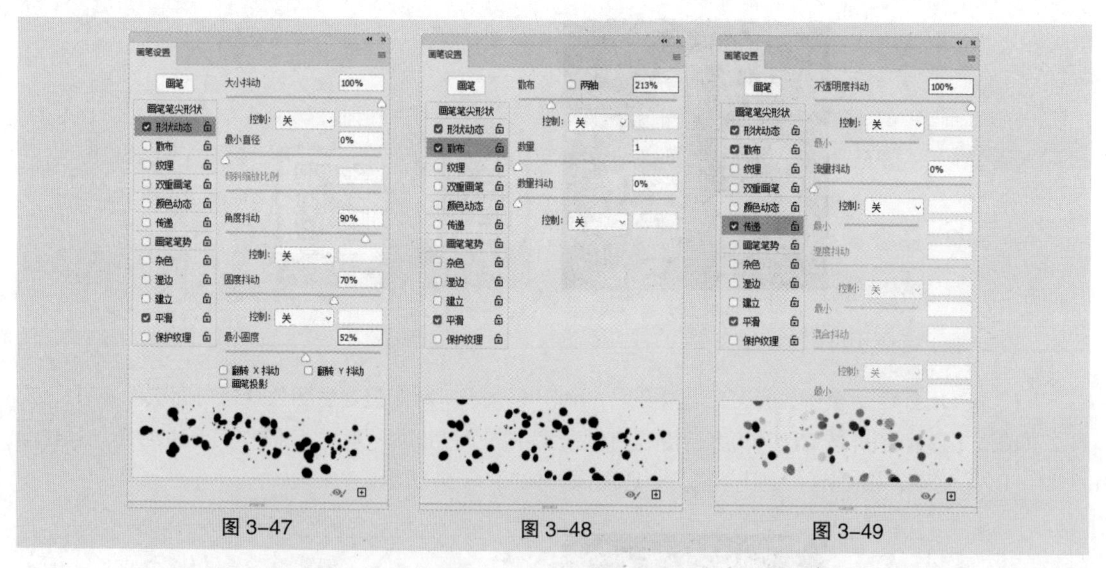


图 3-47　　图 3-48　　图 3-49

（5）在图像窗口中按住鼠标左键不放，拖曳鼠标绘制装饰点，效果如图 3-50 所示。选择“橡皮擦”工具🧽，在属性栏中单击“画笔预设”选项，在弹出的画笔选择面板中选择需要的形状，如图 3-51 所示。在图像窗口中按住鼠标左键不放，拖曳鼠标擦除不需要的小圆点，效果如图 3-52 所示。

（6）选择“滤镜 > 模糊 > 高斯模糊”命令，在弹出的对话框中进行设置，如图 3-53 所示，单击“确定”按钮，效果如图 3-54 所示。用相同的方法绘制“装饰点 2”，效果如图 3-55 所示。美好生活公众号封面次图制作完成。

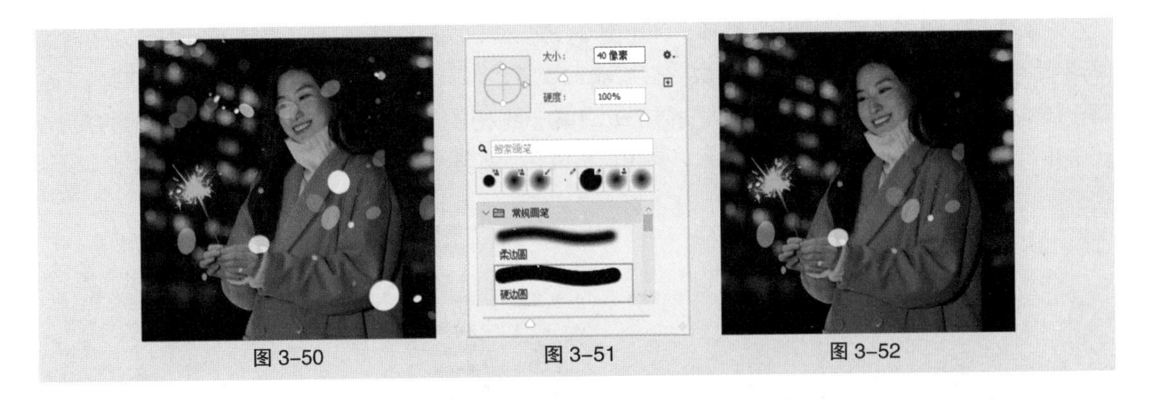

图 3-50　　图 3-51　　图 3-52

图 3-53　　图 3-54　　图 3-55

## 3.2.2 “画笔”工具

使用“画笔”工具可以模拟真实画笔在图像或选区中进行绘制。

单击或按 Shift+B 组合键选择“画笔”工具，其属性栏状态如图 3-56 所示。

图 3-56

：用于选择和设置预设的画笔。：切换“画笔设置”面板。模式：用于选择绘画颜色与下面已有像素的混合模式。不透明度：可以设定画笔颜色的不透明度。：可以对不透明度使用压力。流量：用于设定喷笔压力，压力越大，喷色越浓。：可以启用喷枪模式绘制效果。平滑：设置画笔边缘的平滑度。：设置其他平滑度选项。：使用压感笔压力，可以覆盖属性栏中的“不透明度”和“画笔”面板中的“大小”的设置。：可以选择和设置绘画的对称选项。

选择“画笔”工具，在属性栏中设置画笔，如图 3-57 所示，在图像窗口中按住鼠标左键不放，拖曳鼠标可以绘制出图 3-58 所示的效果。

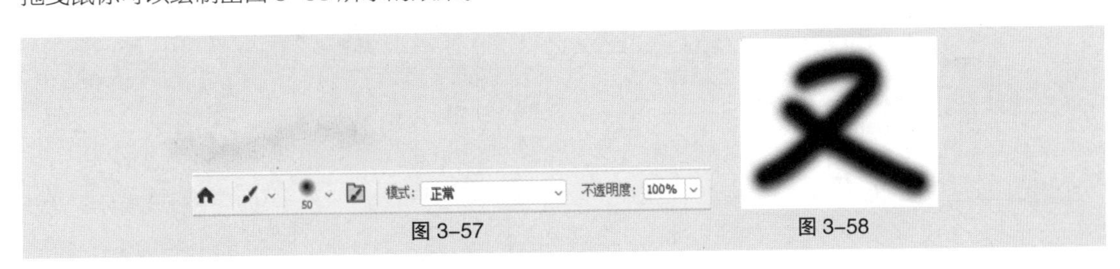

图 3-57　　图 3-58

在属性栏中单击“画笔预设”选项，弹出图 3-59 所示的画笔选择面板，在该面板中可以选择画笔形状。拖曳“大小”选项下方的滑块或直接输入数值，可以设置画笔的大小。如果选择的画笔是基于样本的，将显示“恢复到原始大小”按钮，单击此按钮，可以使画笔的大小恢复到初始的大小。

单击画笔选择面板右上方的按钮，弹出面板菜单，如图 3-60 所示。

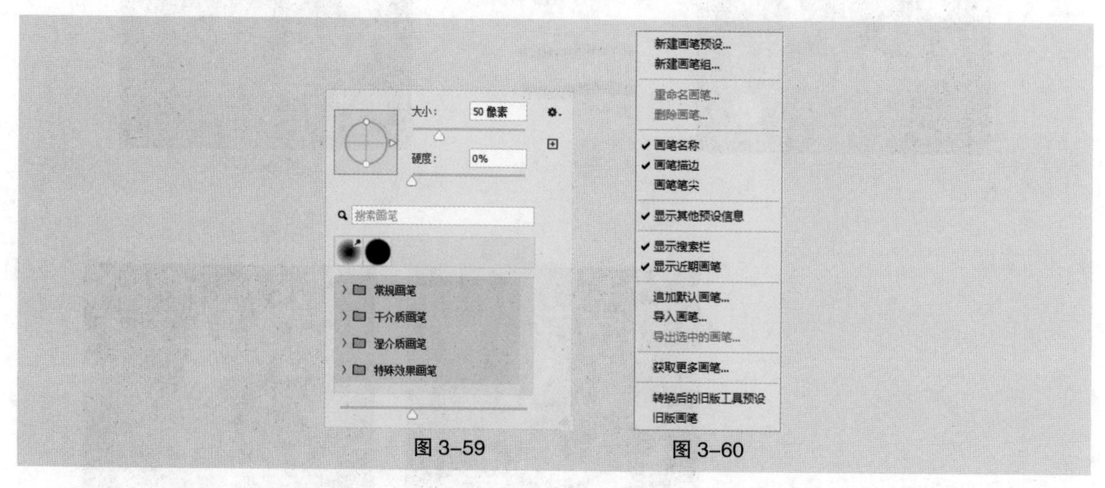


图 3-59　　图 3-60

新建画笔预设：用于建立新画笔。新建画笔组：用于建立新的画笔组。重命名画笔：用于重新命名画笔。删除画笔：用于删除当前选中的画笔。画笔名称：在画笔选择面板中显示画笔名称。画笔描边：在画笔选择面板中显示画笔描边。画笔笔尖：在画笔选择面板中显示画笔笔尖。显示其他预设信息：在画笔选择面板中显示其他预设信息。显示搜索栏：在画笔选择面板中显示搜索栏。显示近期画笔：在画笔选择面板中显示近期使用过的画笔。追加默认画笔：用于追加默认状态的画笔。导入画笔：用于将存储的画笔载入面板。导出选中的画笔：用于将当前选取的画笔存储并导出。获取更多画笔：用于在官网上获取更多的画笔。转换后的旧版工具预设：将转换后的旧版工具预设画笔集恢复为画笔预设列表。旧版画笔：将旧版的画笔集恢复为画笔预设列表。

在画笔选择面板中单击“创建新画笔”按钮，弹出图 3-61 所示的“新建画笔”对话框。单击属性栏中的“切换‘画笔设置’面板”按钮，弹出图 3-62 所示的“画笔设置”控制面板。

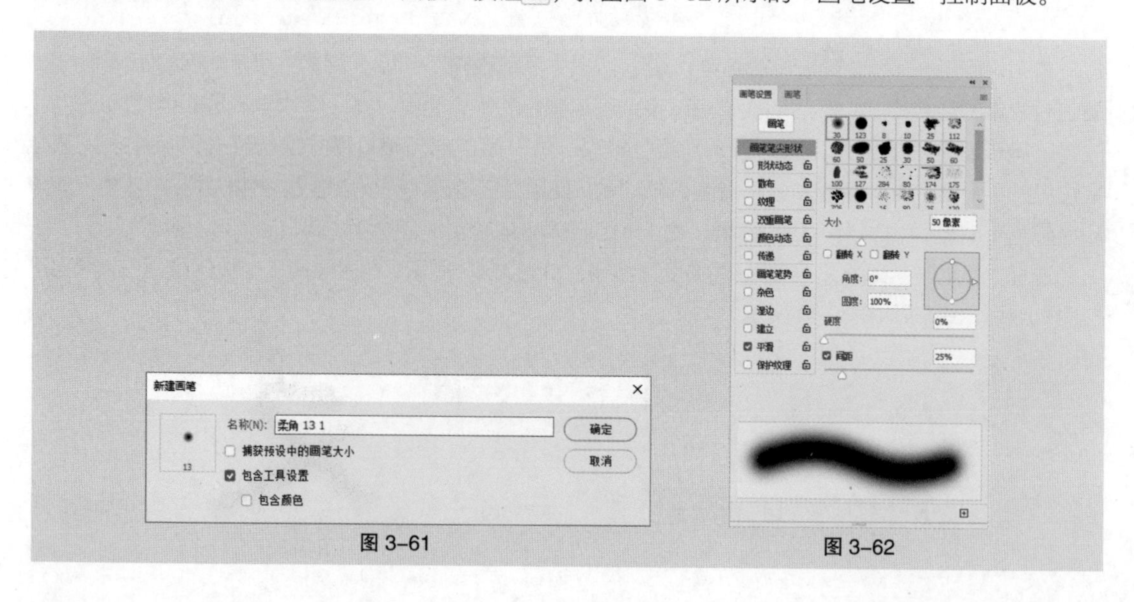


图 3-61　　图 3-62

## 3.2.3 “油漆桶”工具

单击或按 Shift+G 组合键选择“油漆桶”工具，其属性栏状态如图 3–63 所示。

图 3–63

前景：可在其下拉列表中选择填充前景色还是图案。：用于选择定义好的图案。连续的：用于设定填充方式。所有图层：用于选择是否对所有可见图层进行填充。

原图像效果如图 3–64 所示。设置前景色。选择“油漆桶”工具，在适当的位置单击，填充颜色，效果如图 3–65 所示。多次单击，填充其他位置的颜色，效果如图 3–66 所示。设置其他颜色后，分别为图像填充适当的颜色，效果如图 3–67 所示。

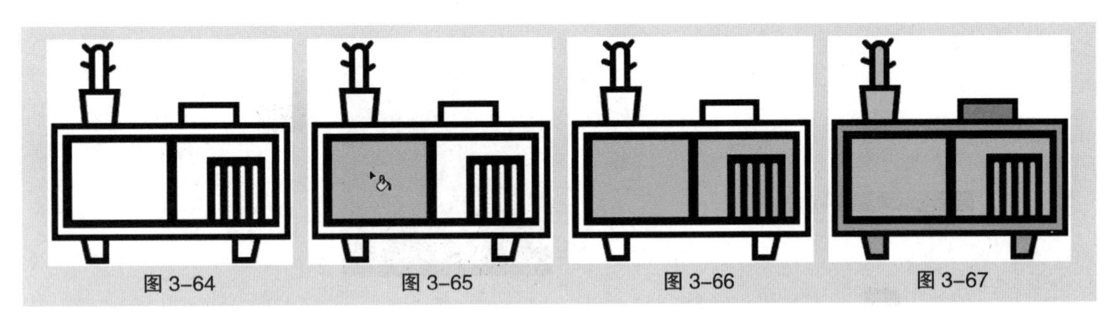

图 3–64　图 3–65　图 3–66　图 3–67

在属性栏中设置图案，如图 3–68 所示，用“油漆桶”工具在图像中填充图案，效果如图 3–69 所示。

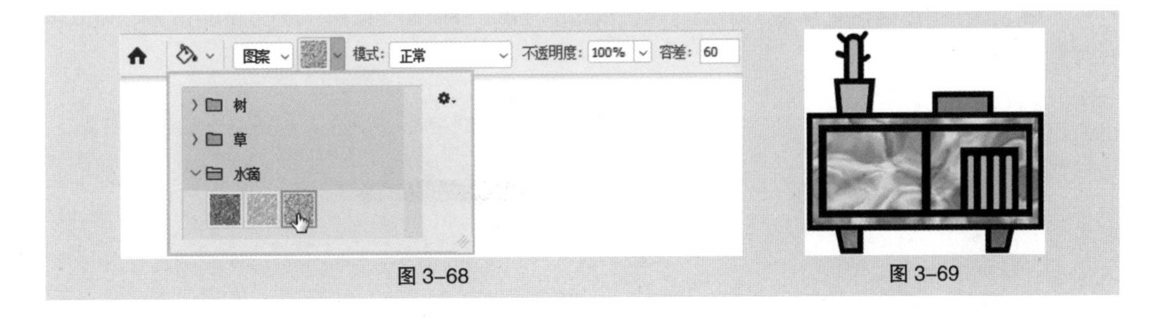


图 3–68　图 3–69

## 3.2.4 “渐变”工具

“渐变”工具用于在图像或图层中形成一种色彩渐变的图像效果。

单击或按 Shift+G 组合键选择“渐变”工具，其属性栏状态如图 3–70 所示。

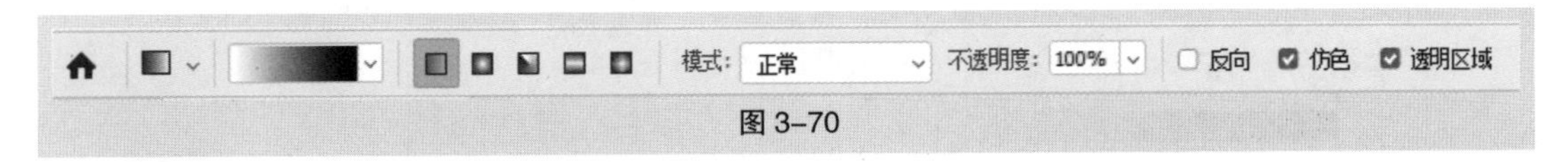


图 3–70

：用于选择和编辑渐变的色彩。：用于选择渐变类型，从左到右依次为线性渐变、径向渐变、角度渐变、对称渐变和菱形渐变。模式：用于选择着色的模式。不透明度：用于设定不透明度。反向：用于反向产生色彩渐变的效果。仿色：用于使渐变更平滑。透明区域：

用于对渐变填充使用透明蒙版。

单击“点按可编辑渐变”按钮，弹出“渐变编辑器”窗口，如图 3-71 所示，可以使用预设的渐变色，也可以自定义渐变形式和色彩。

在“渐变编辑器”窗口中，单击颜色编辑框下方的位置，可以增加色标，如图 3-72 所示。在下方的“颜色”选项中选择颜色，或双击建立的色标，可在弹出的“拾色器”对话框中设置颜色，如图 3-73 所示，单击“确定”按钮，即可改变色标颜色。在“位置”数值框中输入数值或用鼠标直接拖曳色标，可以调整色标的位置。

图 3-71

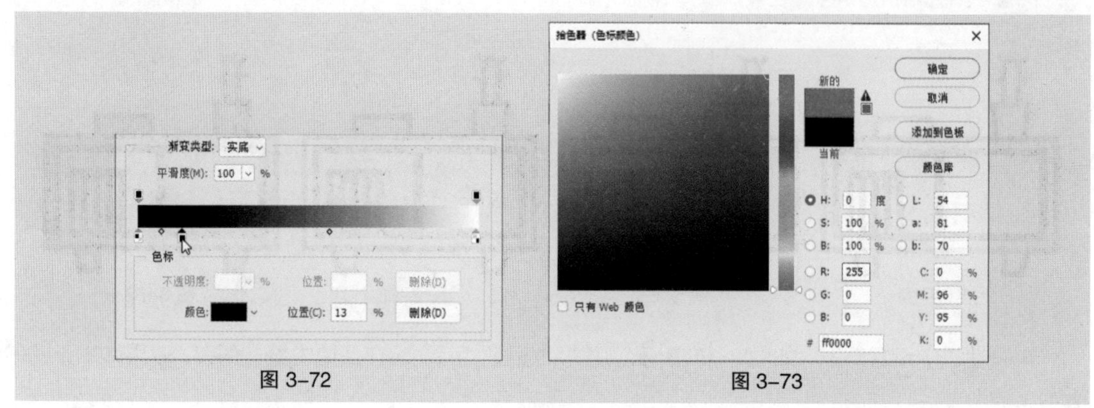

图 3-72　　图 3-73

任意选择一个色标，如图 3-74 所示，单击窗口下方的 删除(D) 按钮，或按 Delete 键，可以将色标删除，如图 3-75 所示。

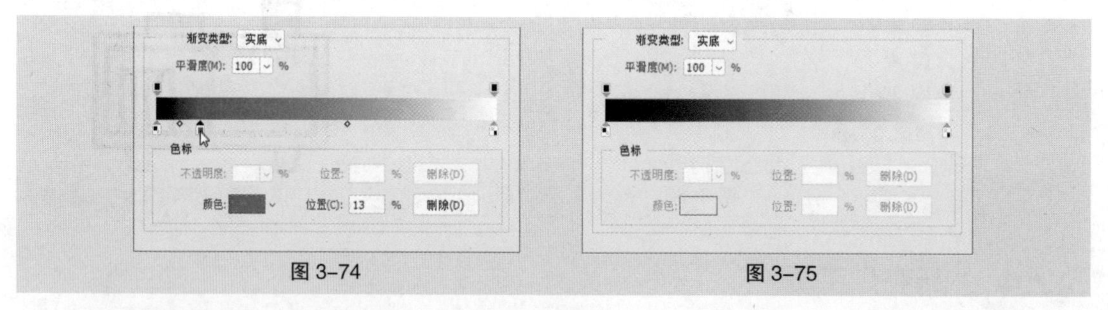

图 3-74　　图 3-75

单击颜色编辑框左上方的黑色色标，如图 3-76 所示，调整“不透明度”选项的数值，如图 3-77 所示，可以使开始颜色到结束颜色显示为半透明效果。

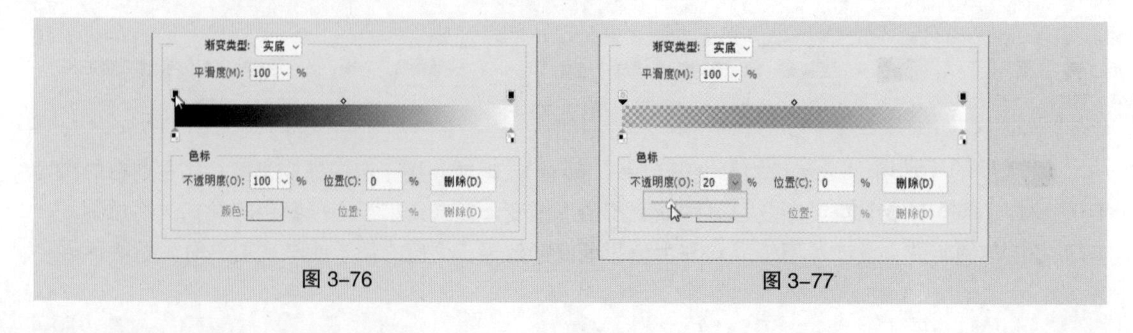

图 3-76　　图 3-77

单击颜色编辑框的上方位置，出现新的色标，如图 3-78 所示，调整“不透明度”选项的数值，如图 3-79 所示，可以使新色标的颜色向两边的颜色出现过渡式的半透明效果。

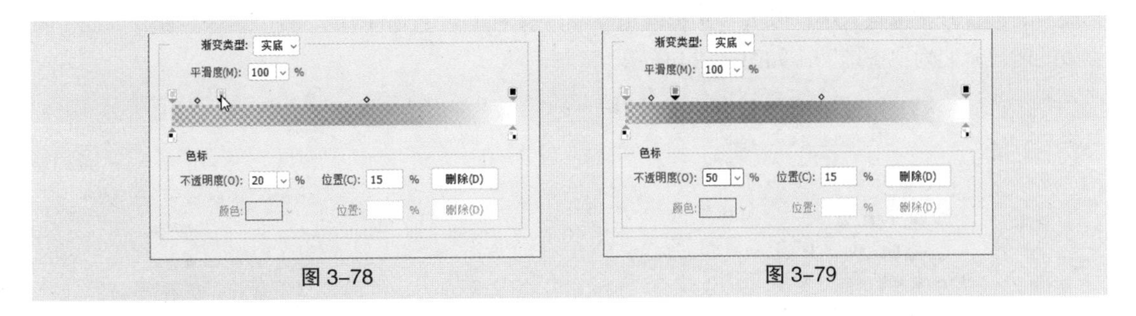


图 3-78　　图 3-79

# 3.3 文字工具组

## 3.3.1 课堂案例——制作立冬节气宣传海报

**【案例学习目标】**学习使用文字工具和“字符”控制面板添加文字。

**【案例知识要点】**使用“置入嵌入对象”命令置入图片；使用“横排文字”工具和“字符”控制面板添加文字；使用“添加图层样式”按钮为图像添加效果；使用“椭圆”工具绘制基本形状；使用“混合模式”选项和“不透明度”选项合成图片；效果如图 3-80 所示。

**【效果所在位置】**云盘 \Ch03\ 效果 \ 制作立冬节气宣传海报 .psd。

扫码观看本案例视频　　扩展阅读

图 3-80

**1. 底图制作**

（1）按 Ctrl+N 组合键，弹出“新建文档”对话框，设置宽度为 1125 像素、高度为 2436 像素、分辨率为 72 像素 / 英寸、颜色模式为 RGB 颜色、背景内容为白色，单击“创建”按钮，新建一个文件。

（2）选择“文件 > 置入嵌入对象”命令，弹出“置入嵌入的对象”对话框，选择云盘中的“Ch03 > 素材 > 制作立冬节气宣传海报 > 01”文件。单击“置入”按钮，置入图片，将图片拖曳到适当的位置，按 Enter 键确定操作，将“图层”控制面板中新生成的图层命名为“纹理”，将图层的“不透明度”选项设为 80%，如图 3-81 所示，效果如图 3-82 所示。

（3）选择“文件 > 置入嵌入对象”命令，弹出“置入嵌入的对象”对话框，选择云盘中的“Ch03 > 素材 > 制作立冬节气宣传海报 > 02”文件。单击“置入”按钮，置入图片，将图片拖曳到适当的位置并调整其大小，按 Enter 键确定操作，效果如图 3-83 所示，将“图层”控制面板中新生成的图层命名为“雪地”，如图 3-84 所示。

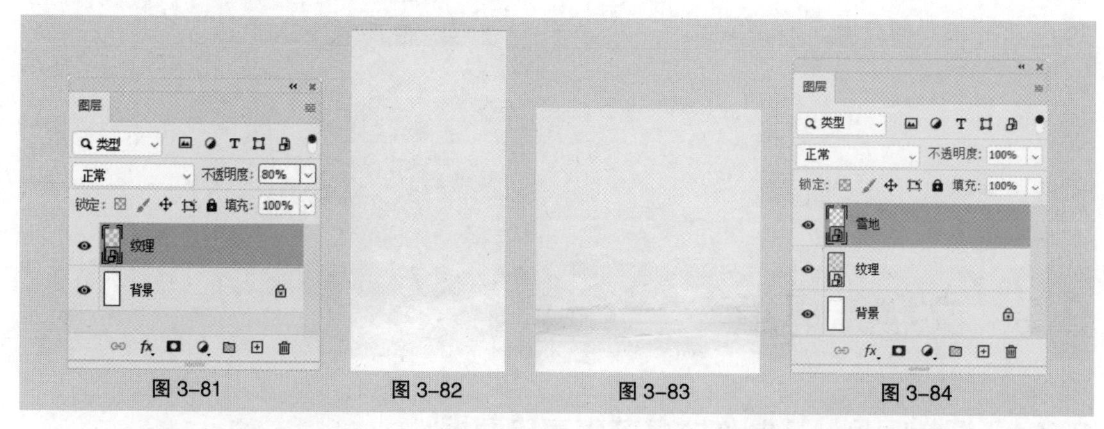

图 3-81　图 3-82　图 3-83　图 3-84

（4）选择“文件 > 置入嵌入对象”命令，弹出“置入嵌入的对象”对话框，选择云盘中的“Ch03 > 素材 > 制作立冬节气宣传海报 > 03”文件，单击“置入”按钮，置入图片，将图片拖曳到适当的位置，按 Enter 键确定操作，效果如图 3-85 所示，将“图层”控制面板中新生成的图层命名为“山峰”，将图层的混合模式设为“颜色加深”，如图 3-86 所示，效果如图 3-87 所示。

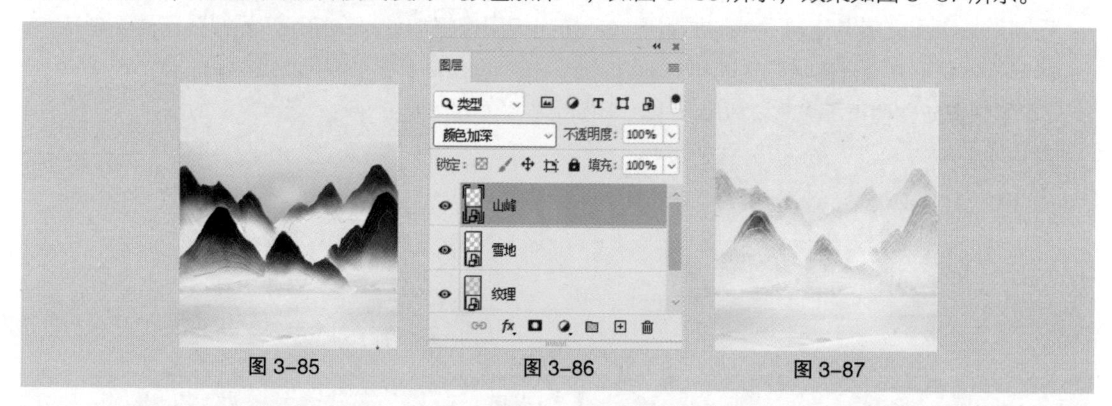

图 3-85　图 3-86　图 3-87

（5）按 Ctrl+J 组合键，复制“山峰”图层，“图层”控制面板中生成新的图层“山峰 拷贝”，如图 3-88 所示，效果如图 3-89 所示，在“图层”控制面板中将“不透明度”选项设为 40%，如图 3-90 所示，效果如图 3-91 所示。

图 3-88　图 3-89　图 3-90　图 3-91

（6）选择“椭圆”工具 ，在属性栏的“选择工具模式”选项中选择“形状”，将“填充”颜色设为淡红色（232、153、130），“描边”颜色设为黑色，“描边粗细”选项设为1像素，在图像窗口中绘制一个圆形，按Enter键确定操作，效果如图3-92所示，将“图层”控制面板中新生成的形状图层命名为“太阳”，如图3-93所示。

图3-92　　图3-93

（7）单击“图层”控制面板下方的“添加图层样式”按钮 ，在弹出的菜单中选择“外发光”命令，弹出对话框，将投影颜色设为淡黄色（246、222、172），其他选项的设置如图3-94所示，单击“确定”按钮。在“属性”控制面板中，单击“蒙版”按钮 ，切换到相应的面板中进行设置，如图3-95所示，按Enter键确定操作，单击“确定”按钮，效果如图3-96所示。

（8）在“图层”控制面板中，按住Shift键的同时，单击“纹理”图层，将需要的图层同时选取，按Ctrl + G组合键进行编组，并将其命名为“底图”，如图3-97所示。

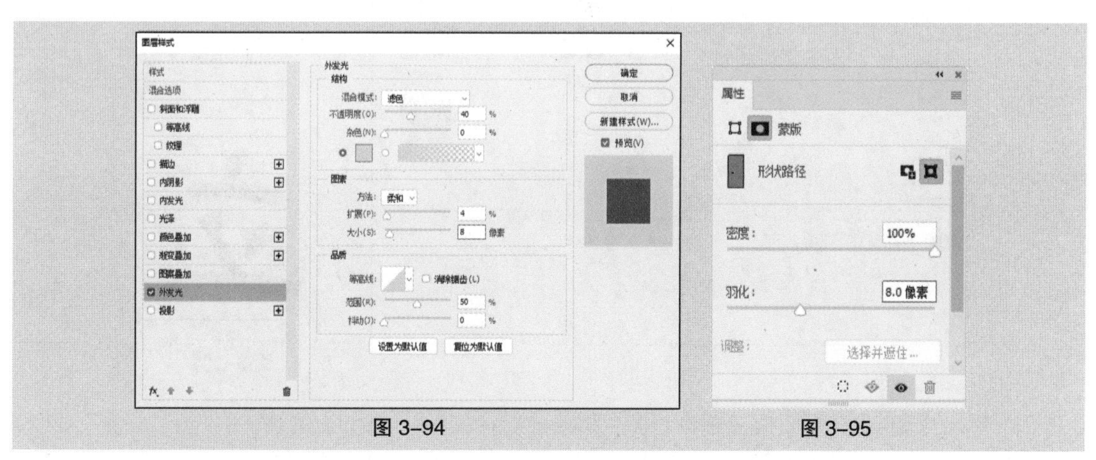

图3-94　　图3-95

图3-96　　图3-97

**2. 添加标题**

（1）选择“横排文字”工具 T，在适当的位置输入需要的文字并选取文字，选择“窗口 > 字符”命令，弹出“字符”控制面板，在面板中将“颜色”设为深灰色（97、99、107），其他选项的设置如图 3-98 所示，按 Enter 键确定操作，效果如图 3-99 所示。

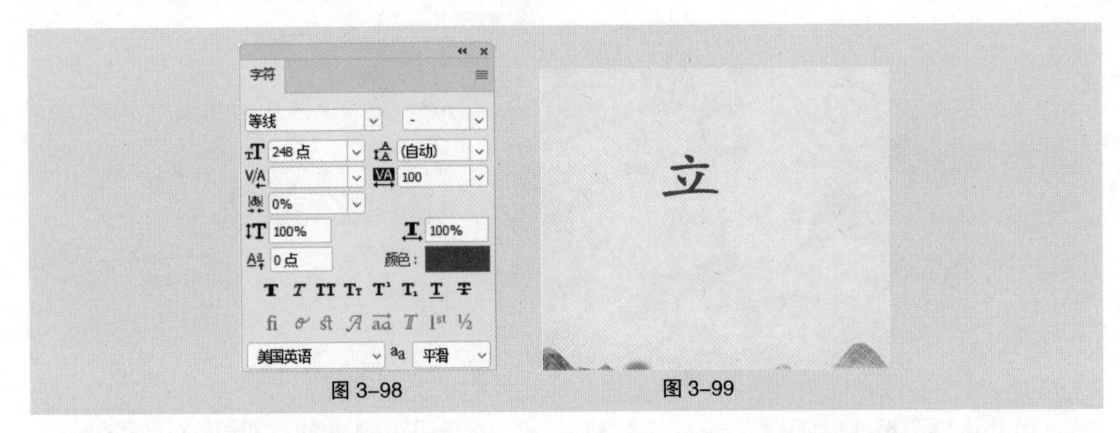

图 3-98　　图 3-99

（2）单击“图层”控制面板下方的“添加图层样式”按钮 fx，在弹出的菜单中选择“投影”命令，弹出对话框，将投影颜色设为深灰色（62、55、40），其他选项的设置如图 3-100 所示，单击“确定”按钮，效果如图 3-101 所示。

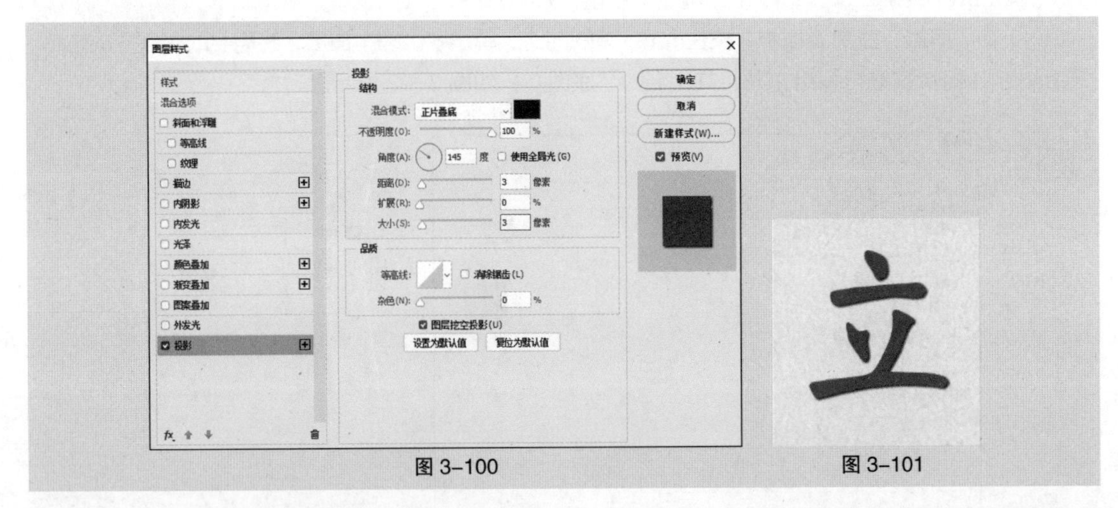

图 3-100　　图 3-101

（3）单击“图层”控制面板下方的“添加图层样式”按钮 fx，在弹出的菜单中选择“投影”命令，弹出对话框，将投影颜色设为浅灰色（224、224、224），其他选项的设置如图 3-102 所示，单击“确定”按钮，效果如图 3-103 所示。使用相同的方法输入其他文字，并添加投影效果，效果如图 3-104 所示。

（4）单击“创建新图层”按钮 ⊞，新建图层，“图层”控制面板中生成新的图层“图层 1”。将前景色设为白色。选择“画笔”工具，在属性栏中单击“画笔预设”选项右侧的按钮，在弹出的画笔选择面板中选择需要的画笔形状，将“大小”选项设为 5 像素，如图 3-105 所示。在图像窗口中适当的位置拖曳进行绘制，效果如图 3-106 所示。

（5）按住 Shift 键的同时，将需要的图层同时选取，右击，在弹出的快捷菜单中选择“链接图层”命令，将选中的图层链接，如图 3-107 所示。

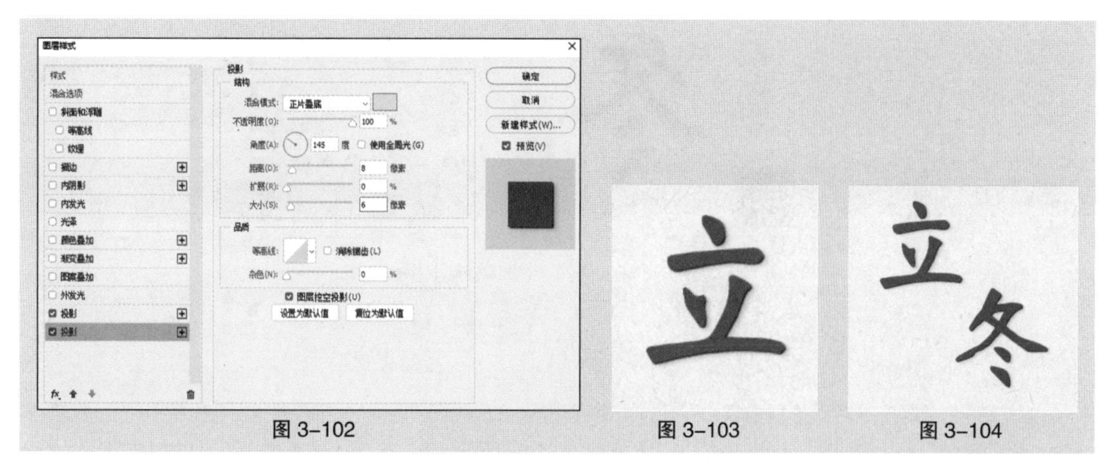


图 3-102　　图 3-103　　图 3-104

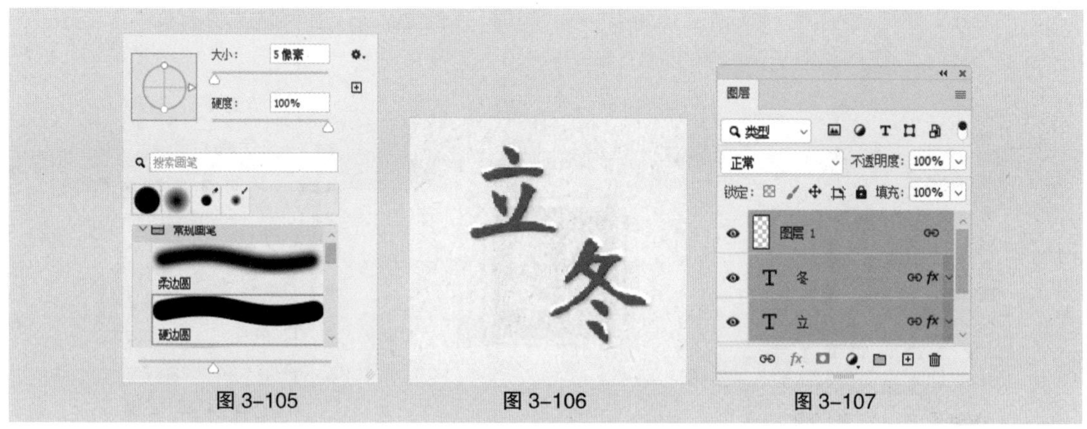


图 3-105　　图 3-106　　图 3-107

（6）选择“横排文字”工具 T，在适当的位置输入需要的文字并选取文字，在“字符”控制面板中设置颜色为深灰色（98、97、96），其他选项的设置如图 3-108 所示，效果如图 3-109 所示。使用相同的方法输入其他文字，效果如图 3-110 所示。

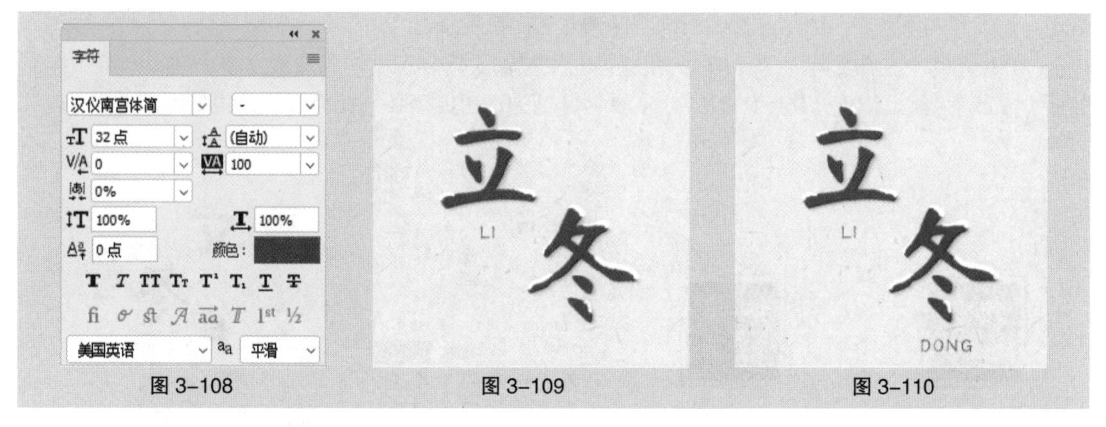


图 3-108　　图 3-109　　图 3-110

（7）选择“文件 > 置入嵌入对象”命令，弹出“置入嵌入的对象”对话框，选择云盘中的“Ch03 > 素材 > 制作立冬节气宣传海报 > 04”文件。单击“置入”按钮，置入图片，将其拖曳到适当的位置，按 Enter 键确定操作，效果如图 3-111 所示，将“图层”控制面板中新生成的图层命名为“印章”，如图 3-112 所示。

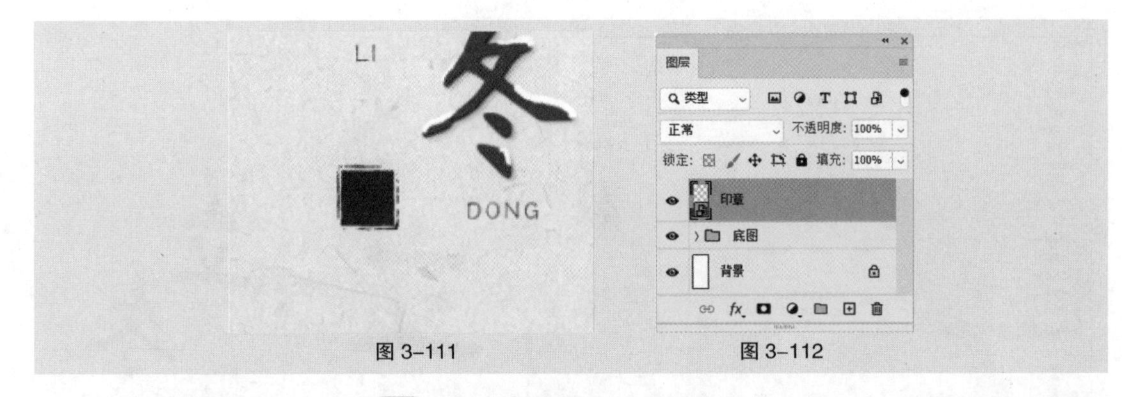


图 3-111　　图 3-112

（8）选择“直排文字”工具 IT，在适当的位置输入需要的文字并选取文字，在“字符”控制面板中，将“颜色”设为白色，其他选项的设置如图 3-113 所示，按 Enter 键确定操作，效果如图 3-114 所示，“图层”控制面板中生成新的文字图层。在“印章”图层上右击，在弹出的快捷菜单中选择“栅格化图层”命令，栅格化图层，如图 3-115 所示。

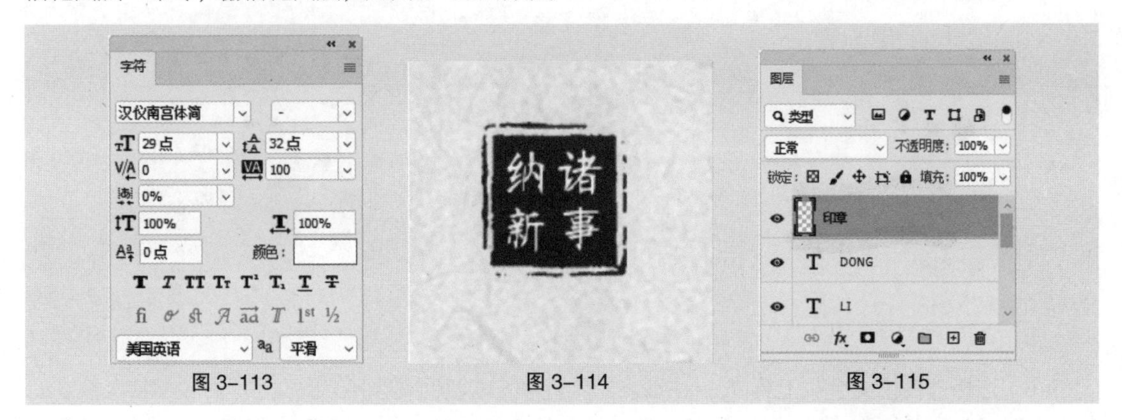


图 3-113　　图 3-114　　图 3-115

（9）选中“印章”图层，按住 Ctrl 键的同时单击“诸事纳新”图层的缩览图，生成选区，如图 3-116 所示。按 Delete 键，删除选区中的图像。按 Ctrl+D 组合键，取消选区，效果如图 3-117 所示，单击“诸事纳新”图层左侧的眼睛图标，将图层隐藏。

（10）选择“直排文字”工具 IT，在适当的位置输入需要的文字并选取文字，在“字符”控制面板中设置颜色为深灰色（97、99、107），其他选项的设置如图 3-118 所示，效果如图 3-119 所示。

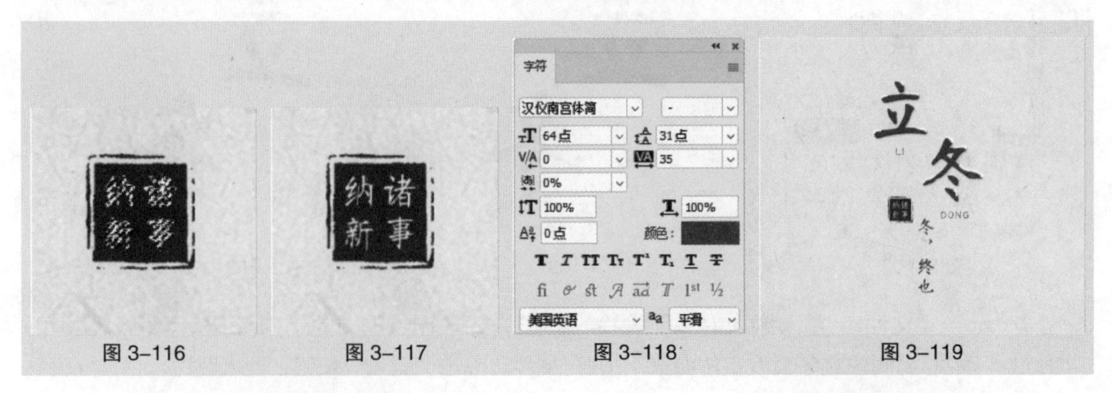


图 3-116　　图 3-117　　图 3-118　　图 3-119

（11）单击“图层”控制面板下方的“添加图层样式”按钮 fx，在弹出的菜单中选择“投影”命令，弹出对话框，将投影颜色设为浅灰色（218、215、209），其他选项的设置如图 3-120 所示，效果如图 3-121 所示。使用相同的方法输入其他文字，效果如图 3-122 所示。

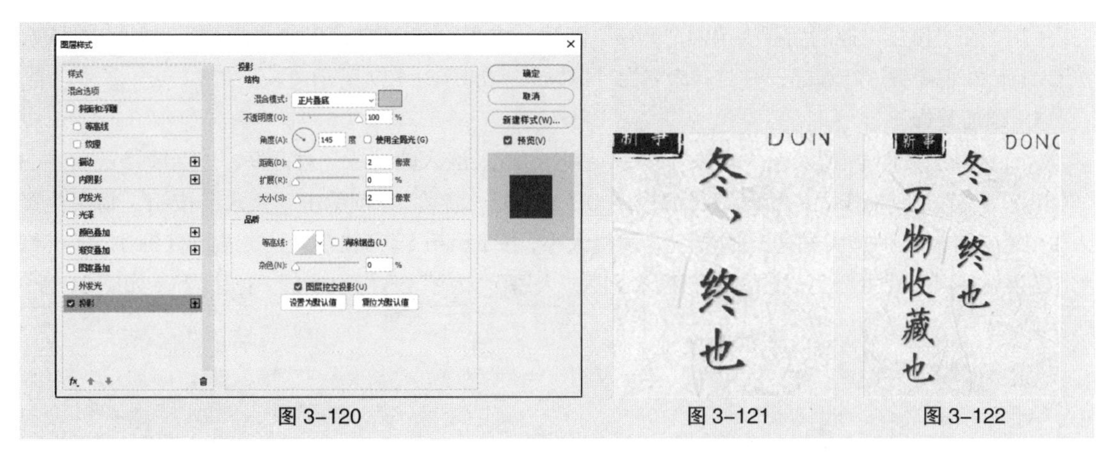
图 3-120　图 3-121　图 3-122

（12）选择“文件 > 置入嵌入对象”命令，弹出“置入嵌入的对象”对话框，选择云盘中的“Ch03 > 素材 > 制作立冬节气宣传海报 > 05”文件。单击“置入”按钮，置入图片，将其拖曳到适当的位置，按 Enter 键确定操作，效果如图 3-123 所示，将“图层”控制面板中新生成的图层命名为“小雪花”，如图 3-124 所示。

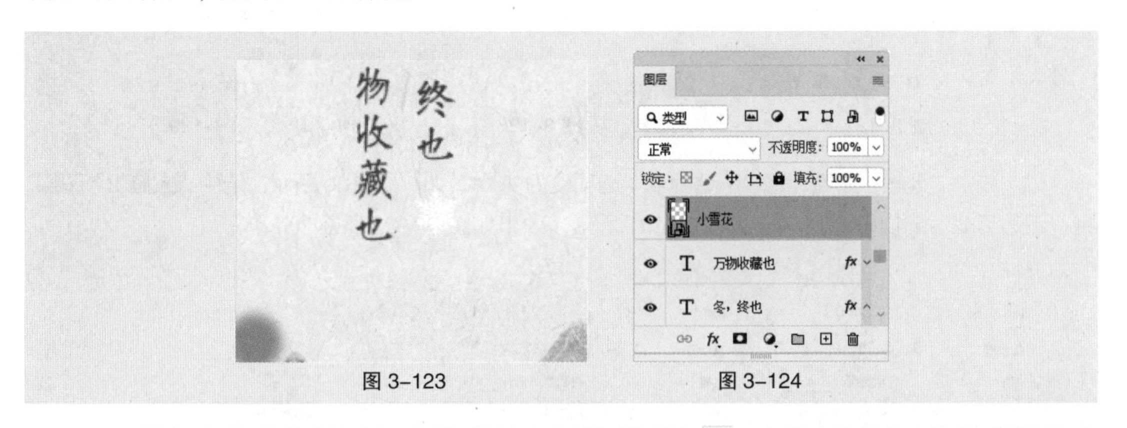
图 3-123　图 3-124

（13）单击“图层”控制面板下方的“添加图层样式”按钮 fx，在弹出的菜单中选择“投影”命令，弹出对话框，将投影颜色设为浅灰色（212、209、202），其他选项的设置如图 3-125 所示，效果如图 3-126 所示。

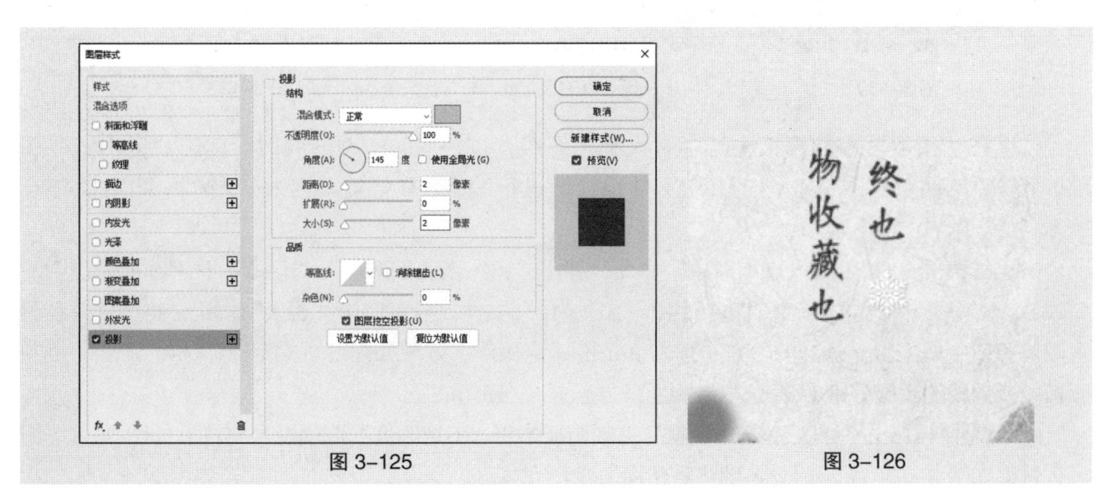
图 3-125　图 3-126

（14）在“图层”控制面板中选中“印章”图层，按住 Shift 键的同时，将需要的图层同时选取，按 Ctrl + G 组合键进行编组，并将其命名为“标题”，如图 3-127 所示。

**3. 添加装饰**

（1）选择“文件 > 置入嵌入对象”命令，弹出“置入嵌入的对象”对话框，分别选择云盘中的“Ch03 > 素材 > 制作立冬节气宣传海报 > 06 ～ 09”文件。分别单击“置入”按钮，将图片置入图像窗口中，分别拖曳到适当的位置并调整大小，按 Enter 键完成置入，效果如图 3-128 所示。将“图层”控制面板中新生成的图层分别命名为“大雁”“大雁 2”“远山 1”“远山 2”，如图 3-129 所示。

图 3-127　　图 3-128　　图 3-129

（2）选中“大雁”图层，将“不透明度”选项设为 70%，如图 3-130 所示。选中“大雁 2”图层，将“不透明度”选项设为 50%，如图 3-131 所示。效果如图 3-132 所示。

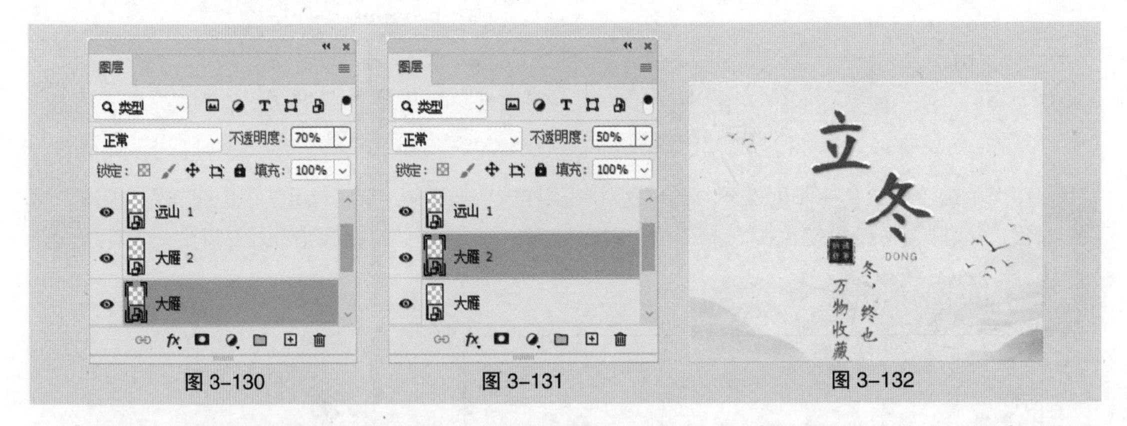


图 3-130　　图 3-131　　图 3-132

（3）在“图层”控制面板中选中“大雁”图层，按住 Shift 键的同时，单击“远山 2”图层，将需要的图层同时选取，按 Ctrl + G 组合键进行编组，并将其命名为“装饰”，如图 3-133 所示。

（4）选择“文件 > 置入嵌入对象”命令，弹出“置入嵌入的对象”对话框，分别选择云盘中的“Ch03 > 素材 > 制作立冬节气宣传海报 > 10 ～ 12”文件。分别单击“置入”按钮，将图片分别置入图像窗口中并拖曳到适当的位置，按 Enter 键确定操作，效果如图 3-134 所示，将“图层”控制面板中新生成的图层分别命名为“状态栏”“跳过”“Home”。

（5）选中“Home”图层，在“图层”控制面板中将“不透明度”选项设为 50%，如图 3-135 所示，效果如图 3-136 所示。立冬节气宣传海报制作完成。

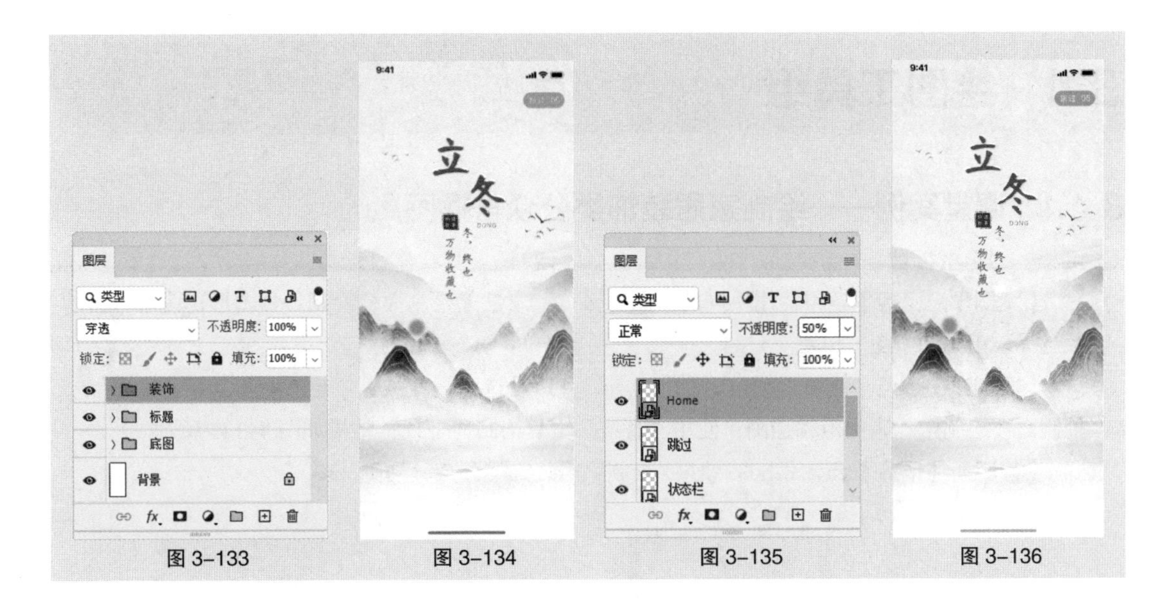

图 3-133　图 3-134　图 3-135　图 3-136

## 3.3.2 “横排文字”工具

选择“横排文字”工具 T.，在图像中输入需要的文字，如图 3-137 所示。选择“文字 > 文本排列方向 > 竖排”命令，使文字由水平排列转换为垂直排列，如图 3-138 所示。

图 3-137　图 3-138

## 3.3.3 “直排文字”工具

选择“直排文字”工具 ↓T.，在图像中输入需要的文字，如图 3-139 所示。选择“文字 > 文本排列方向 > 横排”命令，使文字由垂直排列转换为水平排列，如图 3-140 所示。

图 3-139　图 3-140

# 3.4 绘图工具组

## 3.4.1 课堂案例——绘制家居装饰类公众号插画

【案例学习目标】学习使用不同的绘图工具、“属性”控制面板绘制各种图形；使用“路径选择”工具调整图形位置。

【案例知识要点】使用“圆角矩形”工具、“路径选择”工具、“矩形”工具、“属性”控制面板绘制床、床头柜和挂画；使用“直线”工具绘制地平线；效果如图 3-141 所示。

【效果所在位置】云盘 \Ch03\ 效果 \ 绘制家居装饰类公众号插画 .psd。

图 3-141

（1）按 Ctrl+N 组合键，弹出“新建文档”对话框，设置宽度为 1000 像素、高度为 1000 像素、分辨率为 72 像素 / 英寸、颜色模式为 RGB 颜色、背景内容为白色，单击“创建”按钮，新建一个文件。

（2）单击“图层”控制面板下方的“创建新组”按钮，将新生成的图层组命名为“床”。选择“圆角矩形”工具，在属性栏的“选择工具模式”选项中选择“形状”，将“填充”颜色设为浅黄色（255、231、178），“描边”颜色设为灰蓝色（85、110、127），“描边宽度”选项设为 14 像素，“半径”选项设为 70 像素，在图像窗口中绘制一个圆角矩形，效果如图 3-142 所示，“图层”控制面板中生成新的形状图层“圆角矩形 1”。

（3）使用“圆角矩形”工具，在属性栏中将“半径”选项设为 30 像素，在图像窗口中绘制一个圆角矩形，并在属性栏中将“填充”颜色设为草绿色（220、243、222），效果如图 3-143 所示，“图层”控制面板中生成新的形状图层“圆角矩形 2”。

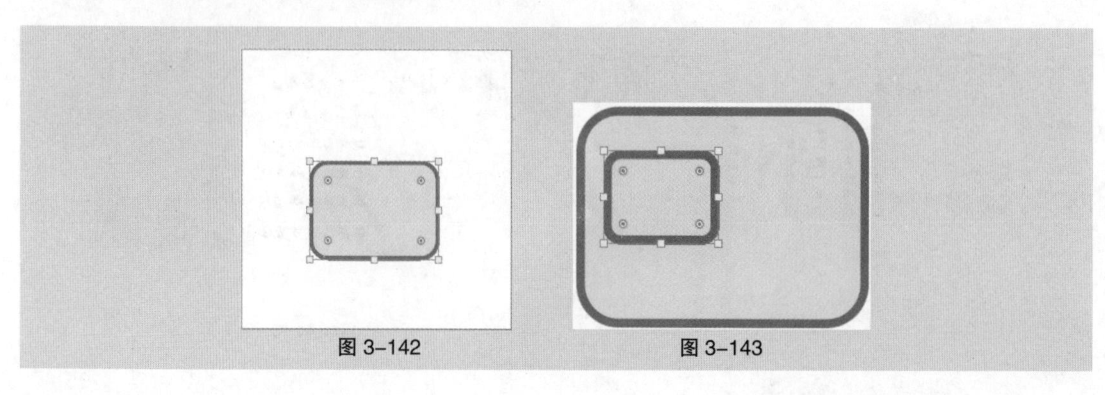
图 3-142　　图 3-143

（4）选择“路径选择”工具 ，按住 Alt+Shift 组合键的同时，水平向右拖曳圆角矩形到适当的位置，复制圆角矩形，效果如图 3-144 所示。选中“圆角矩形 1”形状图层，按 Ctrl+J 组合键，复制“圆角矩形 1”形状图层，生成新的形状图层“圆角矩形 1 拷贝”，如图 3-145 所示。

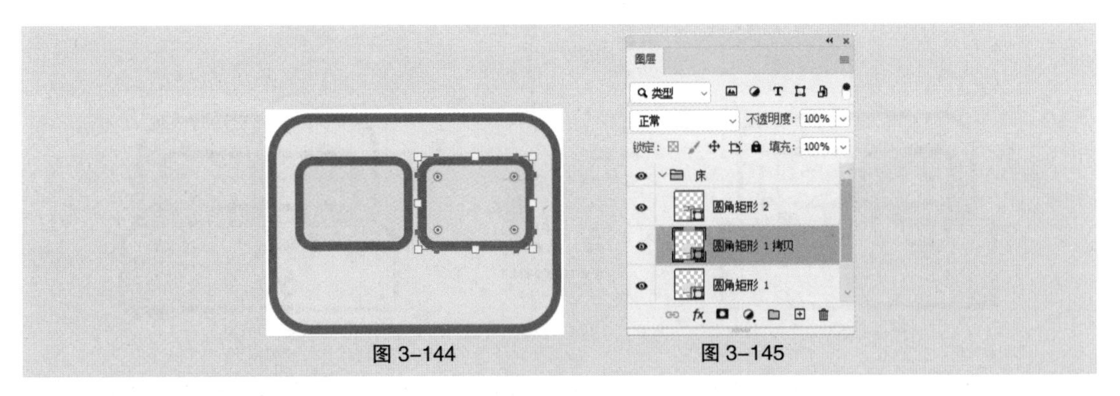

图 3-144　　图 3-145

（5）使用“路径选择”工具 ，向下拖曳复制的圆角矩形上边中间的控制手柄到适当的位置，调整其大小，效果如图 3-146 所示。向上拖曳复制的圆角矩形下边中间的控制手柄到适当的位置，调整其大小，效果如图 3-147 所示。

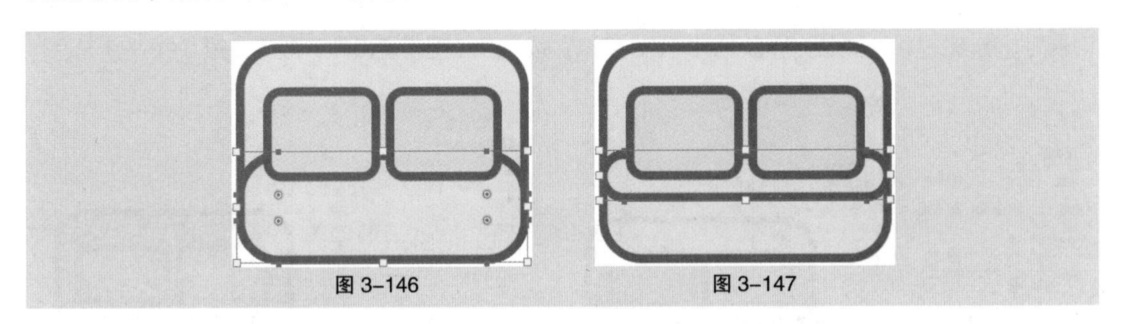
图 3-146　　图 3-147

（6）选择“窗口 > 属性”命令，弹出“属性”控制面板，将“填色”颜色设为浅洋红色（255、182、166），“半径”选项均设为 35 像素，其他选项的设置如图 3-148 所示；按 Enter 键确定操作，效果如图 3-149 所示。按 Shift+Ctrl+] 组合键，将复制的圆角矩形置为顶层，效果如图 3-150 所示。

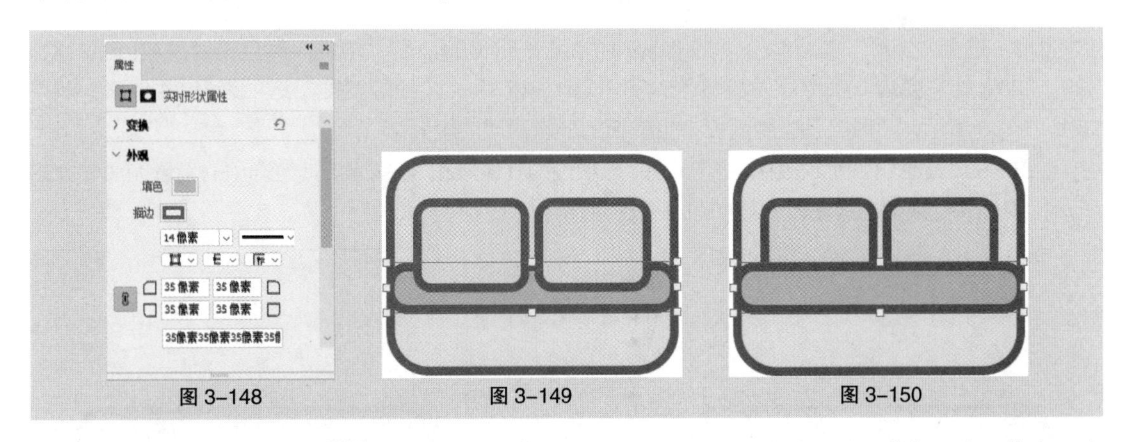

图 3-148　　图 3-149　　图 3-150

（7）选择“矩形”工具 ，在属性栏的“选择工具模式”选项中选择“形状”，在图像窗口中绘制一个矩形，将“填充”颜色设为浅黄色（255、231、178），“描边”颜色设为灰蓝色（85、110、127），“描边宽度”选项设为 14 像素，效果如图 3-151 所示，“图层”控制面板中生成新的形状图层“矩形 1”。

（8）在“属性”控制面板中，将“半径”选项设为50像素和0像素，其他选项的设置如图3–152所示；按Enter键确定操作，效果如图3–153所示。

图3–151　图3–152　图3–153

（9）按Ctrl+J组合键，复制“矩形1”形状图层，生成新的形状图层“矩形1拷贝”，如图3–154所示。选择“路径选择”工具，向下拖曳矩形上边中间的控制手柄到适当的位置，调整其大小，效果如图3–155所示。

（10）在“属性”控制面板中，将“填色”颜色设为天蓝色（191、233、255），“半径”选项均设为0像素，其他选项的设置如图3–156所示；按Enter键确定操作，效果如图3–157所示。

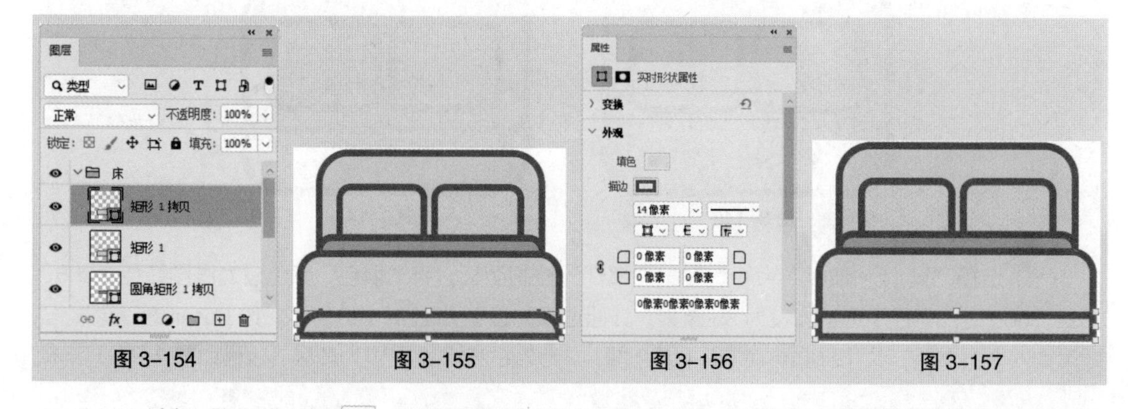


图3–154　图3–155　图3–156　图3–157

（11）选择“矩形”工具，在图像窗口中绘制一个矩形，将“填充”颜色设为浅灰色（212、220、223），“描边”颜色设为灰蓝色（85、110、127），“描边宽度”选项设为14像素，效果如图3–158所示，“图层”控制面板中生成新的形状图层“矩形2”。

（12）在“属性”控制面板中，将“半径”选项设为0像素和30像素，其他选项的设置如图3–159所示；按Enter键确定操作，效果如图3–160所示。

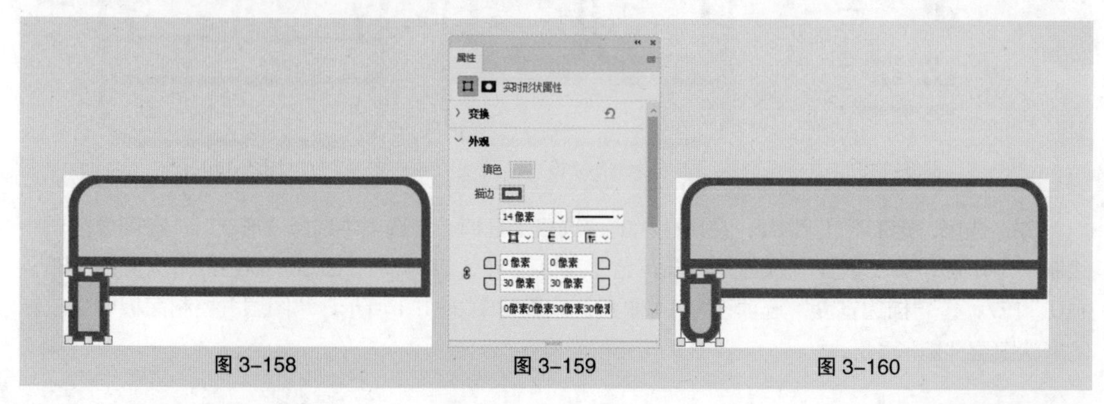


图3–158　图3–159　图3–160

（13）选择“路径选择”工具，按住 Alt+Shift 组合键的同时，水平向右拖曳圆角矩形到适当的位置，复制圆角矩形，效果如图 3–161 所示。在“图层”控制面板中，将“矩形 2”形状图层拖曳到“矩形 1”形状图层的下方，如图 3–162 所示，效果如图 3–163 所示。

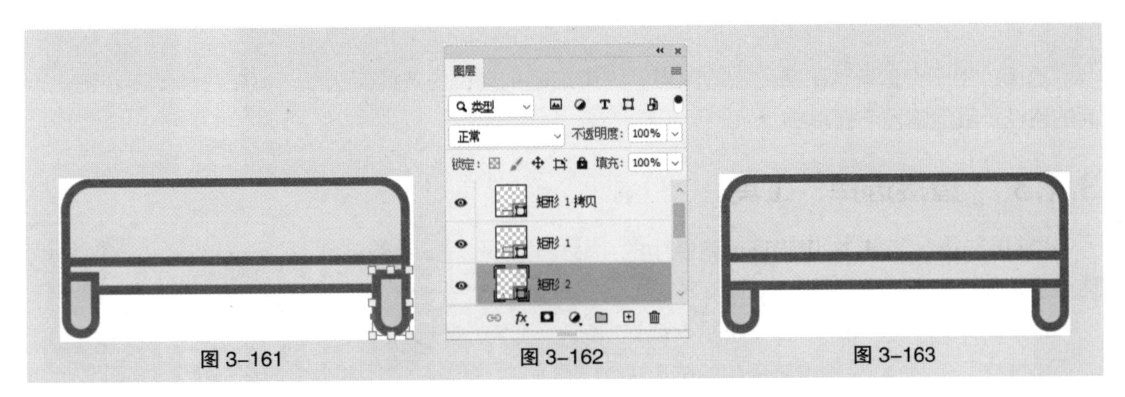

图 3–161　　图 3–162　　图 3–163

（14）选中“矩形 1 拷贝”形状图层。选择“直线”工具，在属性栏的“选择工具模式”选项中选择“形状”，按住 Shift 键的同时，在图像窗口中绘制一条线段，在属性栏中将“填充”颜色设为无，“描边”颜色设为灰蓝色（85、110、127），“描边宽度”选项设为 12 像素，效果如图 3–164 所示，“图层”控制面板中生成新的形状图层“直线 1”。

（15）选择“路径选择”工具，按住 Alt+Shift 组合键的同时，水平向右拖曳线段到适当的位置，复制线段，效果如图 3–165 所示。

（16）使用“路径选择”工具，向左拖曳线段右侧的端点到适当的位置，调整其长度，效果如图 3–166 所示。再复制一条线段并调整其长度，效果如图 3–167 所示。

（17）单击“床”图层组左侧的三角形图标，将“床”图层组中的图层隐藏，如图 3–168 所示。用相同的方法绘制床头柜和挂画，效果如图 3–169 所示。

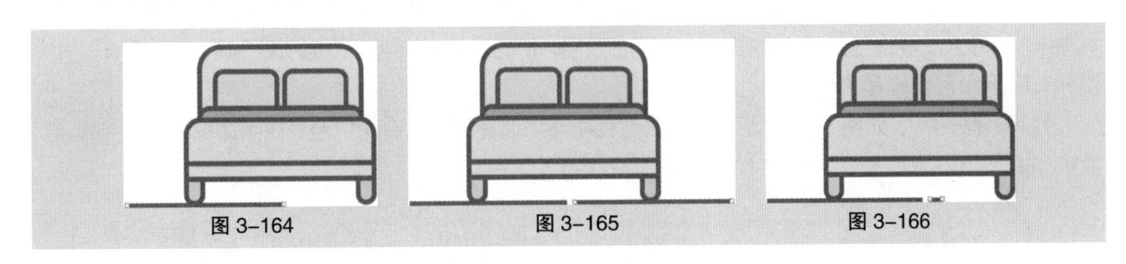
图 3–164　　图 3–165　　图 3–166

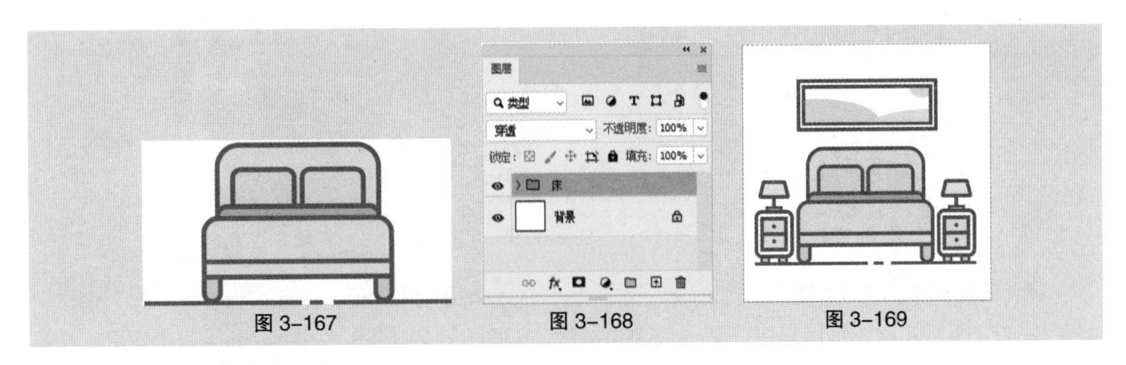

图 3–167　　图 3–168　　图 3–169

## 3.4.2 “路径选择”工具

“路径选择”工具用于选择一条或几条路径并对其进行移动、组合、对齐、分布和变形。

单击或按 Shift+A 组合键选择“路径选择”工具，其属性栏状态如图 3-170 所示。

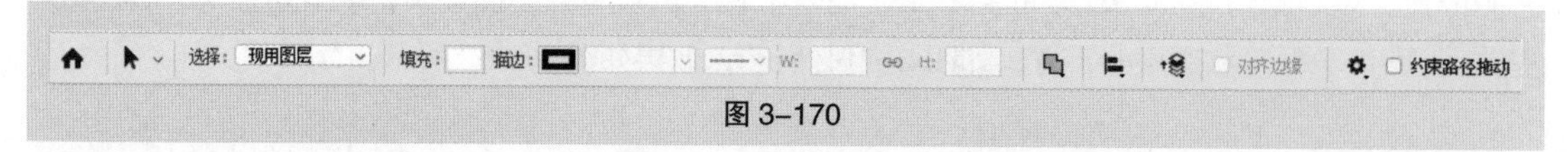

图 3-170

选择：用于设置所选路径所在的图层。约束路径拖动：勾选此复选框，可以只移动两个锚点之间的路径，其他路径不受影响。

## 3.4.3 “直接选择”工具

“直接选择”工具用于移动路径中的锚点或线段，还可以调整手柄和控制点。

路径的原始效果如图 3-171 所示，选择“直接选择”工具，拖曳路径中的锚点来改变路径弧度，效果如图 3-172 所示。

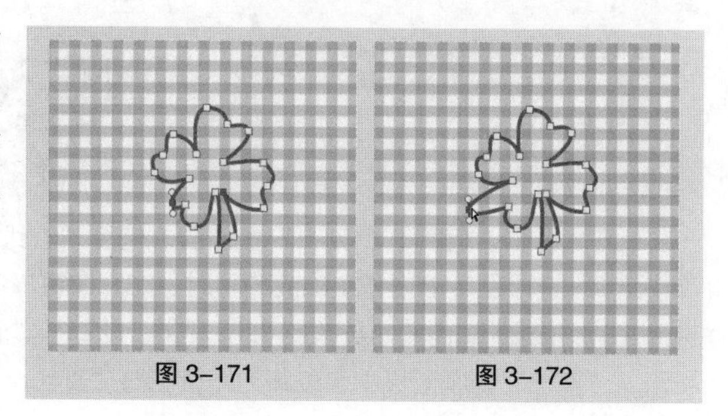

图 3-171　　图 3-172

## 3.4.4 “矩形”工具

单击或按 Shift+U 组合键选择“矩形”工具，其属性栏状态如图 3-173 所示。

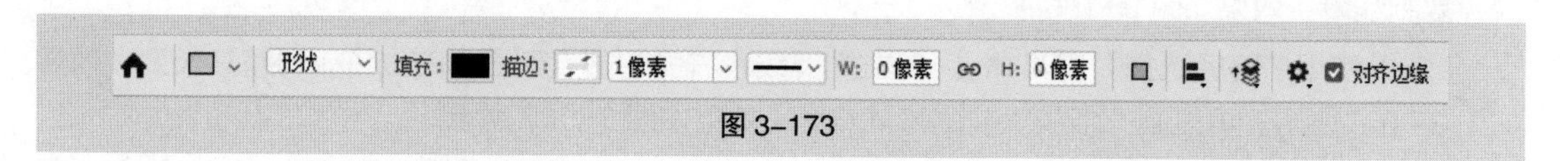

图 3-173

形状：用于选择工具的模式，包括形状、路径和像素。填充、描边：用于设置矩形的填充色、描边色、描边宽度和描边类型。W、H：用于设置矩形的宽度和高度。用于设置路径的组合方式、对齐方式和排列方式。用于设置所绘制矩形的形状。对齐边缘：用于设置边缘是否对齐。

打开一张图片，如图 3-174 所示。在属性栏中将“填充”颜色设为白色，在图像窗口中绘制矩形，效果如图 3-175 所示，“图层”控制面板如图 3-176 所示。

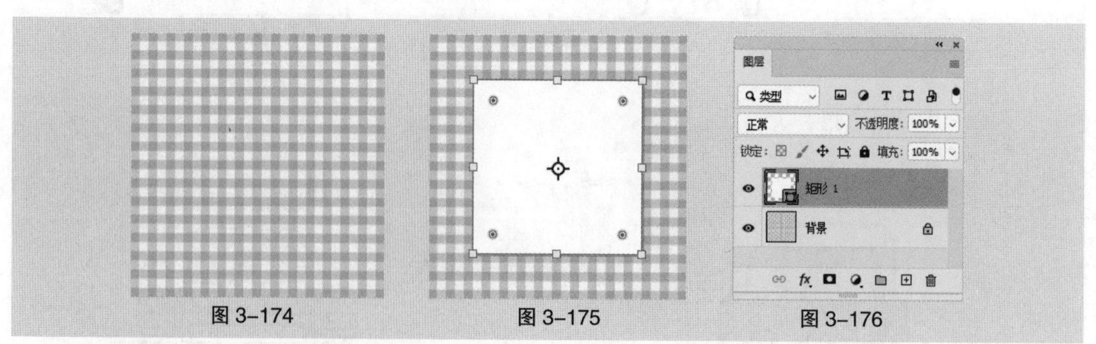


图 3-174　　图 3-175　　图 3-176

将鼠标指针移动到绘制好的矩形的上、下、左、右 4 个边角构件处，鼠标指针变为“”形状，如图 3-177 所示，向内拖曳其中任意一个边角构件，如图 3-178 所示，可对矩形角进行变形，松开鼠标左键，效果如图 3-179 所示。

按住 Alt 键的同时，将鼠标指针移动到任意一个边角构件上，向内拖曳边角构件，如图 3-180 所示，可使选取的边角单独变形，如图 3-181 所示。向外拖曳边角构件，边角变形如图 3-182 所示。

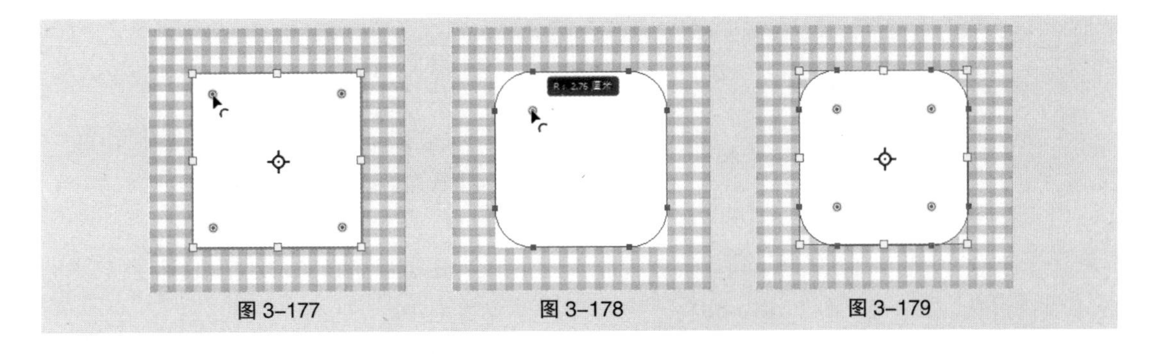

图 3-177　　图 3-178　　图 3-179

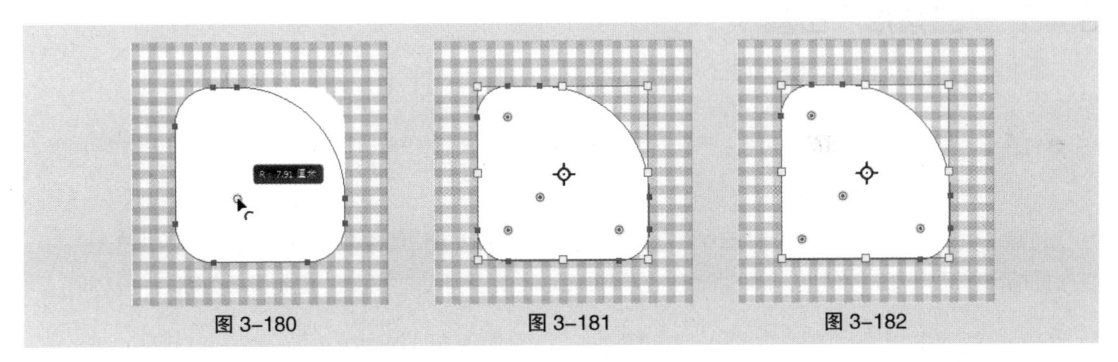

图 3-180　　图 3-181　　图 3-182

## 3.4.5 “圆角矩形”工具

单击或按 Shift+U 组合键选择“圆角矩形”工具，其属性栏状态如图 3-183 所示。该属性栏中的内容与“矩形”工具属性栏中的内容类似，只增加了“半径”选项，用于设定圆角矩形的圆角半径，数值越大圆角半径越大。

图 3-183

打开一张图片。在属性栏中将“填充”颜色设为白色，“半径”选项设为 100 像素，在图像窗口中绘制圆角矩形，效果如图 3-184 所示，“图层”控制面板如图 3-185 所示。

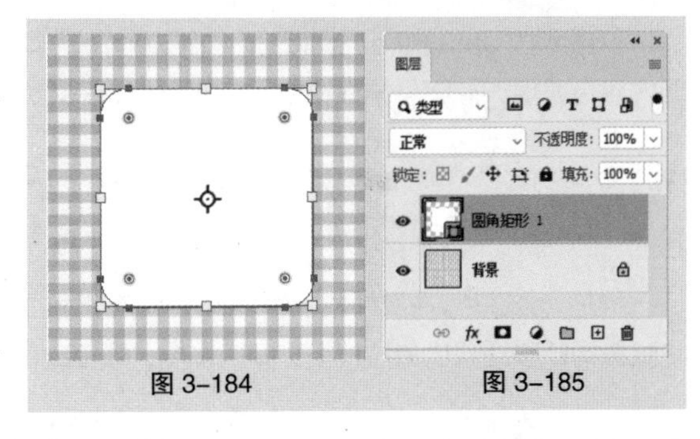


图 3-184　　图 3-185

## 3.4.6 “椭圆”工具

单击或按 Shift+U 组合键选择“椭圆”工具，其属性栏状态如图 3-186 所示。

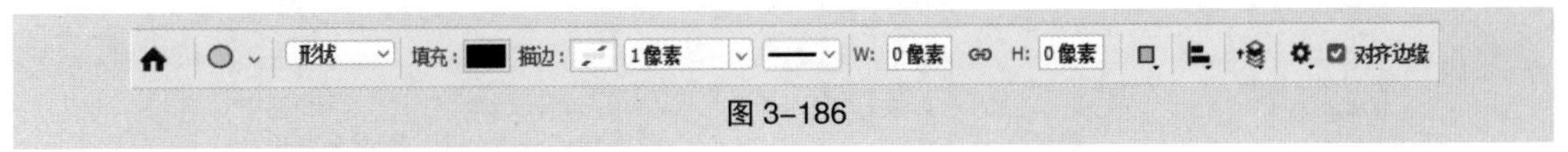


图 3-186

打开一张图片。在属性栏中将“填充”颜色设为白色，在图像窗口中绘制椭圆，效果如图 3-187 所示，“图层”控制面板如图 3-188 所示。

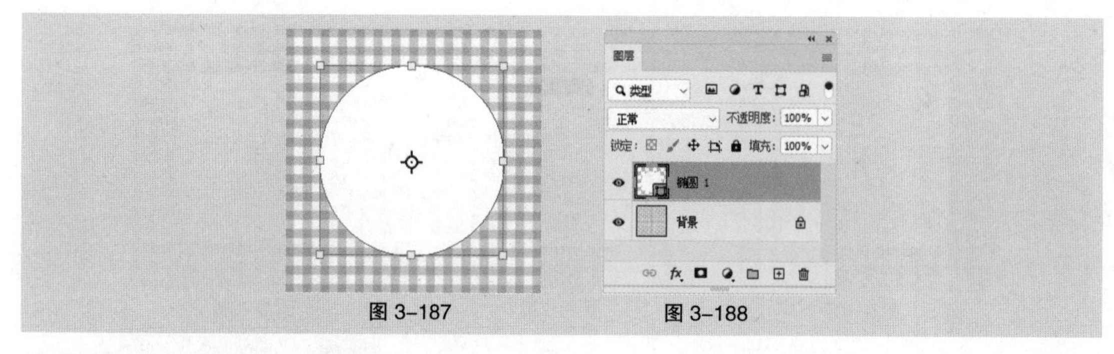


图 3-187　图 3-188

## 3.4.7 “三角形”工具

单击或按 Shift+U 组合键选择“三角形”工具，其属性栏状态如图 3-189 所示。

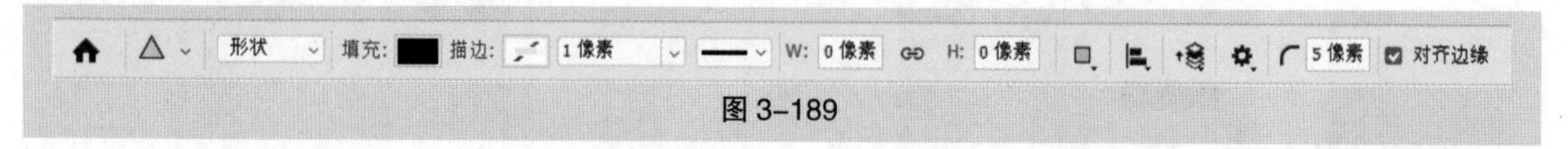


图 3-189

打开一张图片。在属性栏中将“填充”颜色设为白色，在图像窗口中绘制三角形，效果如图 3-190 所示。将鼠标指针移动到边角控件上，向内拖曳，效果如图 3-191 所示，“图层”控制面板如图 3-192 所示。

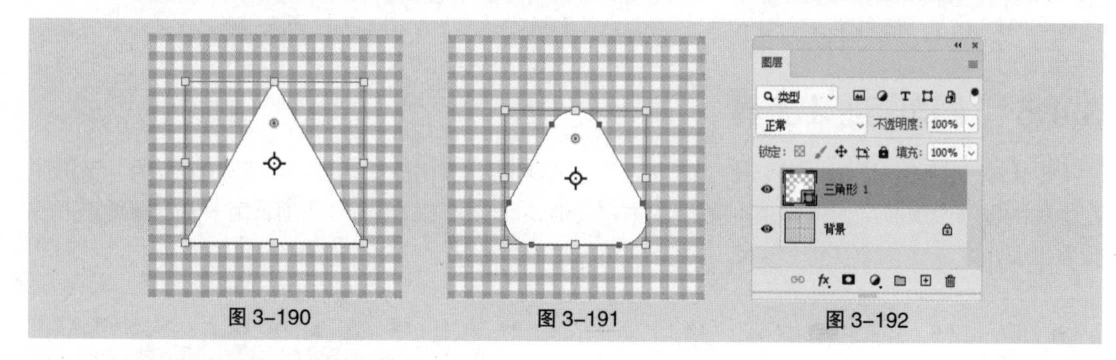


图 3-190　图 3-191　图 3-192

## 3.4.8 “多边形”工具

单击或按 Shift+U 组合键选择“多边形”工具，其属性栏状态如图 3-193 所示。该属性栏中的内容与“矩形”工具属性栏中的内容类似，只增加了“边”选项，用于设定多边形的边数。

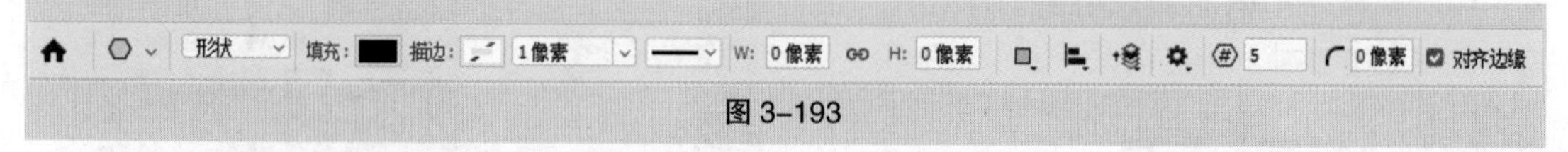


图 3-193

打开一张图片。在属性栏中将“填充”颜色设为白色，在图像窗口中绘制多边形，效果如图 3-194 所示。将鼠标指针移动到边角控件上，向内拖曳，效果如图 3-195 所示，“图层”控制面板如图 3-196 所示。

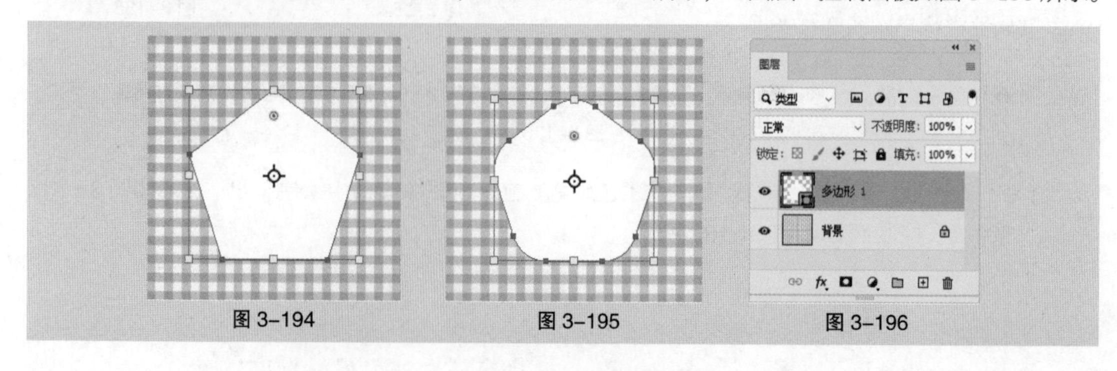


图 3-194　图 3-195　图 3-196

单击属性栏中的按钮，在弹出的面板中进行设置，在属性栏中将“半径”选项设为40像素，如图3-197所示，在图像窗口中绘制星形，效果如图3-198所示。

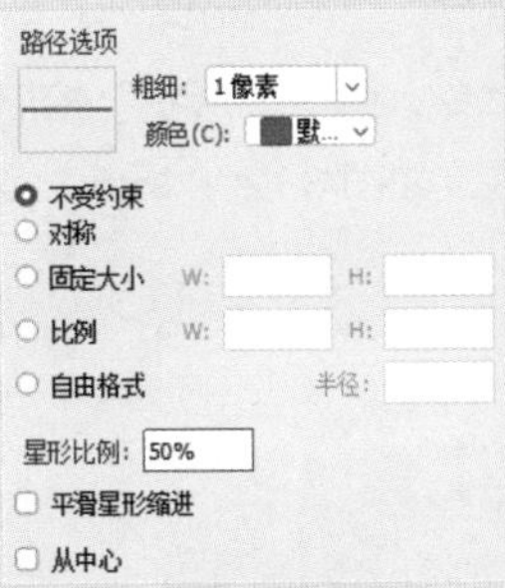

图3-197 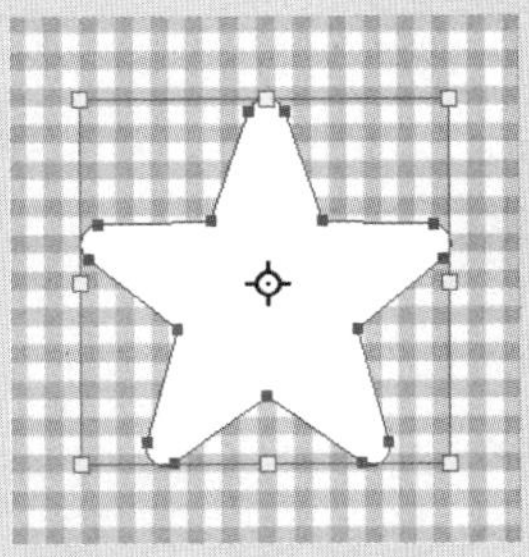 图3-198

## 3.4.9 “直线”工具

单击或按Shift+U组合键选择“直线”工具，其属性栏状态如图3-199所示。该属性栏中的内容与“矩形”工具属性栏中的内容类似，只增加了“粗细”选项，用于设定线段的宽度。

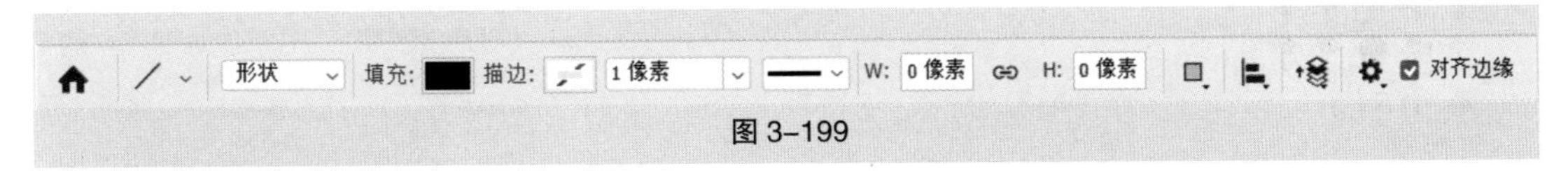

图3-199

单击属性栏中的按钮，弹出“箭头”面板，如图3-200所示。

起点：用于选择位于线段始端的箭头。终点：用于选择位于线段末端的箭头。宽度：用于设定箭头宽度和线段宽度的比值。长度：用于设定箭头长度和线段宽度的比值。凹度：用于设定箭头凹凸的形状。

打开一张图片，在属性栏中将“填充”颜色设为白色，在图像窗口中绘制不同效果的线段，效果如图3-201所示，“图层”控制面板如图3-202所示。

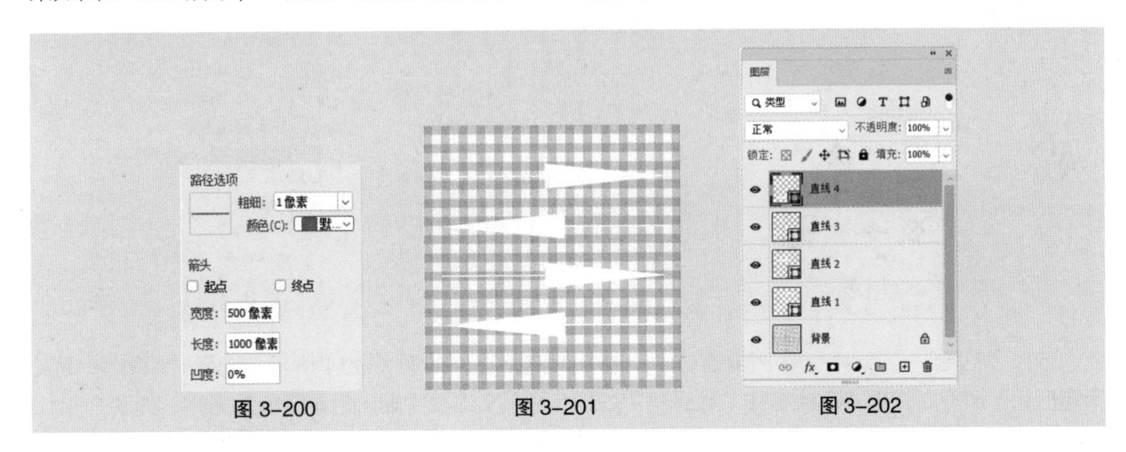

图3-200 图3-201 图3-202

## 3.4.10 “自定形状”工具

单击或按Shift+U组合键选择“自定形状”工具，其属性栏状态如图3-203所示。该属性栏中的内容与“矩形”工具属性栏中的内容类似，只增加了“形状”选项，用于选择所需的形状。

图3-203

单击“形状”选项，弹出图3-204所示的形状面板，该面板中存储了可供选择的各种不规则形状。

选择“窗口 > 形状”命令，弹出“形状”控制面板，如图 3-205 所示。单击“形状”控制面板右上方的图标 ≡，弹出菜单，如图 3-206 所示。选择“旧版形状及其他”命令即可添加旧版形状，如图 3-207 所示。

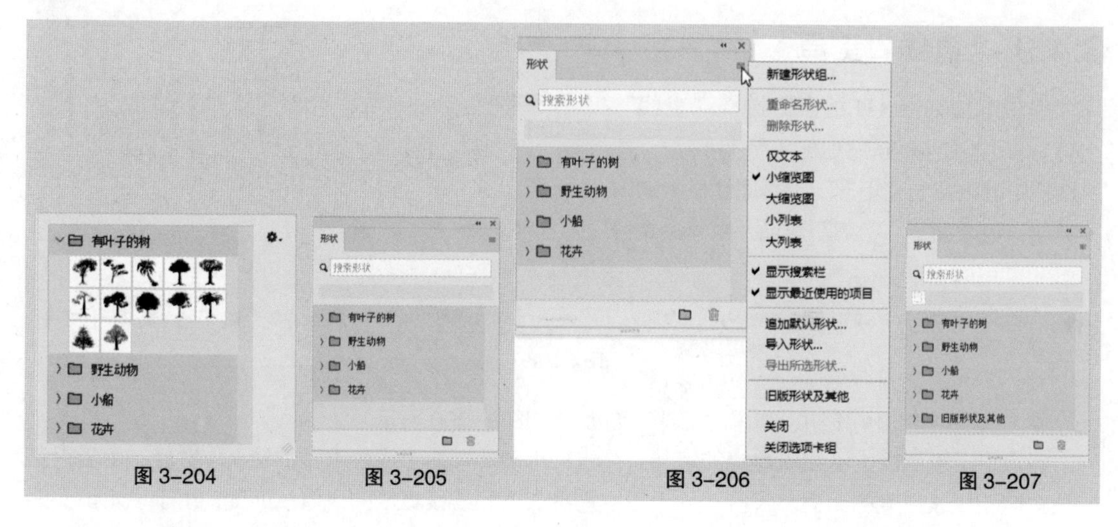

图 3-204　图 3-205　图 3-206　图 3-207

打开一张图片。选择“旧版形状及其他 > 所有旧版默认形状 > 花饰字”中需要的图形，如图 3-208 所示。在图像窗口中绘制形状，效果如图 3-209 所示，“图层”控制面板如图 3-210 所示。

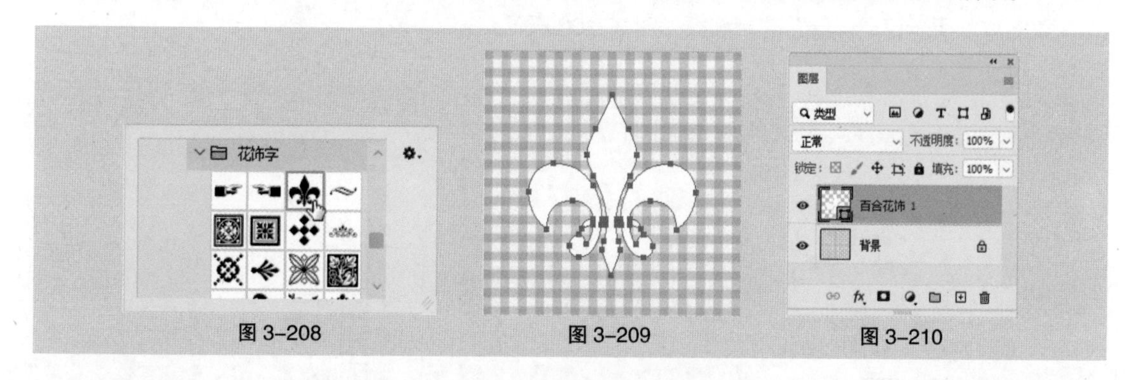

图 3-208　图 3-209　图 3-210

选择“钢笔”工具 ，在图像窗口中绘制并填充路径，如图 3-211 所示。选择“编辑 > 定义自定形状”命令，弹出“形状名称”对话框，在“名称”文本框中输入自定形状的名称，如图 3-212 所示，单击“确定”按钮。“形状”控制面板中将显示定义的形状，如图 3-213 所示。

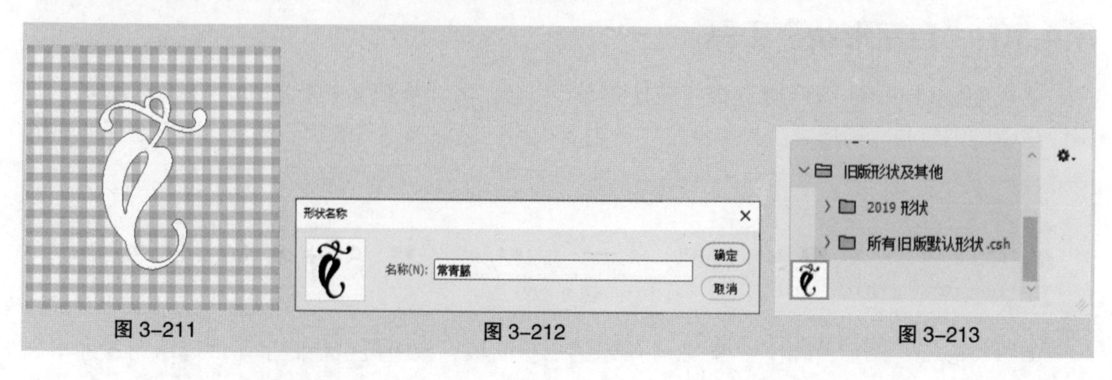

图 3-211　图 3-212　图 3-213

# 3.5 课堂练习——制作欢乐假期宣传海报插画

【练习知识要点】使用“矩形选框”工具调整选区；使用“定义画笔预设”命令储存形状；使用“画笔”工具绘制形状；效果如图 3-214 所示。

【效果所在位置】云盘 \Ch03\ 效果 \ 制作欢乐假期宣传海报插画 .psd。

图 3-214

# 3.6 课后习题——制作橙汁海报

【习题知识要点】使用“磁性套索”工具抠出果汁瓶；使用“多边形套索”工具制作投影；使用“移动”工具调整图片和文字；效果如图 3-215 所示。

【效果所在位置】云盘 \Ch03\ 效果 \ 制作橙汁海报 .psd。

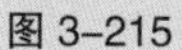

图 3-215

04

# 第4章 抠图

## 本章介绍

抠图是图像处理中必不可少的步骤，是对图像进行后续处理的准备工作。本章介绍使用工具和命令抠图的方法和技巧，通过对本章的学习，读者可以更有效地抠图，达到事半功倍的效果。

### 学习目标

- 熟练掌握工具抠图的方法和技巧
- 掌握命令抠图的方法和技巧
- 掌握通道抠图的方法和技巧

### 技能目标

- 掌握元宵节节日宣传海报的制作方法
- 掌握箱包 App 主页 Banner 广告的制作方法
- 掌握文化传媒公众号封面次图的制作方法
- 掌握时尚女装海报的制作方法
- 掌握旅游出行公众号首图的制作方法
- 掌握天气预报公众号首图的制作方法
- 掌握婚纱摄影类公众号运营海报的制作方法

### 素养目标

- 培养读者的创意表现和艺术表达能力
- 培养读者养成良好的操作习惯

## 4.1 工具抠图

### 4.1.1 课堂案例——制作元宵节节日宣传海报

【案例学习目标】学习使用不同的抠图工具选取不同的图像；并应用“图层”控制面板为图像添加效果。

【案例知识要点】使用“置入嵌入对象”命令置入图片；使用“添加图层样式”按钮为图像添加效果；使用“色相 / 饱和度”命令调整图片颜色；使用“创建剪贴蒙版”命令调整图片显示区域（使用“创建剪贴蒙版”命令仅为制作案例效果，该知识点详见本书 7.2.7 小节）；效果如图 4-1 所示。

【效果所在位置】云盘 \Ch04\ 效果 \ 制作元宵节节日宣传海报 .psd。

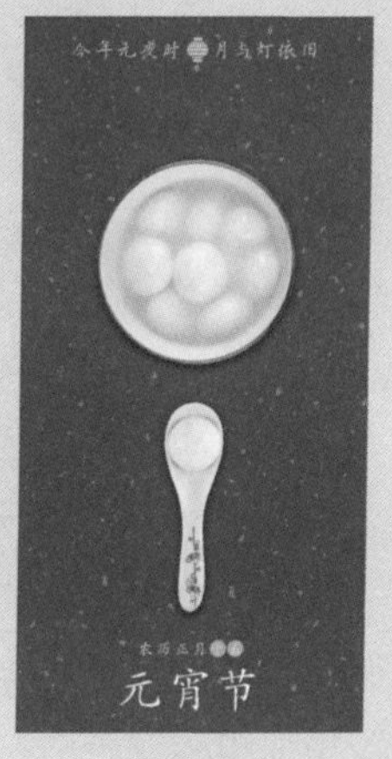

图 4–1

（1）按 Ctrl+N 组合键，弹出“新建文档”对话框，设置宽度为 1125 像素、高度为 2436 像素、分辨率为 72 像素 / 英寸、颜色模式为 RGB 颜色、背景内容为红色（153、21、26），单击“创建”按钮，新建一个文件。

（2）选择“文件 > 置入嵌入对象”命令，弹出“置入嵌入的对象”对话框，选择云盘中的“Ch04 > 素材 > 制作元宵节节日宣传海报 > 01”文件。单击“置入”按钮，置入图片，将图片拖曳到适当的位置，按 Enter 键确定操作，效果如图 4–2 所示，将“图层”控制面板中新生成的图层命名为“点”，如图 4–3 所示。

（3）选择“文件 > 置入嵌入对象”命令，弹出“置入嵌入的对象”对话框，选择云盘中的“Ch04 > 素材 > 制作元宵节节日宣传海报 > 02”文件。单击“置入”按钮，置入图片，将图片拖曳到适当的位置，按 Enter 键确定操作，效果如图 4–4 所示，将“图层”控制面板中新生成的图层命名为“汤圆”，如图 4–5 所示。

（4）单击“图层”控制面板下方的“添加图层样式”按钮 fx，在弹出的菜单中选择“投影”命令，弹出对话框，将投影颜色设为黑色，其他选项的设置如图 4–6 所示，单击“确定”按钮，效果如图 4–7 所示。

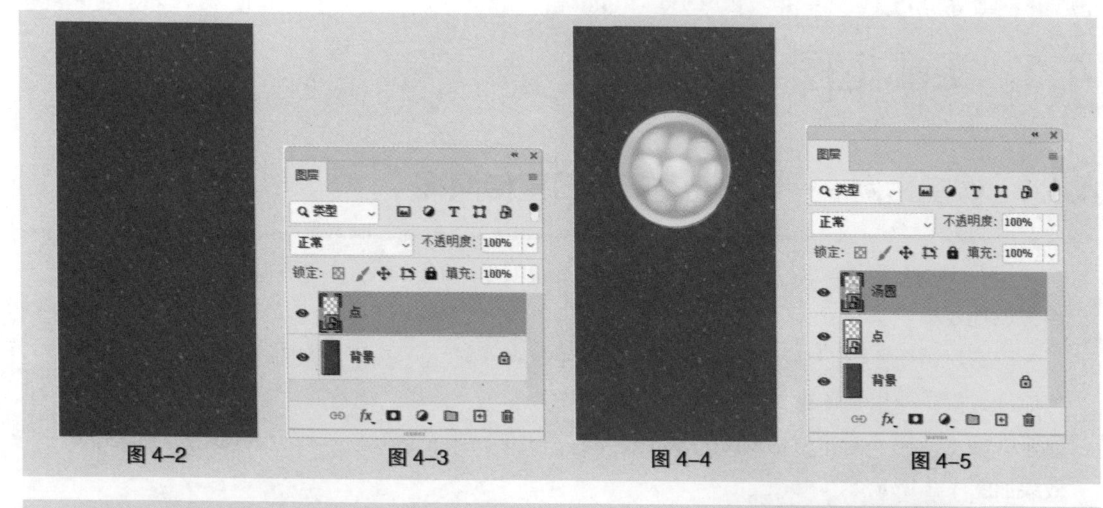


图 4–2　图 4–3　图 4–4　图 4–5

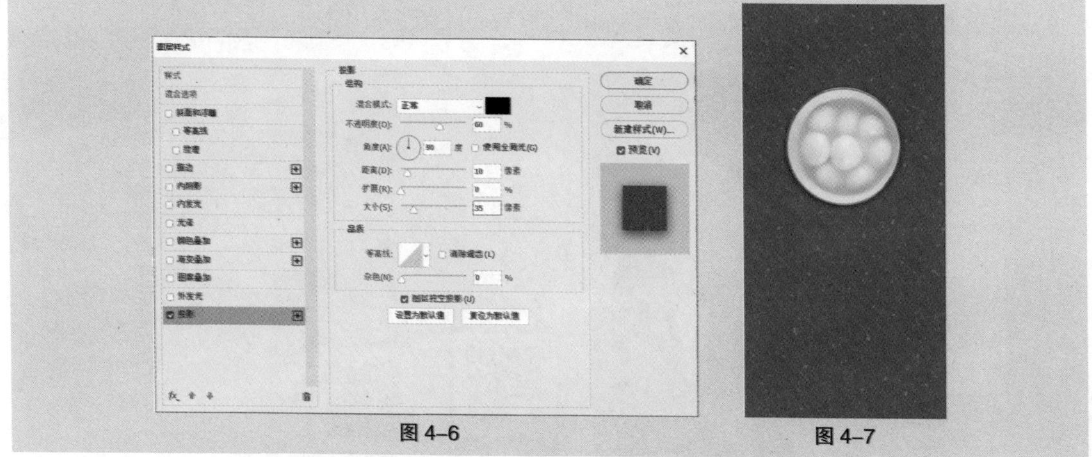


图 4–6　图 4–7

（5）单击“图层”控制面板下方的“创建新的填充或调整图层”按钮，在弹出的菜单中选择“色相 / 饱和度”命令，在“图层”控制面板中生成“色相 / 饱和度 1”图层，同时弹出“色相 / 饱和度”面板，选项的设置如图 4–8 所示，按 Enter 键确定操作。按 Alt+Ctrl+G 组合键，创建剪贴蒙版，如图 4–9 所示，效果如图 4–10 所示。

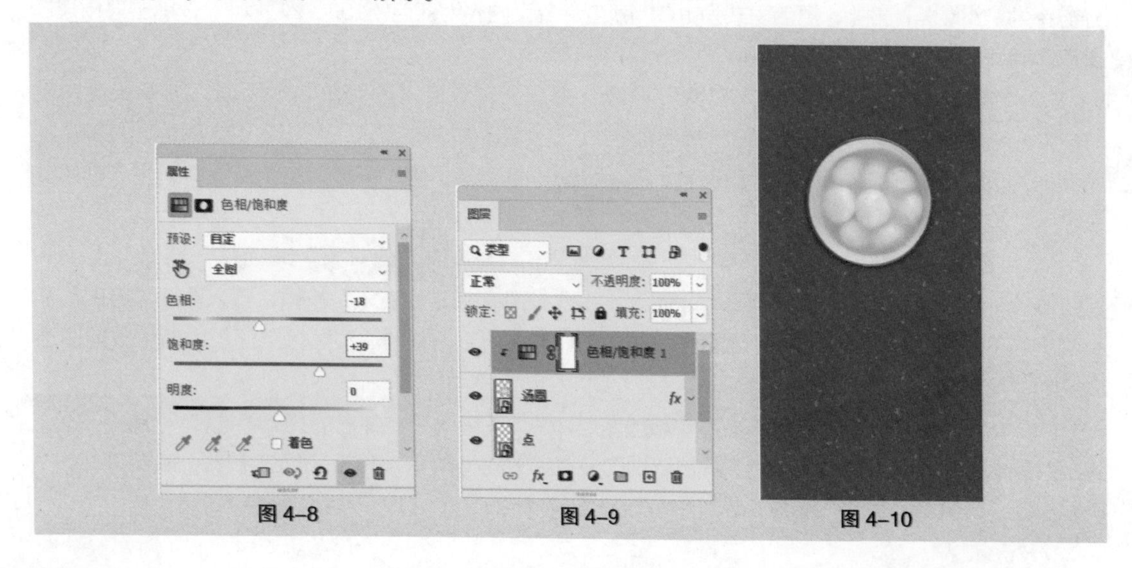


图 4–8　图 4–9　图 4–10

（6）选择“文件 > 置入嵌入对象”命令，弹出“置入嵌入的对象”对话框，选择云盘中的“Ch04 > 素材 > 制作元宵节节日宣传海报 > 03”文件。单击“置入”按钮，置入图片，将图片拖曳到适当的位置，按Enter键确定操作，将“图层”控制面板中新生成的图层命名为“汤勺”，如图4-11所示，使用步骤（4）所述的方法为汤勺添加投影效果，如图4-12所示，效果如图4-13所示。

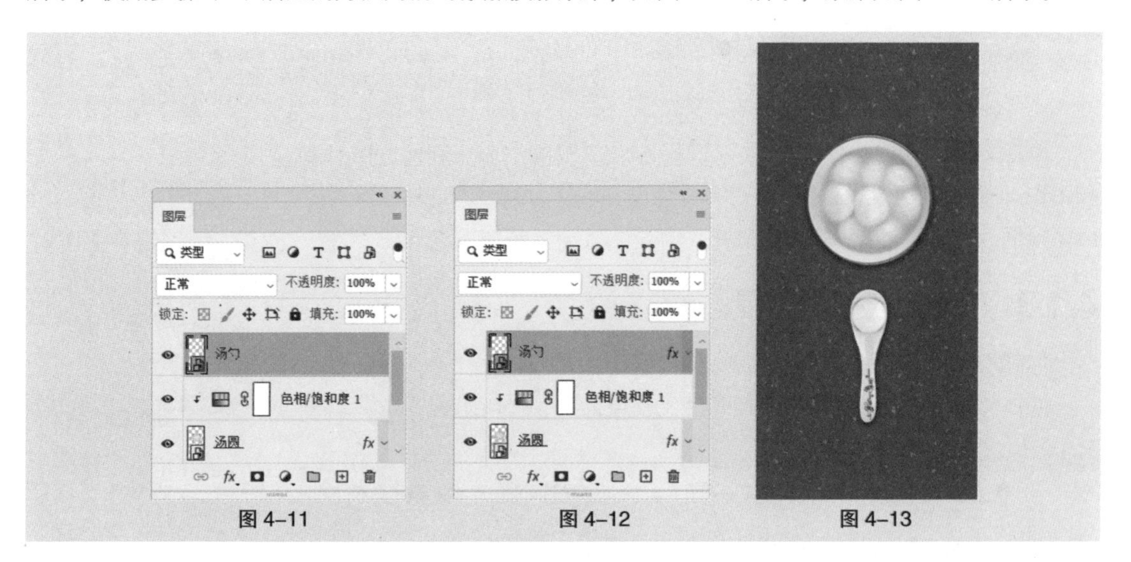


图 4-11　图 4-12　图 4-13

（7）单击“图层”控制面板下方的“创建新的填充或调整图层”按钮◐，在弹出的菜单中选择“色相 / 饱和度”命令，在“图层”控制面板中生成“色相 / 饱和度 2”图层，同时弹出“色相 / 饱和度”面板，选项的设置如图 4-14 所示，按 Enter 键确定操作。按 Alt+Ctrl+G 组合键，创建剪贴蒙版，如图 4-15 所示，效果如图 4-16 所示。

图 4-14

（8）选择“文件 > 置入嵌入对象”命令，弹出“置入嵌入的对象”对话框，选择云盘中的“Ch04 > 素材 > 制作元宵节节日宣传海报 > 04”文件。单击“置入”按钮，置入图片，将图片拖曳到适当的位置，按 Enter 键确定操作，将“图层”控制面板中新生成的图层命名为“元宵广告”，如图 4-17 所示，效果如图 4-18 所示。元宵节节日宣传海报制作完成。

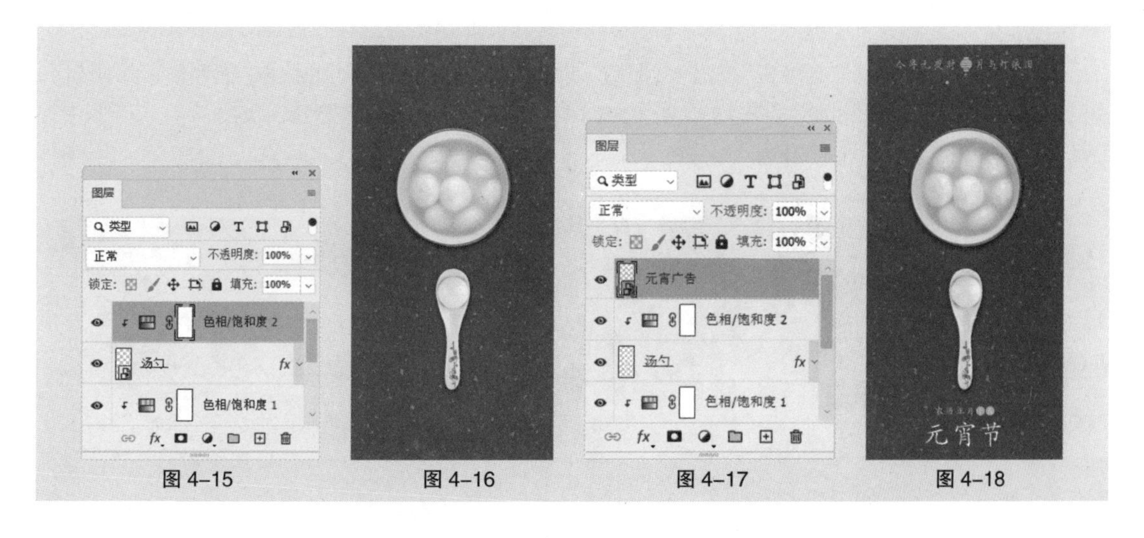


图 4-15　图 4-16　图 4-17　图 4-18

## 4.1.2 “快速选择”工具

使用“快速选择”工具可以利用调整的圆形画笔笔尖快速绘制选区。

选择“快速选择”工具，属性栏状态如图 4-19 所示。

图 4-19

：为选区选择方式选项。单击“画笔”选项，弹出画笔选择面板，如图 4-20 所示，可以设置画笔的大小、硬度、间距、角度和圆度。自动增强：可以调整所绘制的选区边缘的粗糙度。

图 4-20

## 4.1.3 “对象选择”工具

“对象选择”工具用来在选定的区域内查找并自动选择一个对象。

选择“对象选择”工具，属性栏状态如图 4-21 所示。

图 4-21

模式：用于选择“矩形”或“套索”选取模式。减去对象：用于在选定的区域内查找并自动减去对象。

打开一张图片，如图 4-22 所示。在主体图像周围绘制选区，如图 4-23 所示，在主体图像周围生成选区，如图 4-24 所示。

图 4-22　图 4-23　图 4-24

单击属性栏中的“从选区减去”按钮，保持“减去对象”复选框的被勾选状态，在图像中绘制选区，如图 4-25 所示，减去的选区如图 4-26 所示。取消“减去对象”复选框的被勾选状态，在图像中绘制选区，减去的选区如图 4-27 所示。

图 4-25　图 4-26　图 4-27

**提示：**“对象选择”工具 不适合用于选取那些边界不清或带有毛发的复杂图形。

## 4.1.4 “魔棒”工具

“魔棒”工具可以用来选取图像中的某一点，并将与这一点颜色相同或相近的点自动融入选区中。

单击或按 Shift+W 组合键选择“魔棒”工具，其属性栏状态如图 4–28 所示。

图 4–28

取样大小：用于设置取样范围。容差：用于控制色彩的范围，数值越大，可容许的颜色范围越大。连续：用于对连续的像素取样。对所有图层取样：用于将所有可见图层中颜色容许范围内的色彩加入选区。选择主体：用于从图像中最突出的对象处创建选区。

选择“魔棒”工具，在图像背景中单击即可得到需要的选区，如图 4–29 所示。将“容差”选项设为 100，再次单击背景区域，生成的选区如图 4–30 所示。

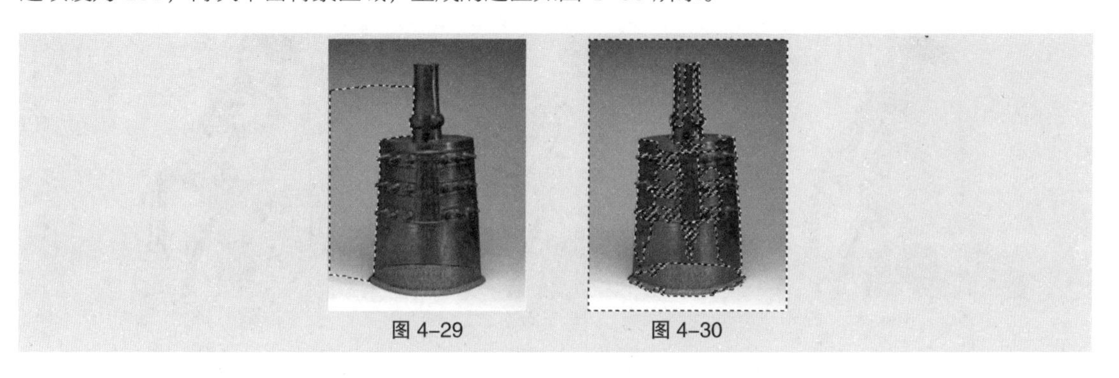

图 4–29　　图 4–30

## 4.1.5 课堂案例——制作箱包 App 主页 Banner 广告

【案例学习目标】学习使用不同的绘制工具绘制图形并调整路径。

【案例知识要点】使用“钢笔”工具、“添加锚点”工具和“直接选择”工具绘制并调整路径；使用组合键转换选区和路径；使用“移动”工具调整包包图片和文字；使用“椭圆选框”工具和“填充”命令制作投影；效果如图 4–31 所示。

【效果所在位置】云盘 \Ch04\ 效果 \ 制作箱包 App 主页 Banner 广告 .psd。

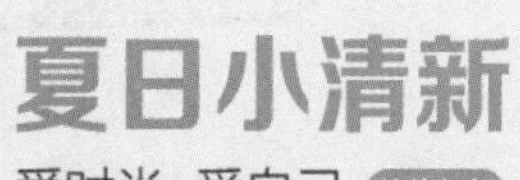

图 4–31

（1）按 Ctrl + O 组合键，打开云盘中的“Ch04 > 素材 > 制作箱包 App 主页 Banner 广告 > 01”文件，如图 4–32 所示。选择“钢笔”工具，在属性栏的“选择工具模式”选项中选择“路径”，在图像窗口中沿着实物轮廓绘制路径，如图 4-33 所示。

（2）按住 Ctrl 键的同时，“钢笔”工具转换为“直接选择”工具，如图 4-34 所示。拖曳路径中的锚点来改变路径的弧度，如图 4-35 所示。

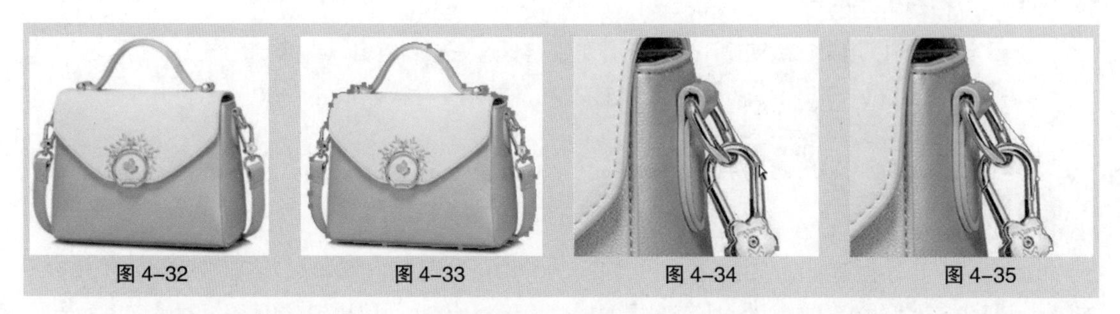
图 4-32　图 4-33　图 4-34　图 4-35

（3）将鼠标指针移动到路径上，“钢笔”工具转换为“添加锚点”工具，如图 4-36 所示，在路径上单击添加锚点，如图 4-37 所示。按住 Ctrl 键的同时，“钢笔”工具转换为“直接选择”工具，拖曳路径中的锚点来改变路径的弧度，如图 4-38 所示。

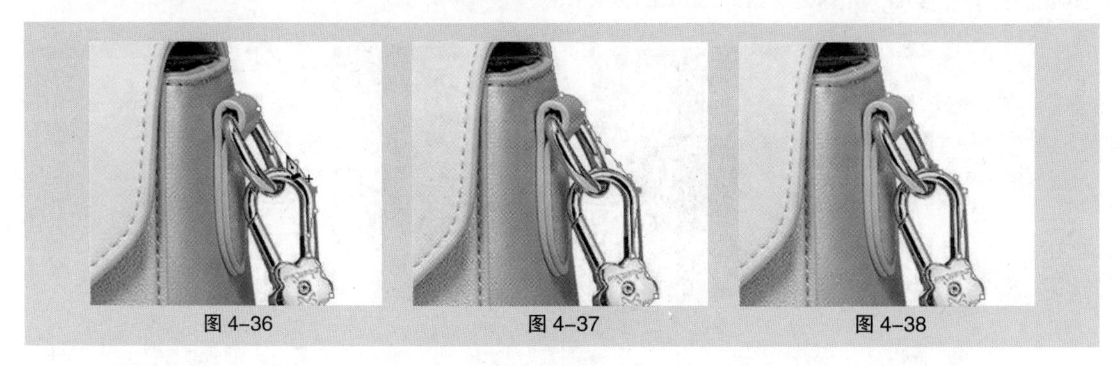
图 4-36　图 4-37　图 4-38

（4）用相同的方法调整其余路径，效果如图 4-39 所示。单击属性栏中的“路径操作”按钮，在弹出的面板中选择“排除重叠形状”，在适当的位置再次绘制多条路径，如图 4-40 所示。按 Ctrl+Enter 组合键，将路径转换为选区，如图 4-41 所示。

图 4-39　图 4-40　图 4-41

（5）按 Ctrl+N 组合键，弹出“新建文档”对话框，设置宽度为 750 像素、高度为 200 像素、分辨率为 72 像素 / 英寸、颜色模式为 RGB 颜色，背景内容为浅蓝色（232、239、248），单击“确定”按钮，新建一个文件。

（6）选择“移动”工具，将选取的图像拖曳到新建的图像窗口中，效果如图 4-42 所示，将“图层”控制面板中新生成的图层命名为“包包”。按 Ctrl+T 组合键，图像周围出现变换框，拖曳鼠标调整图像的大小和位置，按 Enter 键确定操作，效果如图 4-43 所示。

图 4-42　　图 4-43

（7）新建图层并将其命名为“投影”。将前景色设为黑色。选择“椭圆选框”工具，在属性栏中将“羽化”选项设为 5 像素，在图像窗口中拖曳鼠标绘制椭圆选区。按 Alt+Delete 组合键，用前景色填充选区。按 Ctrl+D 组合键，取消选区，效果如图 4-44 所示。在“图层”控制面板中，将“投影”图层拖曳到“包包”图层的下方，效果如图 4-45 所示。

（8）选择“包包”图层。按 Ctrl + O 组合键，打开云盘中的“Ch04 > 素材 > 制作箱包 App 主页 Banner 广告 > 02”文件。选择“移动”工具，将“02”图片拖曳到新建的图像窗口中的适当位置，效果如图 4-46 所示，将“图层”控制面板中新生成的图层命名为“文字”。箱包 App 主页 Banner 广告制作完成。

图 4-44　　图 4-45　　图 4-46

## 4.1.6 “钢笔”工具

选择“钢笔”工具，或按 Shift+P 组合键，属性栏状态如图 4-47 所示。

按住 Shift 键创建锚点时，系统将强制以 45° 或 45° 的整数倍的角度绘制路径。按住 Alt 键，当鼠标指针移到锚点上时，暂时将“钢笔”工具转换为“转换点”工具。按住 Ctrl 键，暂时将“钢笔”工具转换成“直接选择”工具。

图 4-47

绘制线段：新建一个文件，选择“钢笔”工具，在属性栏中的“选择工具模式”选项中选择“路径”选项，用“钢笔”工具绘制的将是路径；如果选择“形状”选项，将绘制出形状图层。勾选“自动添加 / 删除”复选框，可以在选取的路径上自动添加和删除锚点。

在图像中的任意位置单击，创建一个锚点，将鼠标指针移动到其他位置再次单击，创建第二个锚点，两个锚点之间自动以线段进行连接，如图 4-48 所示。再将鼠标指针移动到其他位置单击，创建第三个锚点，系统将在第二个和第三个锚点之间生成一条新的线段，如图 4-49 所示。

将鼠标指针移至第二个锚点上，暂时转换成“删除锚点”工具，如图 4-50 所示；在锚点上单击，即可将第二个锚点删除，如图 4-51 所示。

绘制曲线：选择“钢笔”工具，单击建立新的锚点并按住鼠标左键不放拖曳鼠标，建立曲线段和曲线锚点，如图 4-52 所示。释放鼠标左键，按住 Alt 键的同时，单击刚建立的曲线锚点，将其转换为线段锚点，如图 4-53 所示；在其他位置再次单击建立下一个新的锚点，在曲线段后绘制出线段，如图 4-54 所示。

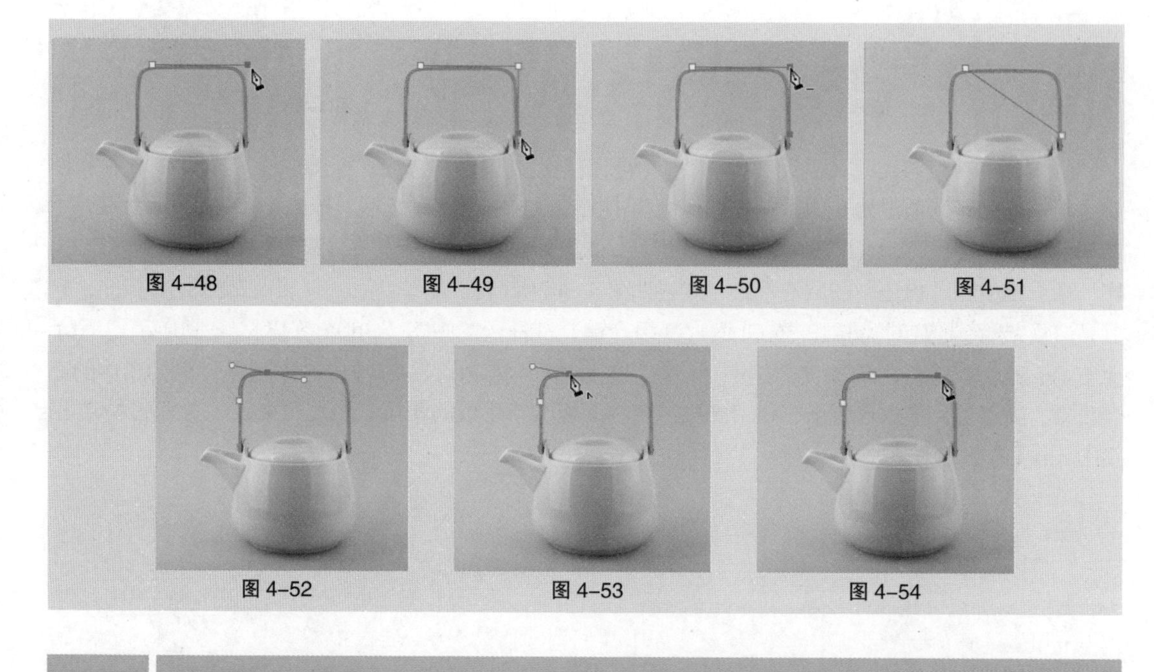

图 4-48　图 4-49　图 4-50　图 4-51

图 4-52　图 4-53　图 4-54

# 4.2 命令抠图

## 4.2.1 课堂案例——制作文化传媒公众号封面次图

【案例学习目标】学习使用“色彩范围”命令制作文化传媒公众号封面次图。

【案例知识要点】使用“矩形”工具和“创建剪贴蒙版”命令制作公众号封面次图；使用“色彩范围”命令抠出剪影；效果如图 4-55 所示。

【效果所在位置】云盘 \Ch04\ 效果 \ 制作文化传媒公众号封面次图 .psd。

图 4-55

（1）按 Ctrl+N 组合键，弹出“新建文档”对话框，设置宽度为 200 像素、高度为 200 像素、分辨率为 72 像素 / 英寸、颜色模式为 RGB 颜色、背景内容为白色，单击“创建”按钮，新建一个文件。

（2）选择“矩形”工具 □，在属性栏的“选择工具模式”选项中选择“形状”，将“填充”颜色设为黑色。在图像窗口中拖曳绘制矩形，效果如图 4-56 所示，“图层”控制面板中生成新的形状图层“矩形 1”。

（3）选择“文件 > 置入嵌入对象”命令，弹出“置入嵌入的对象”对话框，选择云盘中的“Ch04 > 素材 > 制作文化传媒公众号封面次图 > 01”文件。单击“置入”按钮，将图片置入图像窗口中，并将其拖曳到适当的位置，按 Enter 键确定操作，效果如图 4-57 所示，将“图层”控制面板中新生成的图层命名为“油彩”。按 Ctrl+T 组合键，图像周围出现变换框，拖曳鼠标调整图像的大小和位置，按 Enter 键确定操作，效果如图 4-58 所示。

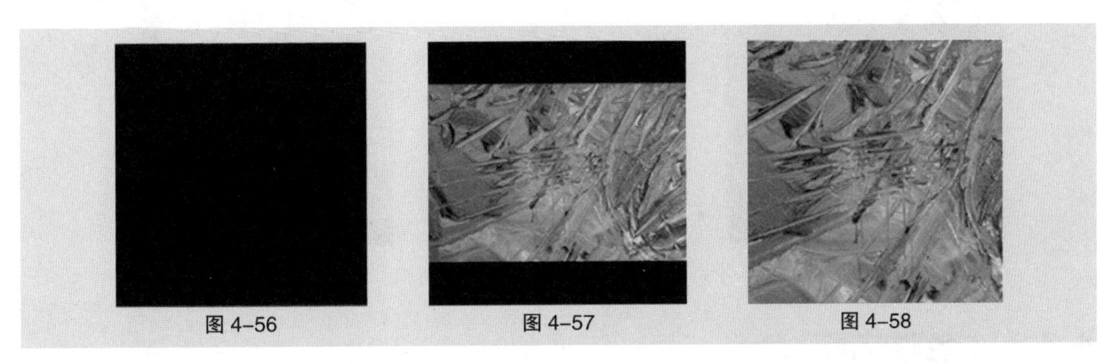

图 4-56　　图 4-57　　图 4-58

（4）在“图层”控制面板中，按住 Alt 键的同时，将鼠标指针放在“油彩”图层与“矩形 1”图层的中间，如图 4-59 所示。单击，为图层创建剪贴蒙版，效果如图 4-60 所示。

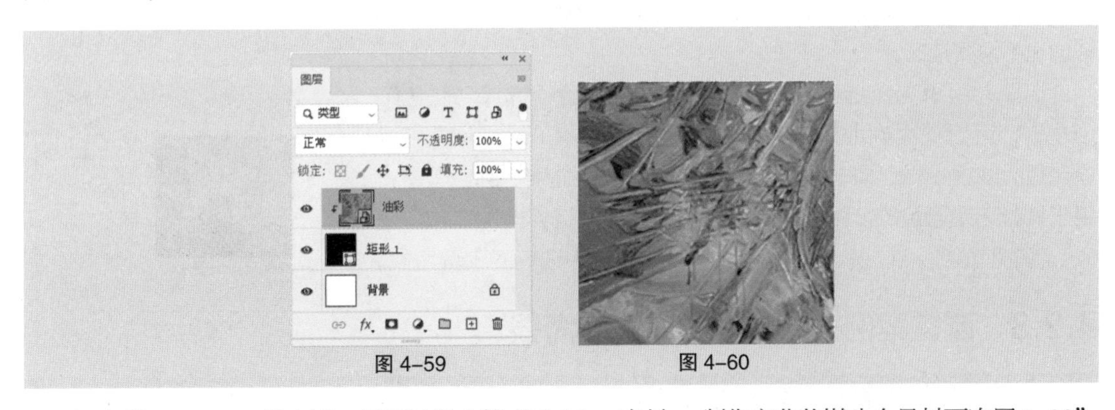


图 4-59　　图 4-60

（5）按 Ctrl + O 组合键，打开云盘中的“Ch04 > 素材 > 制作文化传媒公众号封面次图 > 02”文件，如图 4-61 所示。选择“选择 > 色彩范围”命令，弹出对话框，在预览窗口中的适当位置单击吸取颜色，其他选项的设置如图 4-62 所示。单击“确定”按钮，生成选区，效果如图 4-63 所示。

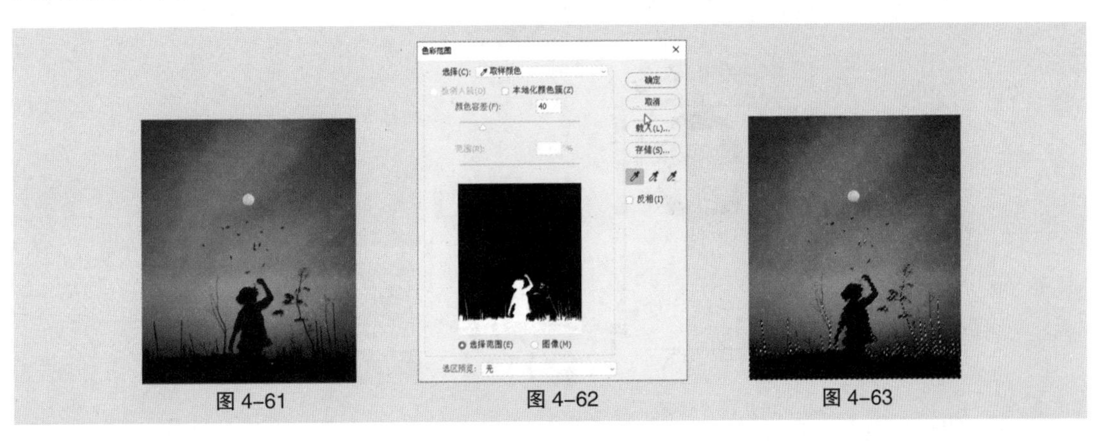


图 4-61　　图 4-62　　图 4-63

（6）选择“移动”工具 ，将选区中的图像拖曳到新建的图像窗口中的适当位置，效果如图 4-64 所示，将“图层”控制面板中新生成的图层命名为“剪影”。

（7）在“图层”控制面板中，按住 Alt 键的同时，将鼠标指针放在“剪影”图层与“油彩”图层的中间，如图 4-65 所示。单击，为图层创建剪贴蒙版，效果如图 4-66 所示。文化传媒公众号封面次图制作完成。

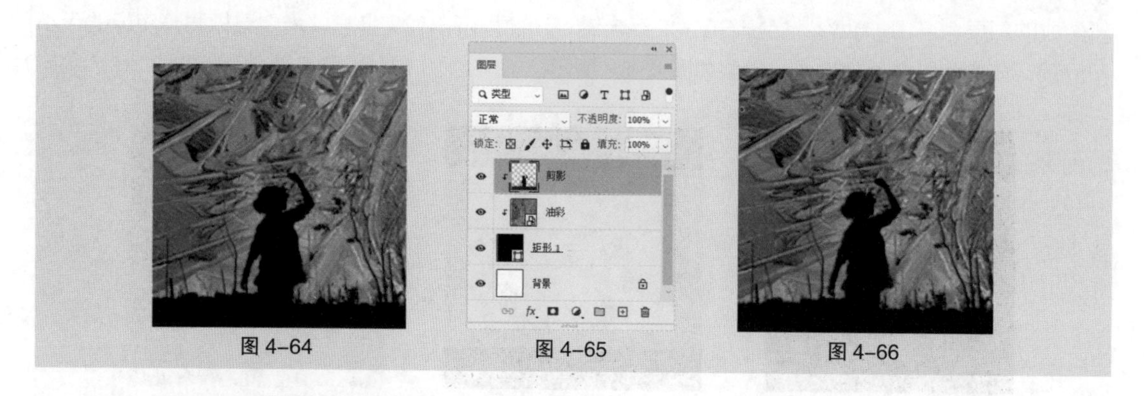

图 4-64　图 4-65　图 4-66

## 4.2.2 “色彩范围”命令

选择“选择 > 色彩范围”命令，弹出“色彩范围”对话框，如图 4-67 所示。可以根据选区内或整个图像中的颜色差异更加精确地创建不规则选区。

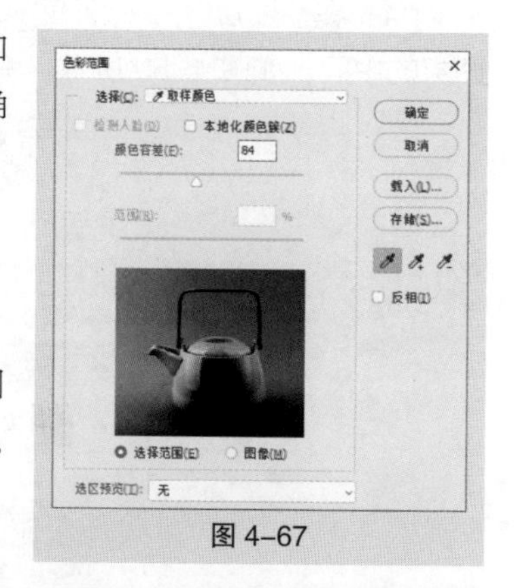

图 4-67

选择：用于选择选区的取样方式。检测人脸：选择“肤色”选项时，可以更准确地选择肤色。本地化颜色簇：默认状态下，显示最大取样范围，向左拖曳滑块可以缩小取样范围。颜色容差：用于调整选定颜色的范围。选区预览框：包含“选择范围”和“图像”两个单选项。选区预览：用于选择图像窗口中选区的预览方式。

## 4.2.3 课堂案例——制作时尚女装海报

【案例学习目标】学习使用“选择并遮住”命令抠取人物图片。

【案例知识要点】使用“钢笔”工具绘制人物图像选区；使用“选择并遮住”命令修饰选区边缘；使用“移动”工具、“创建剪贴蒙版”命令调整图片位置和蒙版；效果如图 4-68 所示。

【效果所在位置】云盘 \Ch04\ 效果 \ 制作时尚女装海报 .psd。

扫码观看本案例视频

扩展阅读

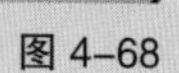
图 4-68

（1）按 Ctrl + O 组合键，打开云盘中的“Ch04 > 素材 > 制作时尚女装海报 > 01”文件，如图 4-69 所示。选择“圆角矩形”工具，在属性栏的“选择工具模式”选项中选择“形状”，将“填充”颜色设为白色，“描边”颜色设为黑色，“描边宽度”选项设为 16 像素，“半径”选项设为 138 像素，在图像窗口中绘制一个圆角矩形，效果如图 4-70 所示，“图层”控制面板中生成新的形状图层“圆角矩形 1”。

（2）按 Ctrl + O 组合键，打开云盘中的“Ch04 > 素材 > 制作时尚女装海报 > 02”文件，如图 4-71 所示。选择“钢笔”工具，抠出人物图像，将头发大致抠出即可。按 Ctrl+Enter 组合键，将路径转换为选区，效果如图 4-72 所示。

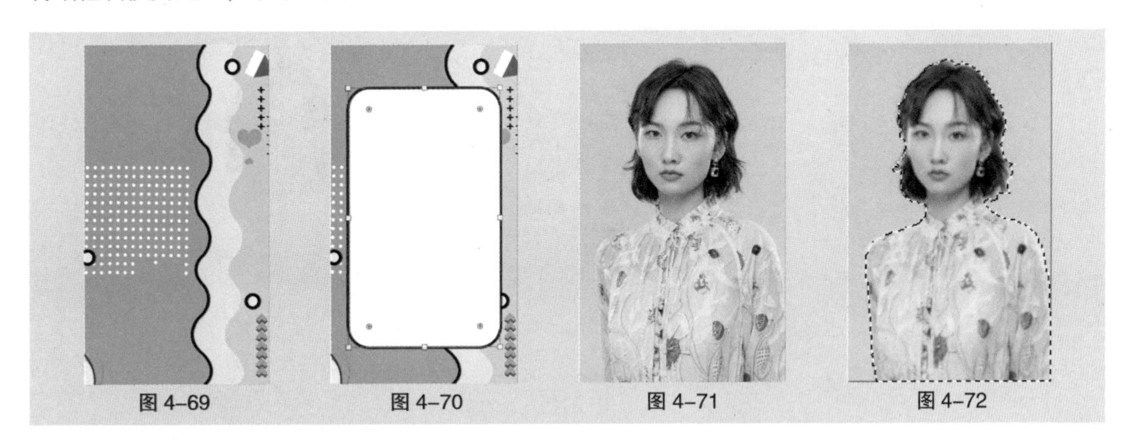

图 4-69　　图 4-70　　图 4-71　　图 4-72

（3）选择“选择 > 选择并遮住”命令，弹出“属性”控制面板，单击“视图”选项右侧的按钮，在弹出的面板中选择“叠加”选项，如图 4-73 所示，图像窗口中显示叠加视图模式，如图 4-74 所示。选择“调整边缘画笔”工具，在属性栏中将“大小”选项设为 60，在人物图像中涂抹头发边缘，将头发与背景分离，效果如图 4-75 所示。

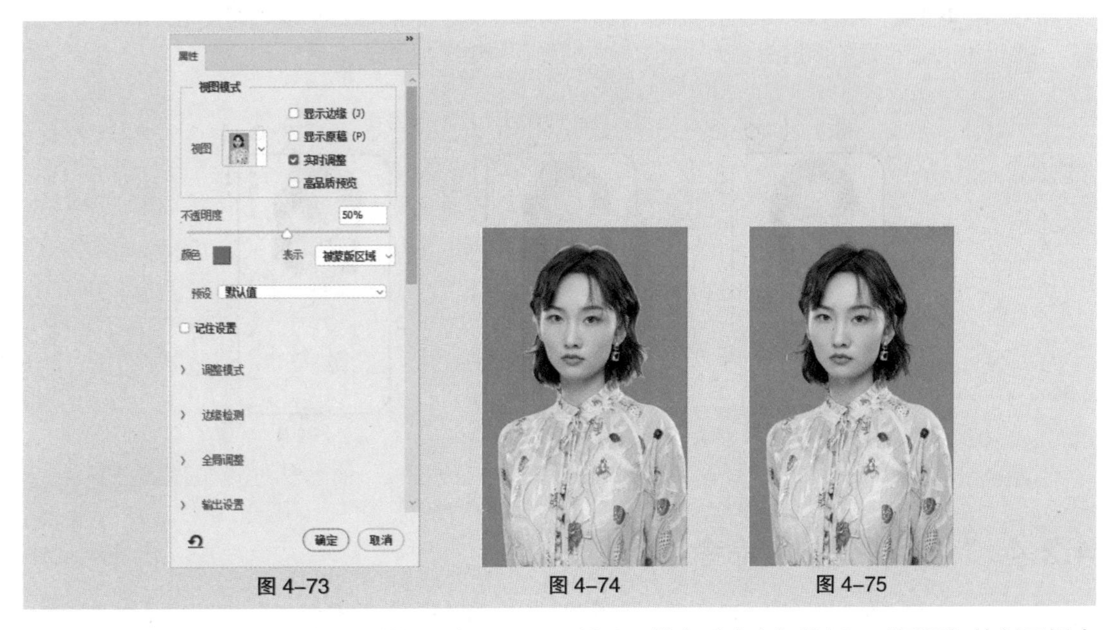


图 4-73　　图 4-74　　图 4-75

（4）涂抹完成后，其他选项的设置如图 4-76 所示，单击“确定”按钮，“图层”控制面板中生成蒙版图层，如图 4-77 所示，效果如图 4-78 所示。

图 4-76　图 4-77　图 4-78

（5）选择“移动”工具[+]，将抠出后的人物图像拖曳到“01”图像窗口中的适当位置，效果如图 4-79 所示，将“图层”控制面板中新生成的图层命名为“人物”。按 Alt+Ctrl+G 组合键，为“人物”图层创建剪贴蒙版，效果如图 4-80 所示。

（6）按 Ctrl + O 组合键，打开云盘中的“Ch04 > 素材 > 制作时尚女装海报 > 03”文件，选择“移动”工具[+]，将“03”文字图片拖曳到“01”图像窗口中的适当位置，效果如图 4-81 所示，将“图层”控制面板中新生成的图层命名为“文字”。时尚女装海报制作完成。

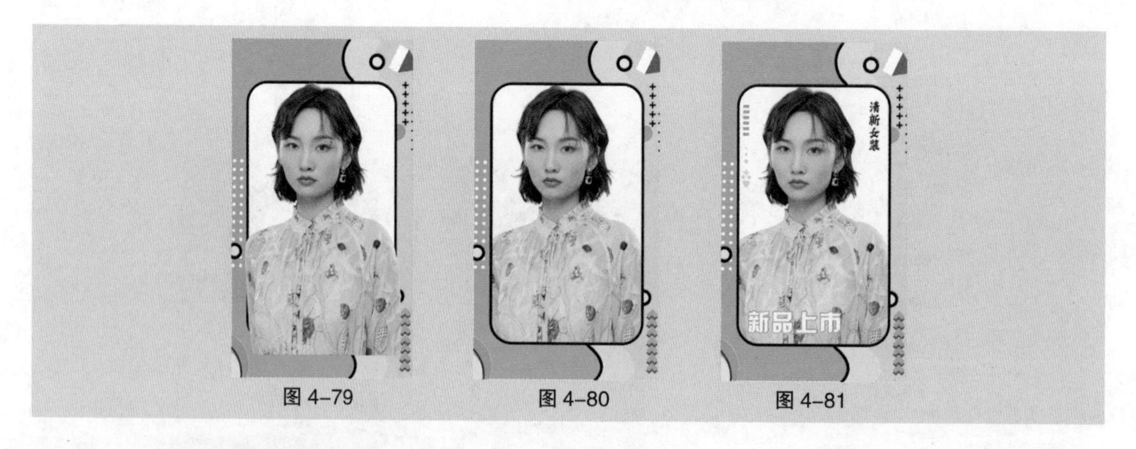

图 4-79　图 4-80　图 4-81

## 4.2.4 “选择并遮住”命令

在图像中绘制选区，如图 4-82 所示。选择“选择 > 选择并遮住”命令，弹出“属性”控制面板，如图 4-83 所示。

视图：可以选择选区图像的显示方式。显示边缘：可以在发生边缘调整的位置显示选区边框。

显示原稿：可以查看原始选区。高品质预览：查看更高分辨率的预览。记住设置：可以存储当前的设置。调整模式：设置“边缘检测”“调整细线”和“调整边缘画笔工具”所用的边缘调整方法。边缘检测：包含“半径”和“智能半径”选项，可以使半径适应图像边缘。全局调整：可以通过“平滑”“羽化”“对比度”和“移动边缘”调整选区边缘。输出设置：可以选择选区的输出方式。

“属性”面板中的设置如图 4-84 所示，单击“确定”按钮，效果如图 4-85 所示。

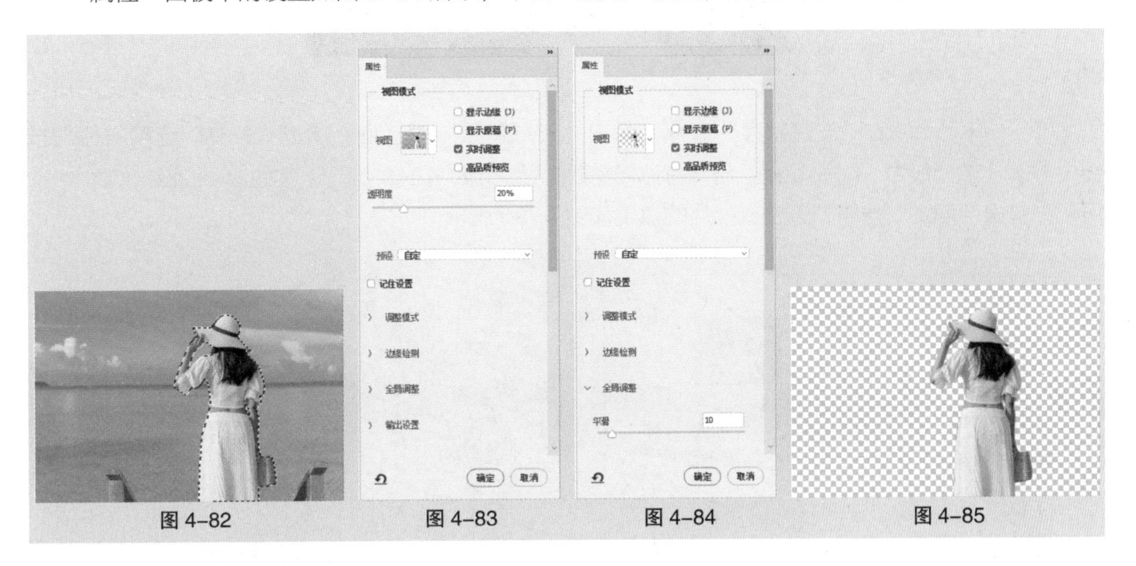

图 4-82　　图 4-83　　图 4-84　　图 4-85

## 4.2.5　课堂案例——制作旅游出行公众号首图

【案例学习目标】学习使用“天空替换”命令制作旅游出行公众号首图。

【案例知识要点】使用“置入嵌入对象”命令、“移动”工具添加并调整素材图片；使用“天空替换”命令为图片替换天空；效果如图 4-86 所示。

【效果所在位置】云盘 \Ch04\ 效果 \ 制作旅游出行公众号首图 .psd。

图 4-86

（1）按 Ctrl+N 组合键，弹出“新建文档”对话框，设置宽度为 1175 像素、高度为 800 像素、分辨率为 72 像素 / 英寸、颜色模式为 RGB 颜色、背景内容为白色，单击“创建”按钮，新建一个文件。

（2）选择“文件 > 置入嵌入对象”命令，弹出“置入嵌入的对象”对话框，选择云盘中的“Ch04 > 素材 > 制作旅游出行公众号首图 > 01”文件。单击“置入”按钮，将图片置入图像窗口中，并将其拖曳到适当的位置，并调整其大小，按 Enter 键确定操作，效果如图 4-87 所示，将“图层”控制面板中新生成的图层命名为“风景”。

图 4-87

（3）选择“编辑 > 天空替换”命令，弹出“天空替换”对话框，单击“天空”选项右侧的按钮，在弹出的面板中，展开“日落”选项并选择需要的天空，如图 4-88 所示，其他选项的设置如图 4-89 所示，单击“确定”按钮，天空替换后的效果如图 4-90 所示。

图 4-88　图 4-89　图 4-90

（4）按 Ctrl+O 组合键，打开云盘中的“Ch04 > 素材 > 制作旅游出行公众号首图 > 02”文件，选择“移动”工具，将图片拖曳到新建图像窗口中的适当位置，效果如图 4-91 所示，将“图层”控制面板中新生成的图层命名为“文字”。旅游出行公众号首图制作完成。

图 4-91

## 4.2.6 “天空替换”命令

使用“天空替换”命令可以快速选择和替换照片中的天空，并自动调整原始图像以便与天空搭配。

打开一张图片，如图 4-92 所示。选择“编辑 > 天空替换”命令，弹出“天空替换”对话框，如图 4-93 所示。设置完成后，单击“确定”按钮，效果如图 4-94 所示。

图 4-92　　图 4-93　　图 4-94

天空：用于选择预设的天空。移动边缘：用于调整天空和原始图像之间的边界。渐隐边缘：用于调整天空和原始图像边缘的渐隐值。天空调整：用于调整天空的亮度、色温和缩放。前景调整：用于调整前景与天空颜色的协调程度。输出：用于设置输出方式。

## 4.2.7　课堂案例——制作天气预报公众号首图

【案例学习目标】学习使用混合颜色带抠出闪电。

【案例知识要点】使用“置入嵌入对象”命令添加素材图片；使用“色阶”命令、“色相 / 饱和度”命令调整图片色调；使用“混合选项”命令、“添加图层蒙版”按钮和“画笔”工具扣出闪电；效果如图 4–95 所示。

【效果所在位置】云盘 \Ch04\ 效果 \ 制作天气预报公众号首图 .psd。

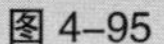

图 4–95

（1）按 Ctrl+O 组合键，打开云盘中的“Ch04 > 素材 > 制作天气预报公众号首图 > 01”文件，如图 4–96 所示。

图 4–96

（2）单击“图层”控制面板下方的“创建新的填充或调整图层”按钮，在弹出的菜单中选择“色阶”命令，“图层”控制面板中生成“色阶 1”图层，同时在弹出的“色阶”面板中进行设置，如图 4–97 所示；按 Enter 键确定操作，效果如图 4–98 所示。

图 4–97　　图 4–98

（3）选择“文件 > 置入嵌入对象”命令，弹出“置入嵌入的对象”对话框，选择云盘中的“Ch04 > 素材 > 制作天气预报公众号首图 > 02”文件。单击“置入”按钮，将图片置入图像窗口中，拖曳图片到适当的位置并调整大小，按 Enter 键确定操作，效果如图 4–99 所示，将“图层”控制面板中新生成的图层命名为“闪电”。

图 4–99

（4）单击“图层”控制面板下方的“添加图层样式”按钮，在弹出的菜单中选择“混合选项”命令，弹出“图层样式”对话框，按住 Alt 键的同时，将“本图层”选项左侧的右滑块拖曳至右侧，如图 4–100 所示；单击“确定”按钮，效果如图 4–101 所示。

（5）单击“图层”控制面板下方的“添加图层蒙版”按钮，为“闪电”图层添加图层蒙版，如图 4–102 所示。将前景色设为黑色。选择“画笔”工具，在属性栏中单击“画笔预设”选项右侧的按钮，在弹出的画笔选择面板中选择需要的画笔形状，如图 4–103 所示，在图像窗口中进行涂抹，擦除不需要的部分，效果如图 4–104 所示。

图 4-100

图 4-101

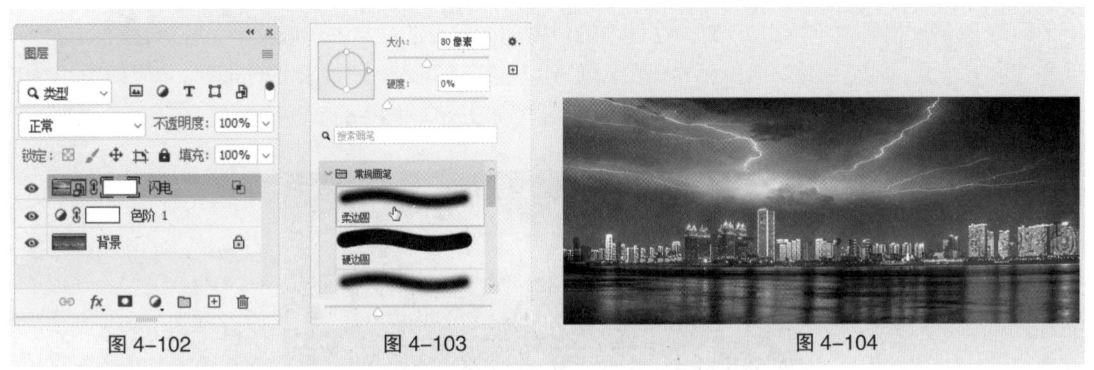

图 4-102

图 4-103

图 4-104

（6）单击“图层”控制面板下方的“创建新的填充或调整图层”按钮，在弹出的菜单中选择“色阶”命令，“图层”控制面板中生成“色阶 2”图层，同时弹出“色阶”面板，单击“此调整影响下面的所有图层”按钮使其显示为“此调整剪切到此图层”按钮，其他选项设置如图 4-105 所示；按 Enter 键确定操作，效果如图 4-106 所示。

图 4-105

图 4-106

（7）单击“图层”控制面板下方的“创建新的填充或调整图层”按钮，在弹出的菜单中选择“色相 / 饱和度”命令，“图层”控制面板中生成“色相 / 饱和度 1”图层，同时弹出“色相 / 饱和度”面板，单击“此调整影响下面的所有图层”按钮使其显示为“此调整剪切到此图层”按钮，其他选项设置如图 4-107 所示；按 Enter 键确定操作，效果如图 4-108 所示。

图 4–107　　图 4–108

（8）选择“横排文字”工具 T，在适当的位置输入需要的文字并选取文字，在属性栏中选择合适的字体并设置大小，设置文本颜色为白色，按 Alt+ 向右方向键，调整文字的间距，效果如图 4–109 所示，“图层”控制面板中生成新的文字图层。天气预报公众号首图制作完成。

图 4–109

## 4.2.8 混合颜色带

选择一个图层。选择“图层 > 图层样式 > 混合选项”命令，弹出对话框，如图 4–110 所示，可以设置图层的混合选项。

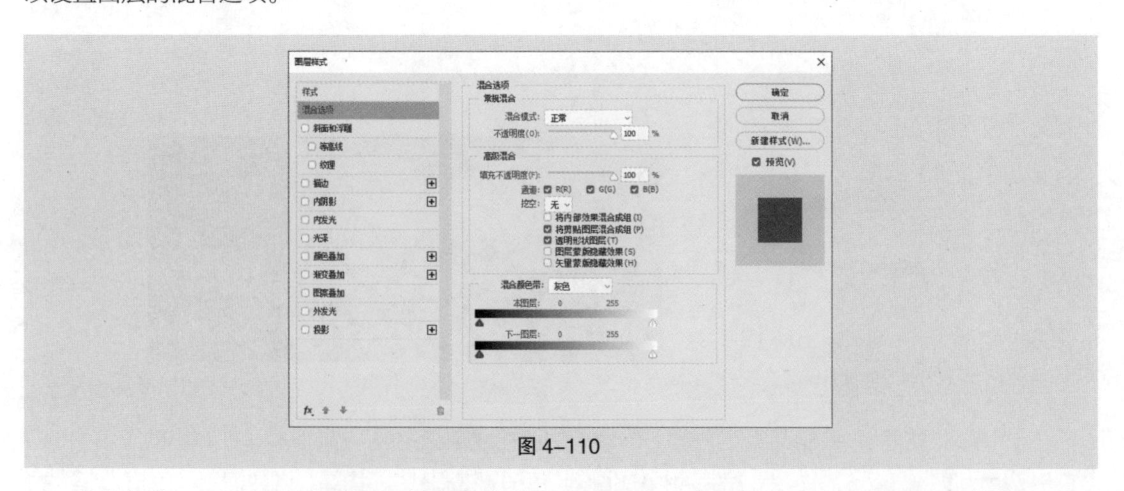


图 4–110

常规混合：可以设置当前图层的混合模式和不透明度。高级混合：可以设置图层的填充不透明度、混合通道以及穿透方式。混合颜色带：可以用来控制当前图层与下一图层混合所要显示的像素。

# 4.3 通道抠图

## 4.3.1 课堂案例——制作婚纱摄影类公众号运营海报

**【案例学习目标】**学习使用“通道”控制面板抠出婚纱。

**【案例知识要点】**使用“钢笔”工具绘制选区；使用“色阶”命令调整图片；使用“通道”控制面板和“计算”命令抠出婚纱；效果如图 4-111 所示。

**【效果所在位置】**云盘 \Ch04\ 效果 \ 制作婚纱摄影类公众号运营海报 .psd。

图 4-111

（1）按 Ctrl+O 组合键，打开云盘中的“Ch04 > 素材 > 制作婚纱摄影类公众号运营海报 > 01”文件，如图 4-112 所示。

（2）选择“钢笔”工具，在属性栏的“选择工具模式”选项中选择“路径”，沿着人物的轮廓绘制路径，绘制时要避开半透明的婚纱，如图 4-113 所示。

图 4-112

图 4-113

（3）选择“路径选择”工具，将绘制的路径选取。按 Ctrl+Enter 组合键，将路径转换为选区，效果如图 4-114 所示。单击“通道”控制面板下方的“将选区存储为通道”按钮，将选区存储为通道，如图 4-115 所示。

（4）将“红”通道拖曳到控制面板下方的“创建新通道”按钮上，复制通道，如图 4-116 所示。选择“钢笔”工具，在图像窗口中沿着婚纱边缘绘制路径，如图 4-117 所示。按 Ctrl+Enter 组合键，将路径转换为选区，效果如图 4-118 所示。

（5）按 Shift+Ctrl+I 组合键，反选选区，如图 4-119 所示。将前景色设为黑色。按 Alt+Delete 组合键，用前景色填充选区。按 Ctrl+D 组合键，取消选区，效果如图 4-120 所示。

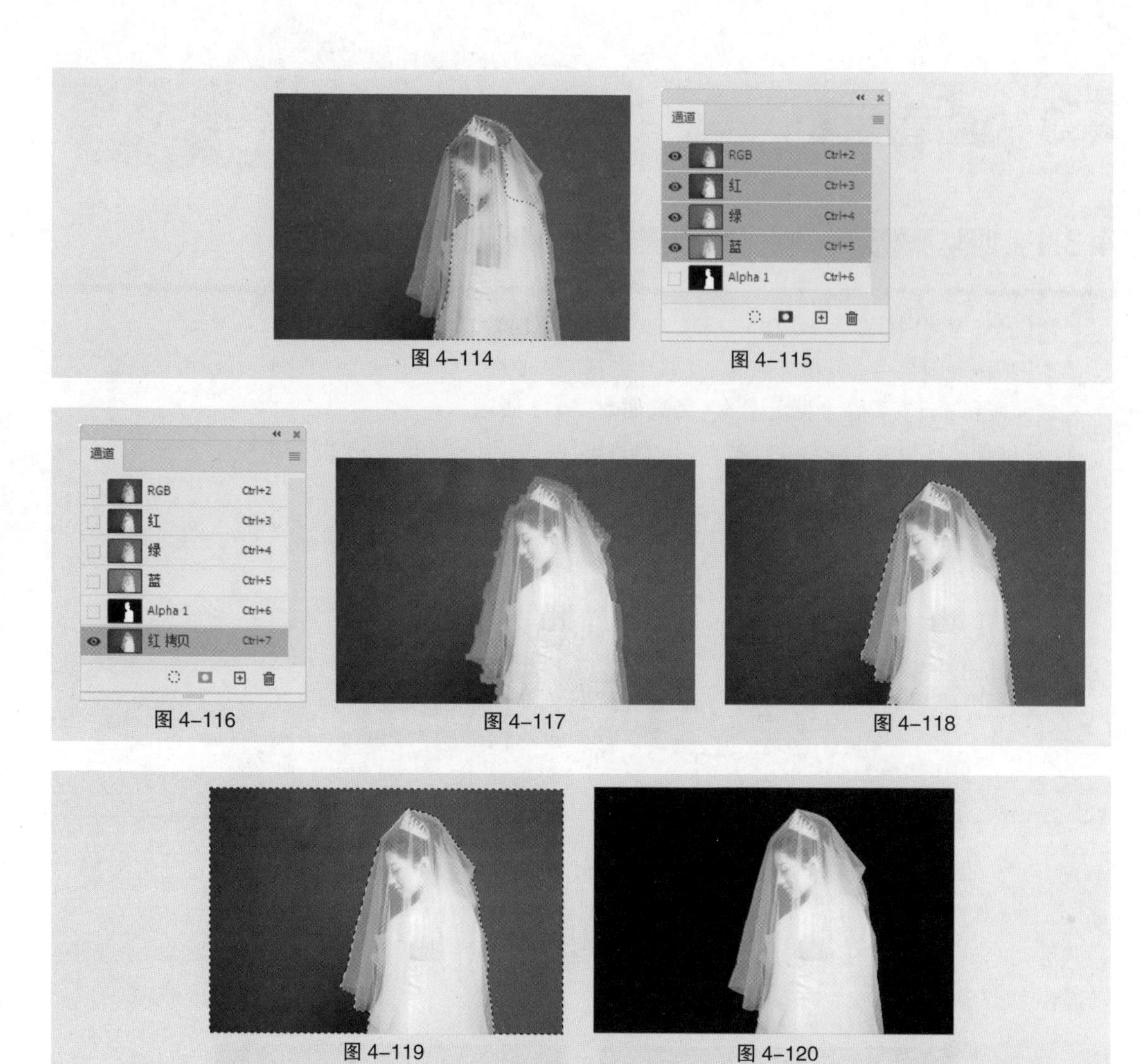

图 4-114　图 4-115
图 4-116　图 4-117　图 4-118
图 4-119　图 4-120

（6）选择“图像 > 计算”命令，在弹出的对话框中进行设置，如图 4-121 所示，单击“确定”按钮，得到新的通道图像，效果如图 4-122 所示。

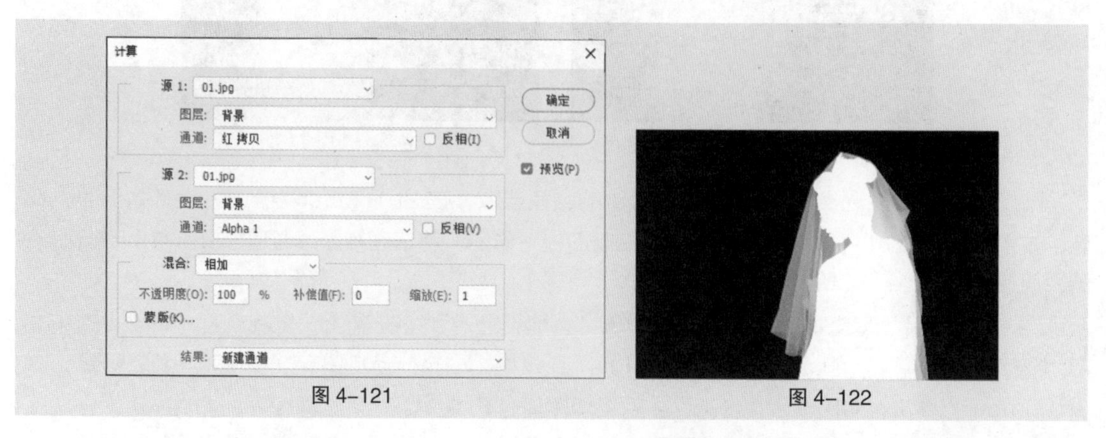

图 4-121　图 4-122

（7）选择“图像 > 调整 > 色阶”命令，在弹出的对话框中进行设置，如图 4-123 所示，单击“确定”按钮，调整图像，效果如图 4-124 所示。

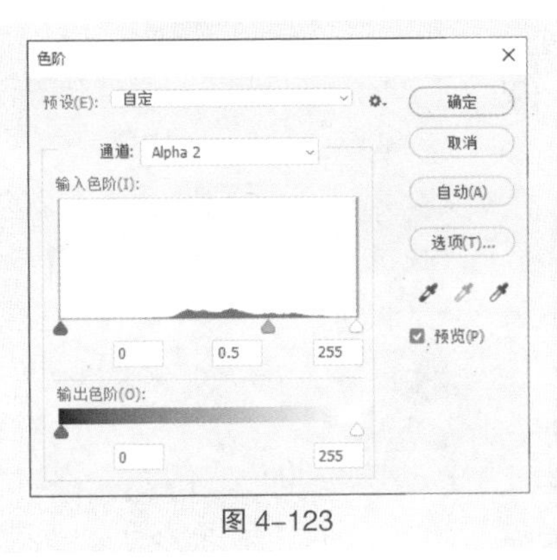


图 4-123

图 4-124

（8）在按住 Ctrl 键的同时，单击“Alpha2”通道的缩览图，如图 4-125 所示，载入婚纱选区，效果如图 4-126 所示。

（9）单击“RGB”通道，显示彩色图像。单击“图层”控制面板下方的“添加图层蒙版”按钮 ，添加图层蒙版，如图 4-127 所示，抠出婚纱图像，效果如图 4-128 所示。

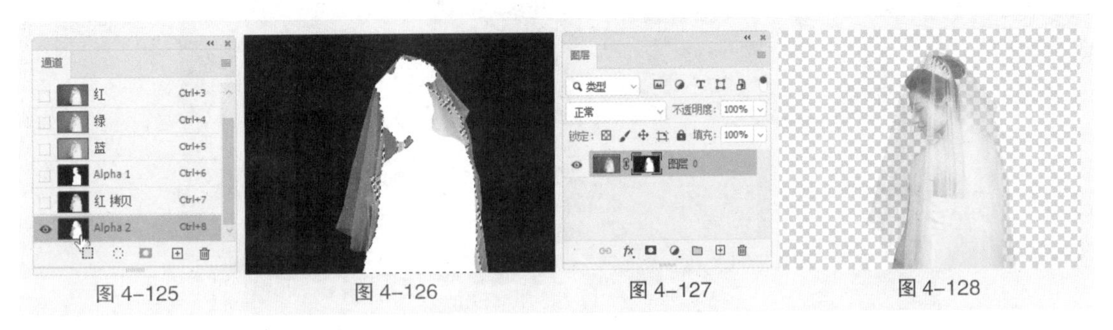


图 4-125　图 4-126　图 4-127　图 4-128

（10）按 Ctrl+N 组合键，弹出“新建文档”对话框，设置宽度为 265 毫米、高度为 417 毫米，分辨率为 72 像素 / 英寸、背景内容为灰蓝色（143、153、165），单击“创建”按钮，新建一个文件，如图 4-129 所示。

（11）选择“横排文字”工具 T，在适当的位置输入需要的文字并选取文字，在属性栏中选择合适的字体并设置大小，将“文本颜色”设置为浅灰色（235、235、235），效果如图 4-130 所示，“图层”控制面板中生成新的文字图层。按 Ctrl+T 组合键，文字周围出现变换框，拖曳左侧中间的控制手柄到适当的位置，调整文字，并将其拖曳到适当的位置，按 Enter 键确定操作，效果如图 4-131 所示。

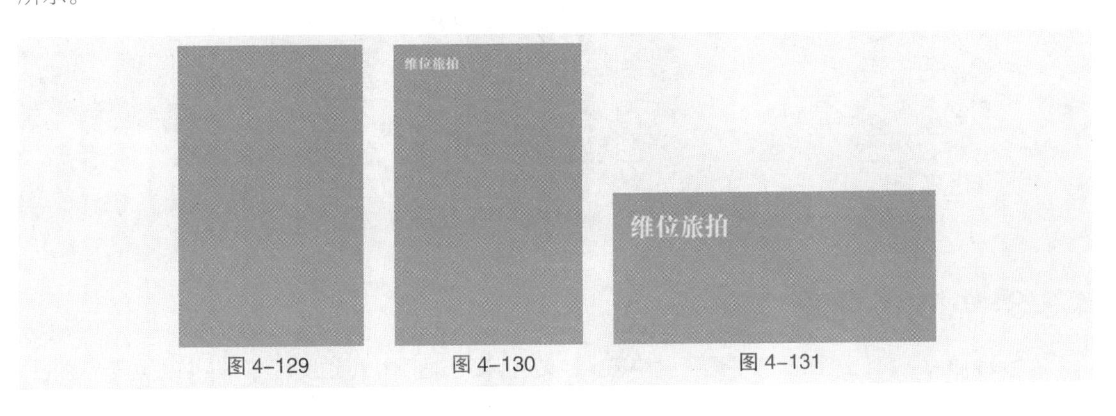


图 4-129　图 4-130　图 4-131

（12）选择“移动”工具 ✥，将抠出的人物拖曳到新建的图像窗口中的适当位置并调整其大小，效果如图 4-132 所示，将“图层”控制面板中新生成的图层命名为“人物”，如图 4-133 所示。

图 4-132　　图 4-133

（13）按 Ctrl+L 组合键，弹出“色阶”对话框，选项的设置如图 4-134 所示，单击“确定”按钮，效果如图 4-135 所示。

（14）按 Ctrl+O 组合键，打开云盘中的“Ch04 > 素材 > 制作婚纱摄影类公众号运营海报 > 02”文件。选择“移动”工具 ✥，将图片拖曳到新建的图像窗口中的适当位置，效果如图 4-136 所示，将“图层”控制面板中新生成的图层命名为“文字”。婚纱摄影类公众号运营海报制作完成。

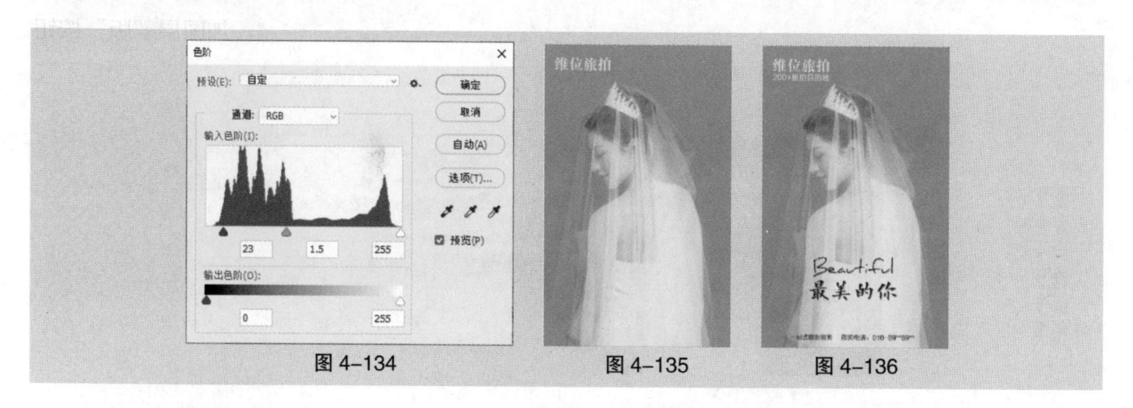


图 4-134　　图 4-135　　图 4-136

## 4.3.2　颜色通道

颜色通道记录了图像的颜色信息，根据颜色模式的不同，颜色通道的数量也不同。例如，RGB 图像模式默认有红通道、绿通道、蓝通道及一个复合通道，如图 4-137 所示；CMYK 图像模式默认有青色通道、洋红通道、黄色通道、黑色通道及一个复合通道，如图 4-138 所示；Lab 图像模式默认有明度通道、a 通道、b 通道及一个复合通道，如图 4-139 所示。

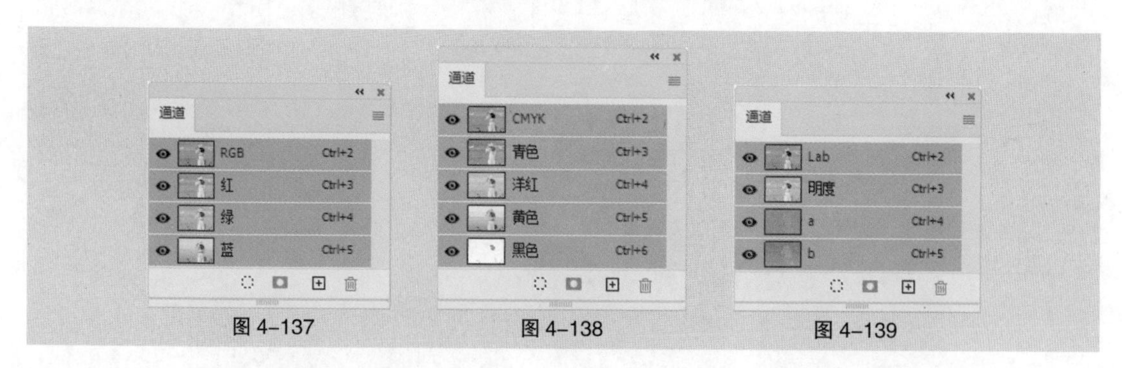


图 4-137　　图 4-138　　图 4-139

## 4.3.3　Alpha 通道

Alpha 通道可以记录图像的不透明度信息，定义透明、不透明和半透明区域，其中，黑表示透明，白表示不透明，灰表示半透明。

## 4.4 课堂练习——制作美妆护肤公众号封面首图

【练习知识要点】使用“钢笔”工具 和“选择并遮住”命令抠出人物；使用“移动”工具 调整图像位置；效果如图 4–140 所示。

【效果所在位置】云盘 \Ch04\ 效果 \ 制作美妆护肤公众号封面首图 .psd。

图 4–140

## 4.5 课后习题——制作端午节海报

【习题知识要点】使用“快速选择”工具 抠出粽子；使用“污点修复画笔”工具 和“仿制图章”工具 去除斑点和牙签（使用“污点修复画笔”工具和“仿制图章”工具仅为制作案例效果，知识点详见本书 5.2.3 小节和 5.2.6 小节）；使用“变换”命令变形粽子图形；使用“色彩范围”命令抠出云；使用“钢笔”工具 抠出龙舟；使用“椭圆选框”工具 抠出豆子；使用“创建新的填充或调整图层”按钮调整图像颜色；效果如图 4–141 所示。

【效果所在位置】云盘 \Ch04\ 效果 \ 制作端午节海报 .psd。

图 4–141

05

# 第5章 修图

## 本章介绍

修图与当代的审美息息相关，目的是将图像修整得更完美。本章主要介绍常用的裁剪工具、修饰工具和润饰工具的使用方法。通过对本章的学习，读者可以了解和掌握修饰图像的基本方法与操作技巧，快速地裁剪、修饰和润饰图像，使其更加美观、漂亮。

### 学习目标

第5章

- 掌握裁剪工具的使用方法
- 熟练掌握修饰工具的使用技巧
- 掌握润饰工具的使用方法

### 技能目标

- 掌握房屋地产类公众号信息图的制作方法
- 掌握人物照片的修复方法
- 掌握为茶具添加水墨画的方法

### 素养目标

- 提升读者美化与修饰图像的能力
- 激发读者美化与修饰图像的兴趣

# 5.1 裁剪工具

## 5.1.1 课堂案例——制作房屋地产类公众号信息图

【**案例学习目标**】学习使用“裁剪”工具制作房屋地产类公众号信息图。

【**案例知识要点**】使用“裁剪”工具裁剪图像；使用“移动”工具移动图像；效果如图 5-1 所示。

【**效果所在位置**】云盘 \Ch05\ 效果 \ 制作房屋地产类公众号信息图 .psd。

图 5-1





（1）按 Ctrl+N 组合键，弹出“新建文档”对话框，设置宽度为 800 像素、高度为 2000 像素、分辨率为 72 像素 / 英寸、颜色模式为 RGB 颜色、背景内容为白色，单击“创建”按钮，新建一个文件。

（2）按 Ctrl+O 组合键，打开云盘中的“Ch05 > 素材 > 制作房屋地产类公众号信息图 > 01”文件，如图 5-2 所示。选择“裁剪”工具 ，单击“选择预设长宽比或裁剪尺寸”选项 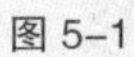，在弹出的下拉列表中选择“宽 × 高 × 分辨率”选项，在属性栏中进行设置，如图 5-3 所示。在图像窗口中的适当位置拖曳绘制一个裁剪框，如图 5-4 所示，按 Enter 键确定操作，效果如图 5-5 所示。

图 5-2

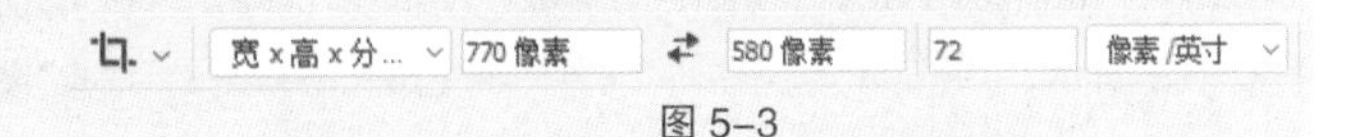


图 5-3

图 5-4

图 5-5

（3）选择“移动”工具 ，将裁剪后的“01”图像拖曳到新建的图像窗口中的适当位置，效果如图 5-6 所示，将“图层”控制面板中新生成的图层命名为“图片 1”。

（4）按 Ctrl + O 组合键，打开云盘中的“Ch05 > 素材 > 制作房屋地产类公众号信息图 > 02”文件。选择“移动”工具 ，将“02”图像拖曳到新建的图像窗口中的适当位置，如图 5-7 所示，将“图层”控制面板中新生成的图层命名为“信息”。

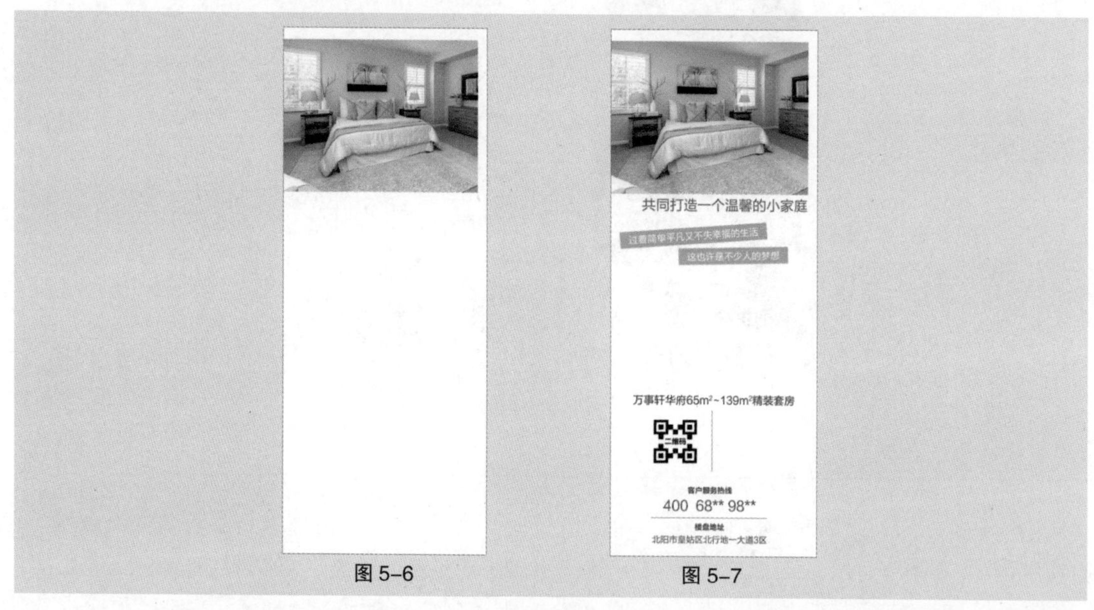


图 5-6　　图 5-7

（5）按 Ctrl+O 组合键，打开云盘中的“Ch05 > 素材 > 制作房屋地产类公众号信息图 > 03”文件。选择“裁剪”工具 ，单击“选择预设长宽比或裁剪尺寸”选项 比例 ，在弹出的下拉列表中选择“16 ： 9”选项，裁剪框如图 5-8 所示，按 Enter 键确定操作，效果如图 5-9 所示。

（6）选择“移动”工具 ，将裁剪后的“03”图像拖曳到新建的图像窗口中的适当位置，如图 5-10 所示，将“图层”控制面板中新生成的图层命名为“图片 2”。

（7）按 Ctrl+O 组合键，打开云盘中的“Ch05 > 素材 > 制作房屋地产类公众号信息图 > 04”文件。选择“裁剪”工具 ，单击“选择预设长宽比或裁剪尺寸”选项 比例 ，在弹出的下拉列表中选择“1 ： 1(方形)”选项，在图像窗口中的适当位置拖曳绘制一个裁剪框，如图 5-11 所示，按 Enter 键确定操作，效果如图 5-12 所示。

（8）选择“移动”工具 ，将裁剪后的“04”图像拖曳到新建的图像窗口中的适当位置，如图 5-13 所示，将“图层”控制面板中新生成的图层命名为“图片 3”。房屋地产类公众号信息图制作完成。

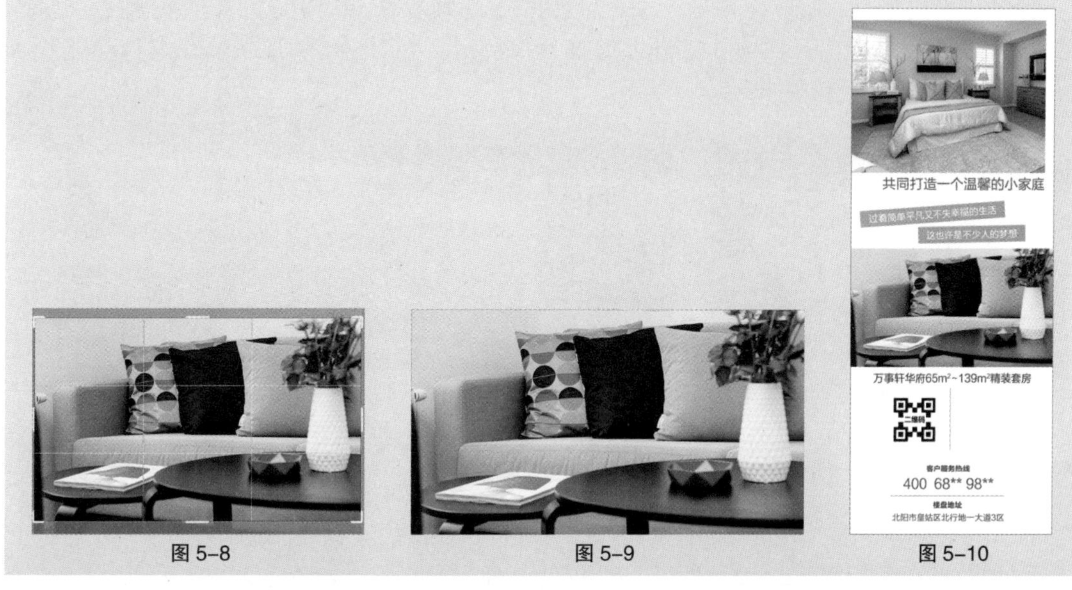

图 5-8　　图 5-9　　图 5-10

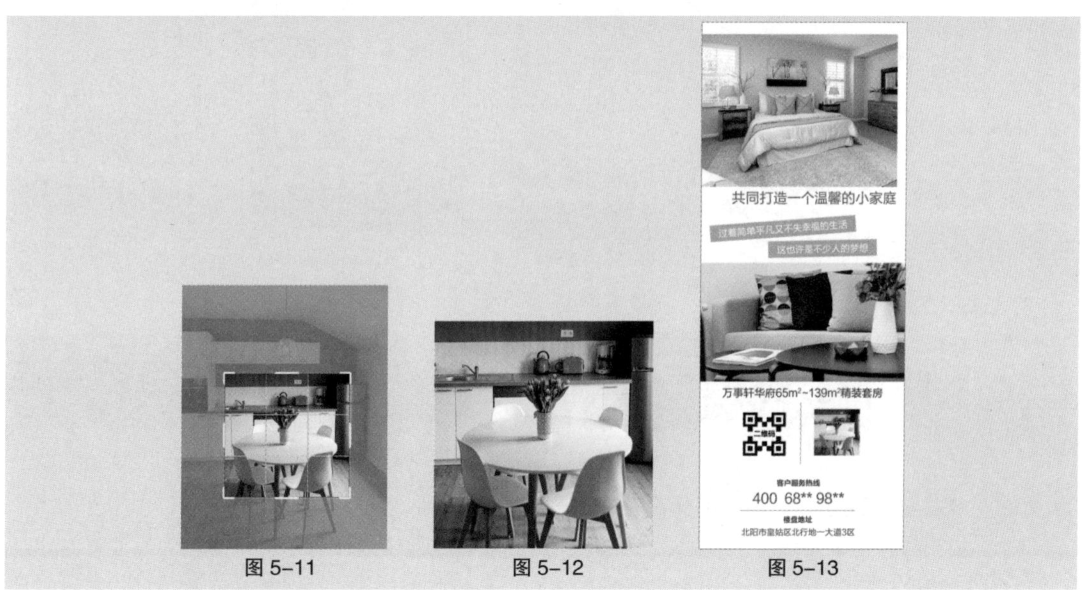

图 5-11　　图 5-12　　图 5-13

## 5.1.2 “裁剪”工具

“裁剪”工具可以用于裁剪图像，重新定义画布的大小。

选择“裁剪”工具，属性栏状态如图 5-14 所示。

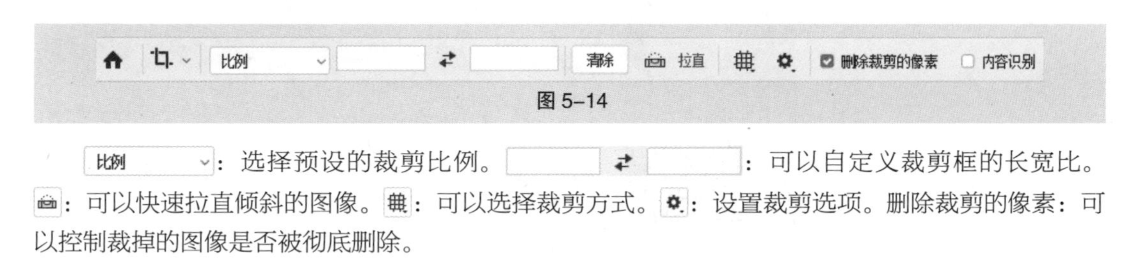

图 5-14

比例：选择预设的裁剪比例。：可以自定义裁剪框的长宽比。：可以快速拉直倾斜的图像。：可以选择裁剪方式。：设置裁剪选项。删除裁剪的像素：可以控制裁掉的图像是否被彻底删除。

打开一幅图像，如图 5-15 所示。选择“裁剪”工具，在图像中按住鼠标左键拖曳，到适当的位置松开鼠标左键，绘制出矩形裁剪框，如图 5-16 所示。在矩形裁剪框内双击或按 Enter 键，都可以完成图像的裁剪，效果如图 5-17 所示。

图 5-15　图 5-16　图 5-17

### 5.1.3 “裁剪”命令

打开一副图像。选择“矩形选框”工具，绘制出要保留的图像区域，如图 5-18 所示。选择“图像 > 裁剪”命令，图像按选区进行裁剪，效果如图 5-19 所示。

图 5-18　图 5-19

## 5.2 修饰工具

### 5.2.1 课堂案例——修复人物照片

【案例学习目标】学习使用“仿制图章”工具擦除照片中多余的碎发。

【案例知识要点】使用“仿制图章”工具擦除照片中多余的碎发；效果如图 5-20 所示。

【效果所在位置】云盘 \Ch05\ 效果 \ 修复人物照片 .psd。

图 5-20

（1）按 Ctrl+O 组合键，打开云盘中的“Ch05 > 素材 > 修复人物照片 > 01”文件，如图 5-21 所示。将“背景”图层拖曳到“图层”控制面板下方的“创建新图层”按钮 ⊞ 上进行复制，生成新的图层“背景 拷贝”，如图 5-22 所示。

（2）选择“缩放”工具 ，将图像的局部放大。选择“仿制图章”工具 ，在属性栏中单击“画笔”选项，在弹出的画笔选择面板中选择需要的画笔形状，选项的设置如图 5-23 所示。

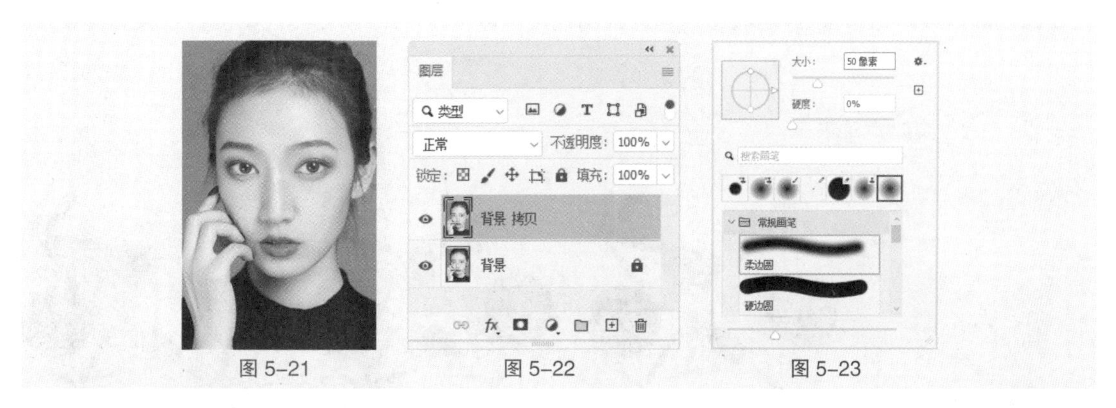

图 5-21　　图 5-22　　图 5-23

（3）将鼠标指针放置到图像需要复制的位置，按住 Alt 键的同时，鼠标指针由“仿制图章”工具图标 变为圆形十字图标⊕，如图 5-24 所示。单击定下取样点，松开鼠标左键，在图像窗口中需要清除的位置多次单击，清除图像中多余的碎发，效果如图 5-25 所示。使用相同的方法，清除图像中的其他部位多余的碎发，效果如图 5-26 所示。人物照片修复完成。

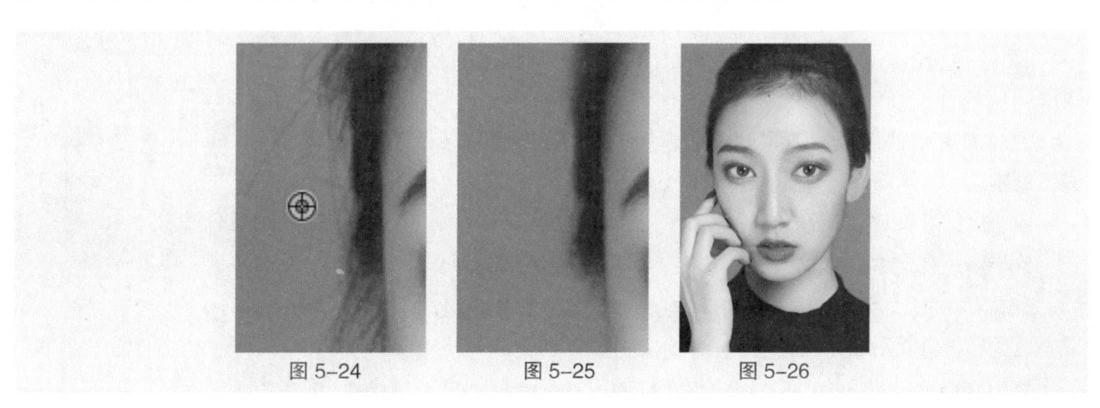
图 5-24　　图 5-25　　图 5-26

## 5.2.2 “修复画笔”工具

使用“修复画笔”工具 可以将取样点的像素信息非常自然地复制到图像的破损位置，并保持图像的亮度、饱和度、纹理等属性，使修复的效果更加自然、逼真。

单击或按 Shift+J 组合键选择“修复画笔”工具 ，其属性栏状态如图 5-27 所示。

图 5-27

 ：可以选择和设置用于修复的画笔；单击此选项，可在弹出的面板中设置画笔的大小、硬度、间距、角度、圆度和压力大小，如图 5-28 所示。模式：可以选择复制像素或填充图案与底图的混合模式。源：可以设置修复区域的源。单击“取样”按钮后，按住 Alt 键，鼠标指针变为圆形十字图标，单击定下样本的取样点，释放鼠标左键，在图像中要修复的位置按住鼠标左键，拖曳复制出取样点的图像；单击“图案”按钮后，在右侧的选项中选择图案或自定义图案来填充图像。对齐：勾选此复选框，下一次的复制位置会和上次的完全重合，图像不会因为重新复制而出现错位。样本：可以选择样本的取样图层。 ：可以在修复时忽略调整层。扩散：可以调整扩散的程度。

打开一张图片。选择“修复画笔”工具 ，在适当的位置单击确定取样点，如图 5-29 所示，在要修复的区域单击，修复图像，如图 5-30 所示。用相同的方法修复其他部位，效果如图 5-31 所示。

图 5-28　图 5-29　图 5-30　图 5-31

单击属性栏中的“切换仿制源面板”按钮 ，弹出“仿制源”控制面板，如图 5-32 所示。

图 5-32

仿制源：激活按钮后，按住 Alt 键的同时，使用“修复画笔”工具 在图像中单击可以设置取样点。单击下一个仿制源按钮，还可以继续取样。

源：指定 $x$ 轴和 $y$ 轴的像素位移，可以在相对于取样点的精确位置进行仿制。

W 与 H：可以缩放所仿制的源。

旋转 ：在文本框中输入旋转角度，可以旋转仿制的源。

翻转：单击“水平翻转”按钮 或“垂直翻转”按钮 ，可以水平或垂直翻转仿制源。

复位变换 ：将 W、H、旋转角度和翻转方向恢复到默认的状态。

显示叠加：勾选此复选框并设置了叠加方式后，在使用修复工具时，可以更好地查看叠加效果及下面的图像。

不透明度：用来设置叠加图像的不透明度。

已剪切：可以将叠加剪切到画笔大小。

自动隐藏：可以在应用绘画描边时隐藏叠加。

反相：可以反相叠加颜色。

## 5.2.3 “污点修复画笔”工具

“污点修复画笔”工具 不需要制定样本点，将自动从修复区域的周围取样，并将样本像素的纹理、光照、不透明度和阴影与要修复的像素相匹配。

单击或按 Shift+J 组合键选择“污点修复画笔”工具 ，其属性栏状态如图 5-33 所示。

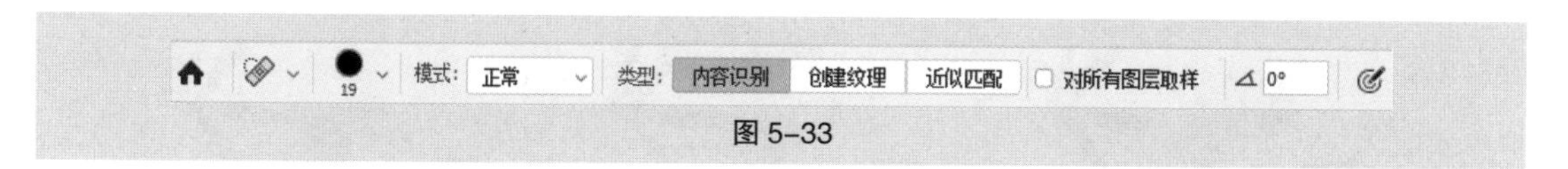

图 5-33

选择“污点修复画笔”工具，在属性栏中进行设置，如图5-34所示，打开一幅图像，如图5-35所示。在要修复的污点图像上拖曳，如图5-36所示，释放鼠标左键，修复图像，效果如图5-37所示。

图 5-34

图 5-35　图 5-36　图 5-37

## 5.2.4 “修补”工具

使用“修补”工具可以用图像的其他区域修补当前选中的修补区域，也可以使用图案来修补区域。

单击或按Shift+J组合键选择“修补”工具，其属性栏状态如图5-38所示。

图 5-38

打开一张图片。选择“修补”工具，圈选图像中需要修补的区域，如图5-39所示。在属性栏中单击“源”按钮，在选区中按住鼠标左键不放，拖曳到需要的位置如图5-40所示。释放鼠标左键，选区中的图像被新位置的图像所修补，如图5-41所示。

图 5-39　图 5-40　图 5-41

选择“修补”工具，圈选图像中的区域，如图5-42所示。在属性栏中单击“目标”按钮，将选区拖曳到要修补的图像区域，如图5-43所示。修补后的效果如图5-44所示。

选择“修补”工具，圈选图像中的区域，如图5-45所示。在属性栏中的中选择需要的图案，如图5-46所示。单击“使用图案”按钮，在选区中填充所选图案，效果如图5-47所示。

图 5-42　图 5-43　图 5-44

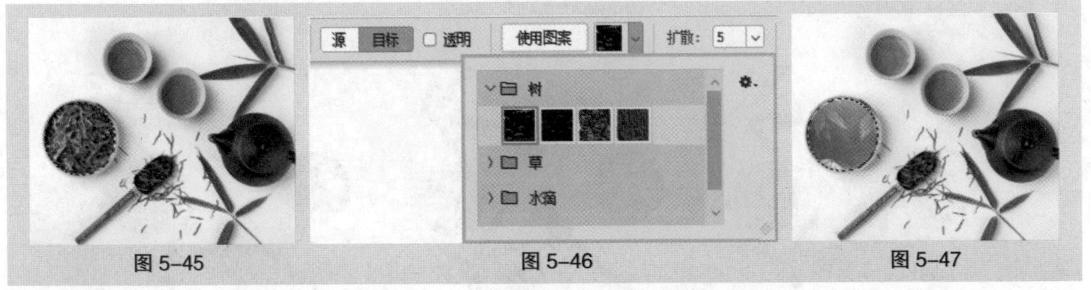

图 5-45　图 5-46　图 5-47

选择“修补”工具 ，圈选图像中的区域，如图 5-48 所示。选择需要的图案，勾选“透明”复选框，如图 5-49 所示。单击“使用图案”按钮，在选区中填充透明图案，效果如图 5-50 所示。

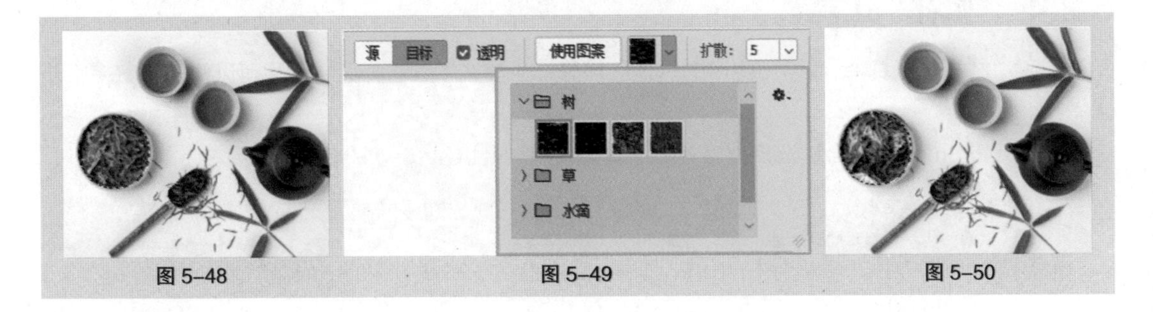

图 5-48　图 5-49　图 5-50

## 5.2.5 “红眼”工具

“红眼”工具 可以去除用闪光灯拍摄的人物照片中的红眼，也可以去除照片中的白色或绿色反光。

单击或按 Shift+J 组合键选择“红眼”工具 ，其属性栏状态如图 5-51 所示。

瞳孔大小：用于设置瞳孔的大小。变暗量：用于设置瞳孔的暗度。

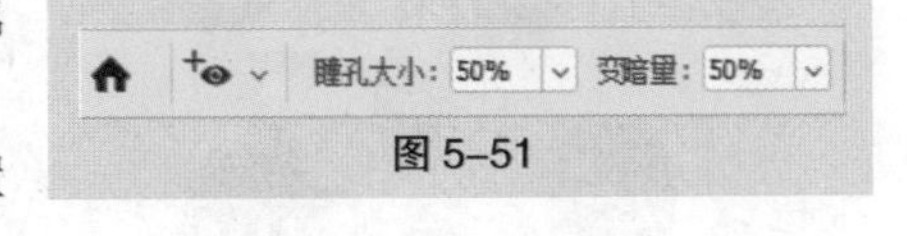

图 5-51

## 5.2.6 “仿制图章”工具

“仿制图章”工具 可以以指定的像素点为复制基准点，将周围的图像复制到其他地方。

单击或按 Shift+S 组合键选择“仿制图章”工具 ，其属性栏状态如图 5-52 所示。

图 5-52

流量：用于设置扩散的速度。对齐：用于控制是否在复制时使用对齐功能。

打开一幅图像，选择“仿制图章”工具，将鼠标指针放置在图像中需要复制的位置，按住 Alt 键的同时，鼠标指针变为圆形十字图标，如图 5-53 所示，单击确定取样点，释放鼠标左键。在适当的位置按住鼠标左键不放，拖曳复制出取样点的图像，效果如图 5-54 所示。

图 5-53　图 5-54

## 5.2.7 “橡皮擦”工具

使用“橡皮擦”工具可以用背景色擦除背景图像或用透明色擦除图层中的图像。

单击或按 Shift+E 组合键选择“橡皮擦”工具，其属性栏状态如图 5-55 所示。

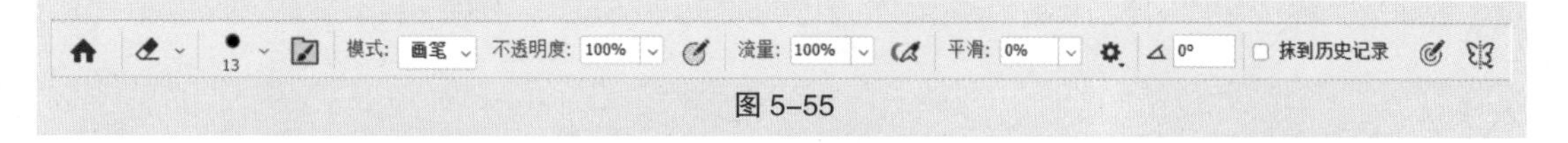

图 5-55

抹到历史记录：用于确定以“历史记录”控制面板中确定的图像状态来擦除图像。

选择“橡皮擦”工具，在图像窗口中按住鼠标左键拖曳，可以擦除图像。当图层为“背景”图层或锁定了透明区域的图层时，擦除的图像显示为背景色。打开一幅图像，如图 5-56 所示。当图层为普通图层时，擦除的图像显示为透明的，效果如图 5-57 所示。

图 5-56　图 5-57

# 5.3 润饰工具

## 5.3.1 课堂案例——为茶具添加水墨画

【案例学习目标】学习使用润饰工具为茶具添加水墨画。

【案例知识要点】使用“钢笔”工具和“剪贴蒙版”命令制作图片合成；使用“减淡”工具、“加深”工具和“模糊”工具为茶具添加水墨画；效果如图 5-58 所示。

【效果所在位置】云盘 \Ch05\ 效果 \ 为茶具添加水墨画 .psd。

图 5-58

（1）按 Ctrl+O 组合键，打开云盘中的“Ch05 > 素材 > 为茶具添加水墨画 > 01”文件，选择“钢笔”工具，在属性栏的“选择工具模式”选项中选择“路径”，在图像窗口中沿着茶壶轮廓绘制路径，如图 5-59 所示。

（2）按 Ctrl+Enter 组合键，将路径转换为选区，如图 5-60 所示。按 Ctrl+J 组合键，复制选区中的图像，将“图层”控制面板中新生成的图层命名为“茶壶”，如图 5-61 所示。

图 5-59　图 5-60　图 5-61

（3）按 Ctrl+O 组合键，打开云盘中的“Ch05 > 素材 > 为茶具添加水墨画 > 02”文件，选择“移动”工具，将“02”图片拖曳到“01”图像窗口中的适当位置，如图 5-62 所示，将“图层”控制面板中新生成的图层命名为“水墨画”。

（4）在“图层”控制面板上方，将“水墨画”图层的混合模式设为“正片叠底”，如图 5-63 所示，效果如图 5-64 所示。按 Alt+Ctrl+G 组合键，为该图层创建剪切蒙版，效果如图 5-65 所示。

图 5-62　图 5-63　图 5-64　图 5-65

（5）选择“减淡”工具，在属性栏中单击“画笔”选项，在弹出的画笔选择面板中选择需要的画笔形状，选项的设置如图 5-66 所示，在图像窗口中进行涂抹弱化水墨画边缘，效果如图 5-67 所示。

（6）选择“加深”工具，在属性栏中单击“画笔”选项，在弹出的画笔选择面板中选择需要的画笔形状，选项的设置如图 5-68 所示，在图像窗口中进行涂抹调暗水墨画暗部，效果如图 5-69 所示。

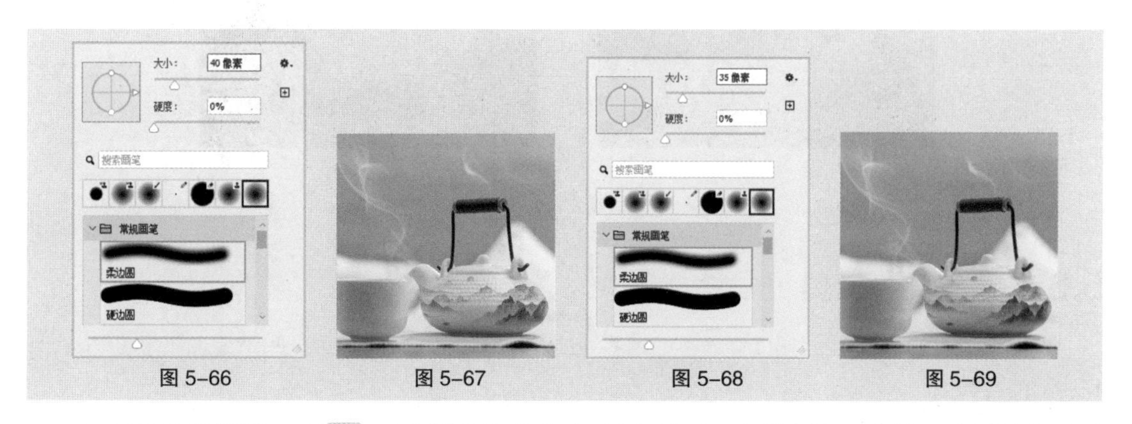

图 5-66 图 5-67 图 5-68 图 5-69

（7）选择“模糊”工具，在属性栏中单击“画笔”选项，在弹出的画笔选择面板中选择需要的画笔形状，选项的设置如图 5-70 所示，在图像窗口中拖曳模糊图像，效果如图 5-71 所示。为茶具添加水墨画制作完成。

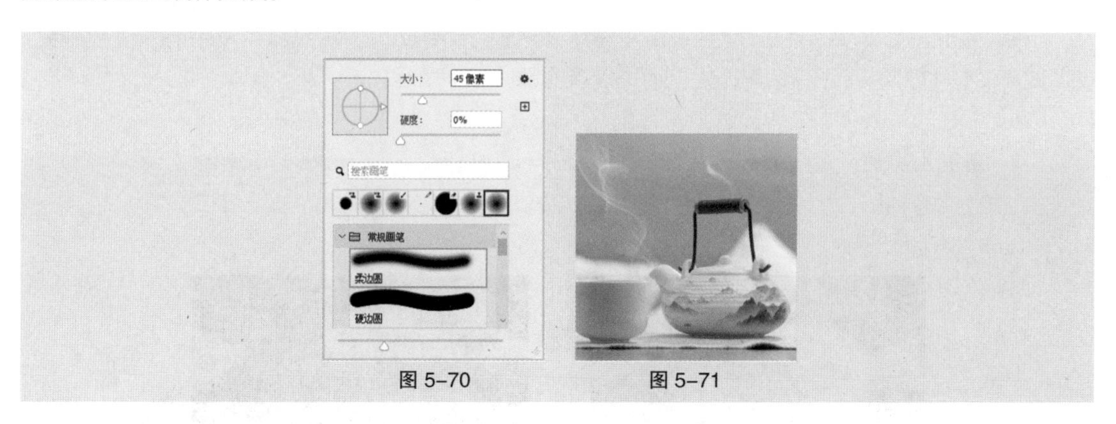

图 5-70 图 5-71

## 5.3.2 “模糊”工具

选择“模糊”工具，属性栏状态如图 5-72 所示。

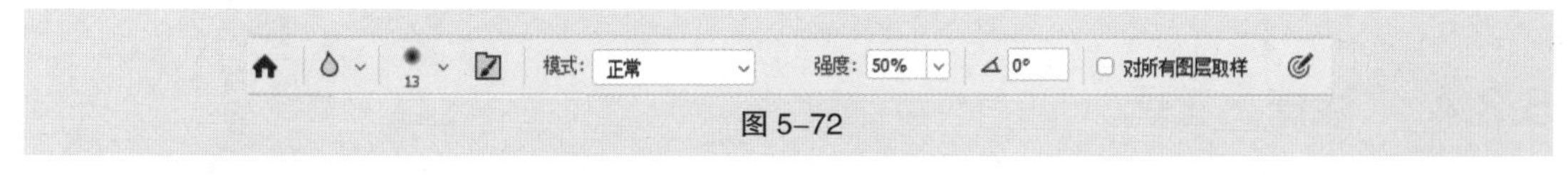

图 5-72

画笔：用于选择画笔的形状。强度：用于设置压力的大小。对所有图层取样：用于设置工具是否对所有可见层起作用。

选择“模糊”工具，在属性栏中进行设置，如图 5-73 所示，在图像窗口中按住鼠标左键拖曳，使图像产生模糊效果。原图像和模糊后的图像效果如图 5-74 所示。

图 5-73

原图　　模糊后

图 5-74

## 5.3.3 “锐化”工具

选择“锐化”工具，属性栏状态如图 5-75 所示。该属性栏中的内容与“模糊”工具属性栏中的内容类似。

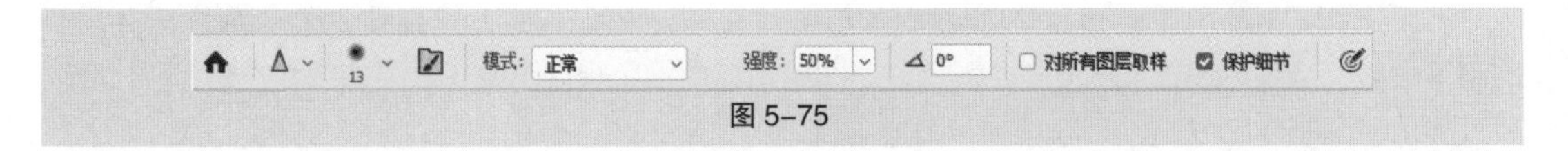

图 5-75

选择“锐化”工具，在属性栏中进行设置，如图 5-76 所示，在图像窗口中按住鼠标左键拖曳，使图像产生锐化效果。原图像和锐化后的图像效果如图 5-77 所示。

图 5-76

原图　　锐化后

图 5-77

## 5.3.4 “涂抹”工具

选择“涂抹”工具，属性栏状态如图 5-78 所示。该属性栏中的内容与“模糊”工具属性栏中的内容类似，增加的“手指绘画”复选框，用于设定是否按前景色进行涂抹。

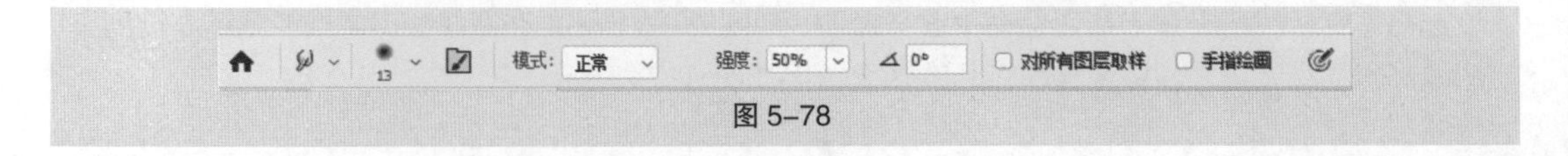

图 5-78

选择“涂抹”工具，在属性栏中进行设置，如图 5-79 所示，在图像窗口中按住鼠标左键拖曳，使图像产生涂抹效果。原图像和涂抹后的图像效果如图 5-80 所示。

图 5-79

原图　　涂抹后

图 5-80

## 5.3.5 “减淡”工具

单击或按 Shift+O 组合键选择“减淡”工具，其属性栏状态如图 5-81 所示。

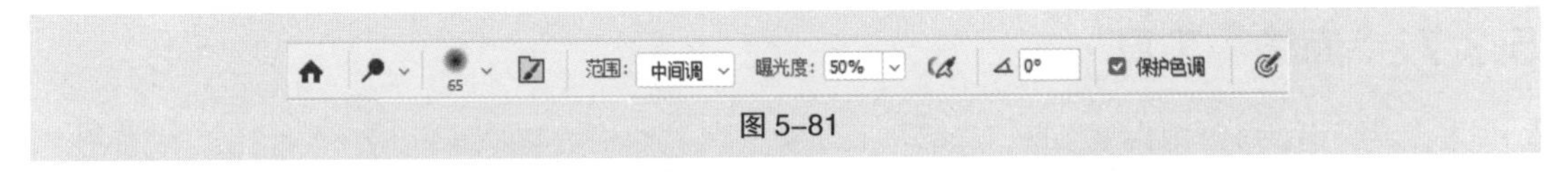


图 5-81

范围：用于设定图像中所要提高亮度的区域。曝光度：用于设定曝光的强度。

选择“减淡”工具，在属性栏中进行设置，如图 5-82 所示，在图像中按住鼠标左键拖曳，使图像产生减淡效果。原图像和减淡后的图像效果如图 5-83 所示。

图 5-82

原图　　减淡后

图 5-83

## 5.3.6 “加深”工具

单击或按 Shift+O 组合键选择“加深”工具，其属性栏状态如图 5-84 所示。该属性栏中的内容与“减淡”工具属性栏中的内容的作用正好相反。

图 5-84

选择“加深”工具，在属性栏中进行设置，如图 5-85 所示，在图像中按住鼠标左键拖曳，使图像产生加深效果。原图像和加深后的图像效果如图 5-86 所示。

图 5-85

原图　　加深后

图 5-86

## 5.3.7 “海绵”工具

单击或按 Shift+O 组合键选择“海绵”工具，其属性栏状态如图 5-87 所示。

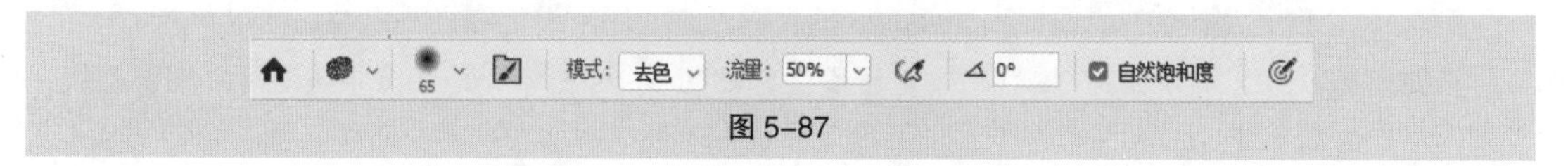

图 5-87

模式：用于设定饱和度的处理方式。流量：用于设定扩散的速度。

选择“海绵”工具，在属性栏中进行设置，如图 5-88 所示，在图像中按住鼠标左键拖曳，使图像增加色彩饱和度。原图像和调整后的图像效果如图 5-89 所示。

图 5-88

原图　　调整后

图 5-89

## 5.4 课堂练习——制作头戴式耳机海报

【练习知识要点】使用“渐变”工具制作背景；使用“移动”工具调整素材位置；使用“橡皮擦”工具擦除不需要的文字；效果如图 5-90 所示。

【效果所在位置】云盘 \Ch05\ 效果 \ 制作头戴式耳机海报 .psd。

图 5-90

## 5.5 课后习题——修复人物生活照

【习题知识要点】使用“修复画笔”工具修复人物照片；效果如图 5-91 所示。

【效果所在位置】云盘 \Ch05\ 效果 \ 修复人物生活照 .psd。

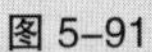

图 5-91

# 06 第6章 调色

## 本章介绍

图像的色调直接关系着图像表达的内容，不同的颜色倾向具有不同的表达效果。本章主要介绍常用的调整图像色彩与色调的命令和面板。通过对本章的学习，读者可以了解和掌握调整图像色彩的基本方法与操作技巧，制作出绚丽多彩的图像。

### 学习目标

- 熟练掌握调整图像色彩与色调的方法
- 掌握特殊的颜色处理技巧
- 了解使用“动作”控制面板调色的方法

### 技能目标

- 掌握照片的色彩与明度的调整方法
- 掌握旅游出行公众号封面首图的制作方法
- 掌握详情页主图中偏色的图片的修正方法
- 掌握过暗的图片的调整方法
- 掌握传统美食公众号封面次图的制作方法
- 掌握食品餐饮行业产品介绍 H5 页面的制作方法
- 掌握舞蹈培训公众号运营海报的制作方法
- 掌握小寒节气宣传海报的制作方法
- 掌握媒体娱乐公众号封面首图的制作方法

### 素养目标

- 提升读者对色彩的理解与应用能力
- 提升读者对不同风格图像的调色能力

# 6.1 调整图像色彩与色调

## 6.1.1 课堂案例——调整照片的色彩与明度

【案例学习目标】学习使用不同的图像调整命令调整照片的色彩与明度。

【案例知识要点】使用“可选颜色”命令和“曝光度”命令调整照片的色彩与明度；效果如图 6-1 所示。

【效果所在位置】云盘 \Ch06\ 效果 \ 调整照片的色彩与明度 .psd。

图 6-1

（1）按 Ctrl+O 组合键，打开云盘中的“Ch06 > 素材 > 调整照片的色彩与明度 > 01”文件，如图 6-2 所示。将“背景”图层拖曳到“图层”控制面板下方的“创建新图层”按钮 ⊞ 上进行复制，生成新的图层“背景 拷贝”，如图 6-3 所示。

图 6-2　　图 6-3

（2）选择“图像 > 调整 > 可选颜色”命令，弹出“可选颜色”对话框，选项的设置如图 6-4 所示。单击“颜色”选项右侧的按钮，在弹出的下拉列表中选择“蓝色”选项，切换到相应的对话框，设置如图 6-5 所示。单击“颜色”选项右侧的按钮，在弹出的下拉列表中选择“青色”选项，切换到相应的对话框，设置如图 6-6 所示，单击“确定”按钮。

（3）选择“图像 > 调整 > 曝光度”命令，弹出“曝光度”对话框，选项的设置如图 6-7 所示，单击“确定”按钮，效果如图 6-8 所示。

（4）选择“横排文字”工具 T，在图像窗口中输入需要的文字并选取文字，在属性栏中选择合适的字体和文字大小，设置“文本颜色”选项为白色，效果如图 6-9 所示，“图层”控制面板中生成新的文字图层。照片的色彩与明度调整完成。

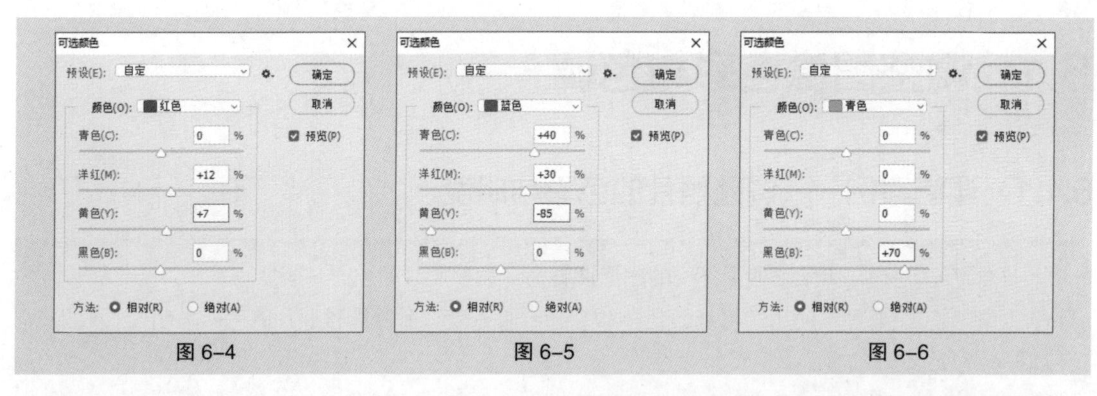


图 6–4　　图 6–5　　图 6–6

图 6–7　　图 6–8

图 6–9

## 6.1.2 “曲线”命令

使用“曲线”命令可以通过调整图像色彩曲线上的任意一个像素点来改变图像的色彩范围。

打开一幅图像，选择“图像 > 调整 > 曲线”命令，或按 Ctrl+M 组合键，弹出对话框，如图 6–10 所示。在图像中单击，如图 6–11 所示，对话框的图表上会出现一个方框，$x$ 轴坐标为色彩的输入值，$y$ 轴坐标为色彩的输出值，移动方框可以调整图像的色调，如图 6–12 所示。

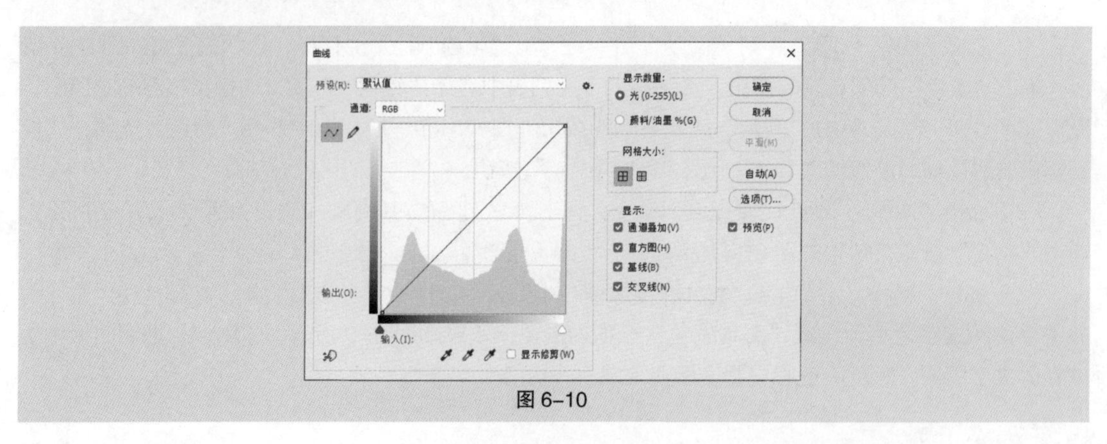


图 6–10

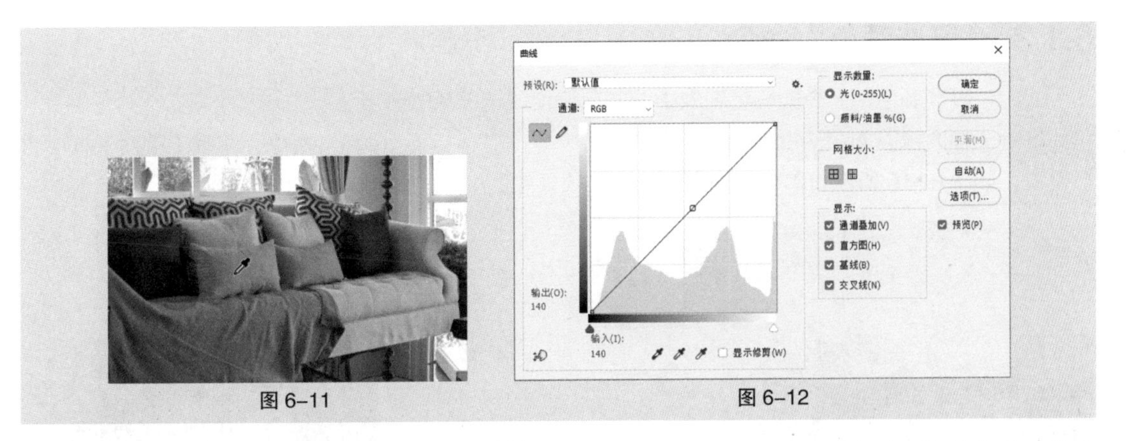


图 6–11　　　　　　　　　　　　　　图 6–12

通道：可以选择图像的颜色调整通道。[曲线/铅笔图标]：可以改变曲线的形状、添加或删除控制点。输入与输出：显示初始或调整后的色阶值。显示数量：可以选择图表的显示方式。网格大小：可以选择图表中网格的显示大小。显示：可以选择图表的显示内容。[自动(A)]：可以自动调整图像的亮度。下面为调整成不同曲线后的图像效果，如图 6–13 所示。

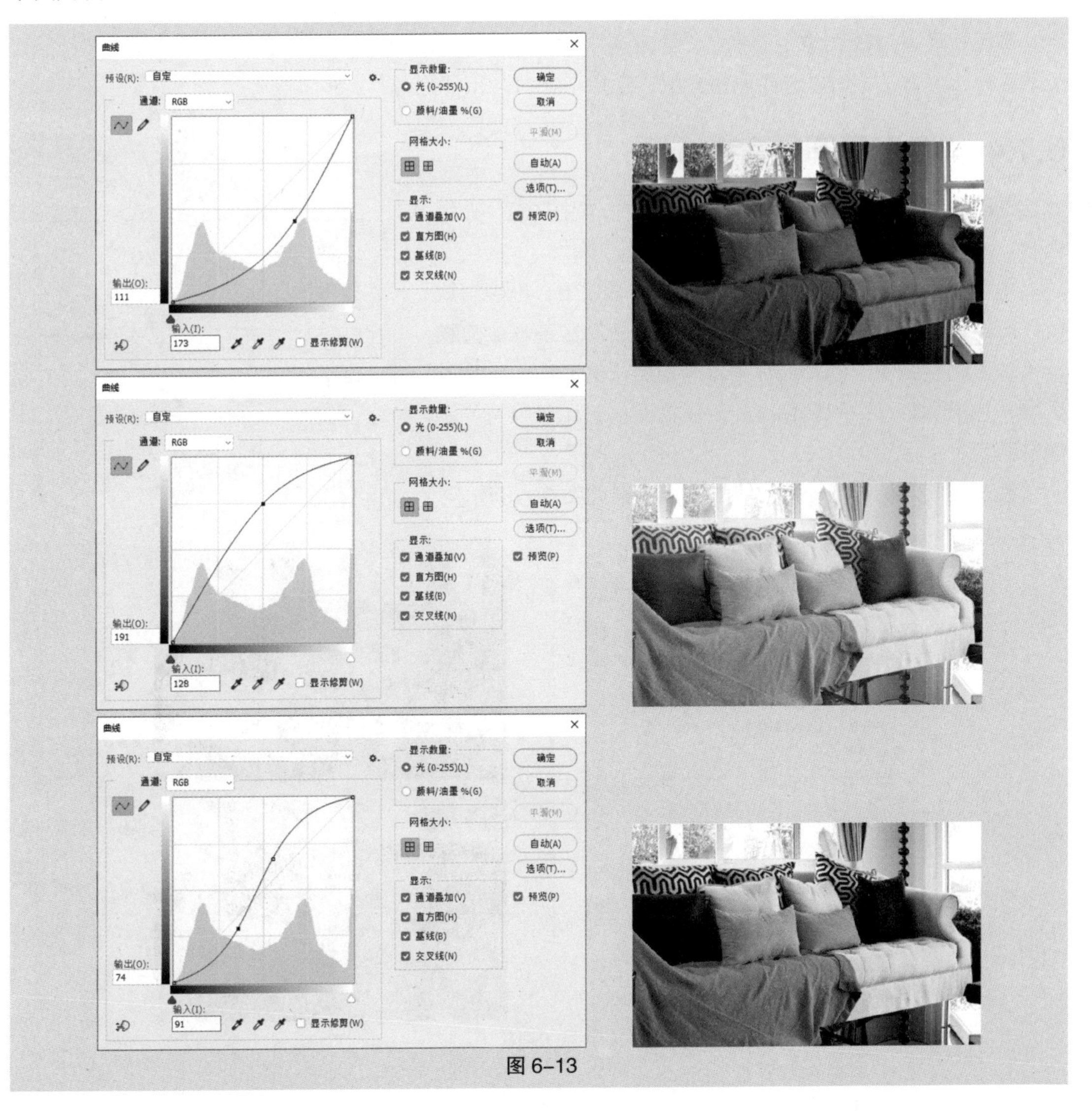


图 6–13

## 6.1.3 “可选颜色”命令

使用“可选颜色”命令能够将图像中的颜色替换成选择后的颜色。

打开一幅图像，如图 6–14 所示。选择“图像 > 调整 > 可选颜色”命令，在弹出的对话框中进行设置，如图 6–15 所示。单击“确定”按钮，效果如图 6–16 所示。

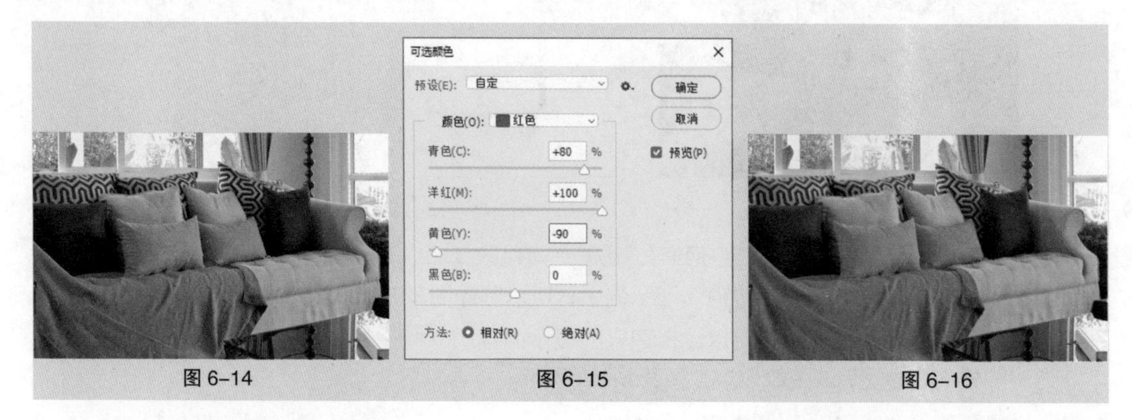


图 6–14　　图 6–15　　图 6–16

颜色：可以选择图像中含有的不同色彩，通过拖曳滑块或输入数值调整青色、洋红、黄色、黑色的百分比。方法：可以选择调整方法，包括“相对”和“绝对”。

## 6.1.4 “色彩平衡”命令

选择“图像 > 调整 > 色彩平衡”命令，或按 Ctrl+B 组合键，弹出对话框，如图 6–17 所示。

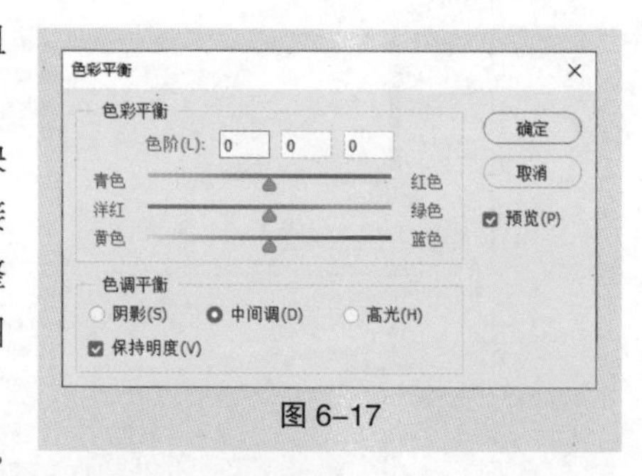


图 6–17

色彩平衡：用于添加过渡色来平衡色彩效果，拖曳滑块可以调整整幅图像的色彩，也可以在“色阶”数值框中直接输入数值调整图像的色彩。色调平衡：用于选取图像的调整区域，包括阴影、中间调和高光。保持明度：用于保持原图像的明度。

设置不同的色彩平衡参数值的图像效果如图 6–18 所示。

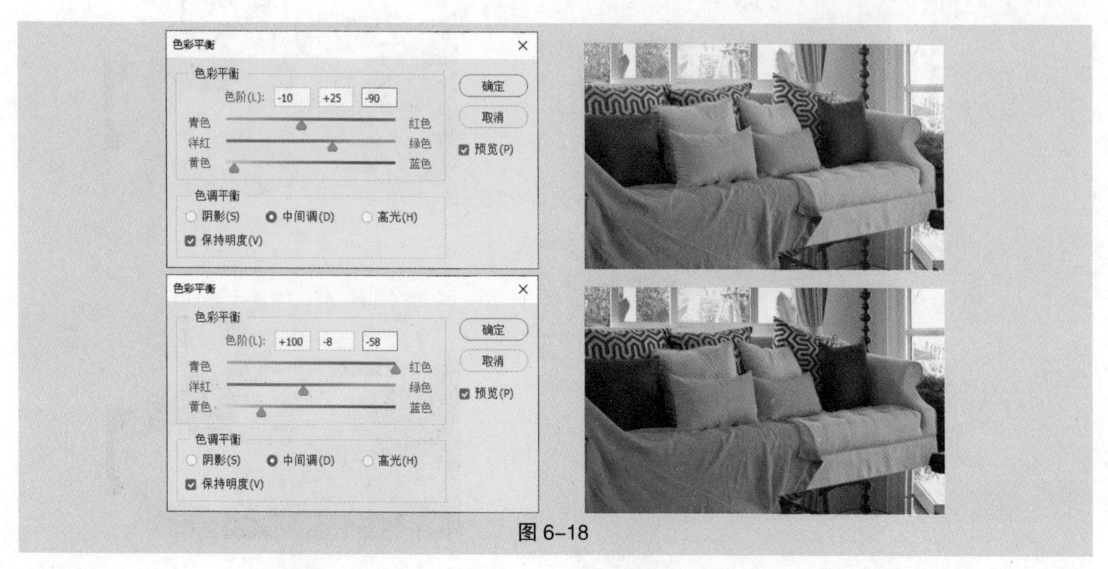


图 6–18

## 6.1.5 课堂案例——制作旅游出行公众号封面首图

【案例学习目标】学习使用不同的图像调整命令调整图像颜色。

【案例知识要点】使用“通道混合器”命令和“黑白”命令调整图像；效果如图 6-19 所示。

【效果所在位置】云盘 \Ch06\ 效果 \ 制作旅游出行公众号封面首图 .psd。

12月旅行地推荐 一起去看雪

扫码观看本案例视频

扩展阅读

图 6-19

（1）按 Ctrl + O 组合键，打开云盘中的“Ch06 > 素材 > 制作旅游出行公众号封面首图 > 01”文件，如图 6-20 所示。将“背景”图层拖曳到“图层”控制面板下方的“创建新图层”按钮 ⊞ 上进行复制，生成新的图层“背景 拷贝”，如图 6-21 所示。

图 6-20　　图 6-21

（2）选择“图像 > 调整 > 通道混合器”命令，在弹出的对话框中进行设置，如图 6-22 所示，单击“确定”按钮，效果如图 6-23 所示。

图 6-22　　图 6-23

（3）按 Ctrl+J 组合键，复制“背景 拷贝”图层，将新生成的图层命名为“黑白”。选择“图像 > 调整 > 黑白”命令，在弹出的对话框中进行设置，如图 6-24 所示，单击“确定”按钮，效果如图 6-25 所示。

图 6-24　　图 6-25

（4）在“图层”控制面板上方，将“黑白”图层的混合模式设为“滤色”，如图 6-26 所示，效果如图 6-27 所示。

图 6-26　　图 6-27

（5）按住 Ctrl 键的同时，选择“黑白”图层和“背景 拷贝”图层。按 Ctrl+E 组合键，合并图层并将其命名为“效果”。选择“图像 > 调整 > 色相 / 饱和度”命令，在弹出的对话框中进行设置，如图 6-28 所示，单击“确定”按钮，效果如图 6-29 所示。

图 6-28　　图 6-29

（6）按 Ctrl + O 组合键，打开云盘中的“Ch06 > 素材 > 制作旅游出行公众号封面首图 > 02”文件。选择“移动”工具 ，将“02”图片拖曳到“01”图像窗口中的适当位置，效果如图 6-30 所示，将“图层”控制面板中新生成的图层命名为“文字”。旅游出行公众号封面首图制作完成。

图 6-30

## 6.1.6 “黑白”命令

使用“黑白”命令可以将彩色图像转换为灰阶图像，也可以为灰阶图像添加单色。

## 6.1.7 “通道混合器”命令

打开一幅图像，如图 6-31 所示，选择“图像 > 调整 > 通道混合器”命令，在弹出的对话框中进行设置，如图 6-32 所示，单击“确定”按钮，效果如图 6-33 所示。

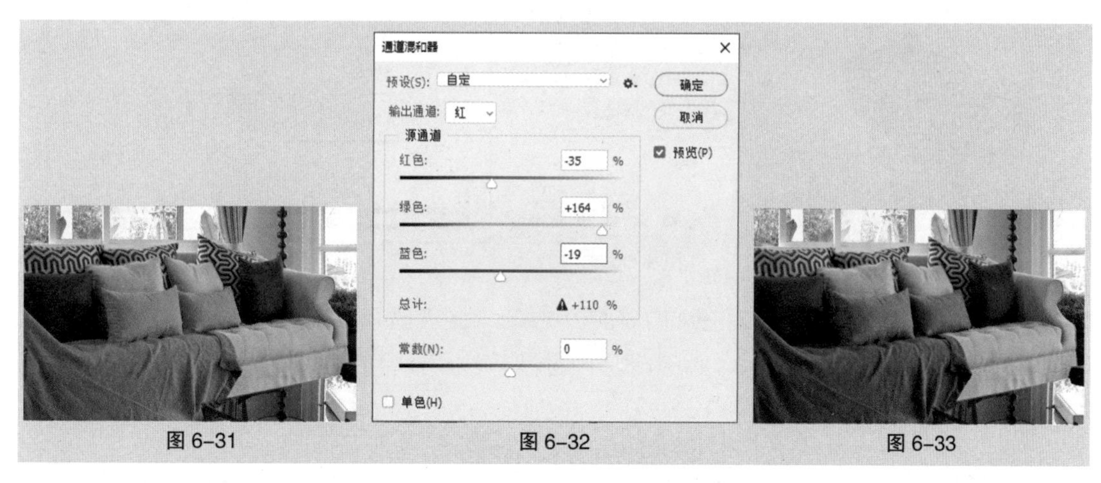


图 6-31　图 6-32　图 6-33

输出通道：可以选取要修改的通道。源通道：通过拖曳滑块或输入数值来调整图像。常数：可以通过拖曳滑块或输入数值来调整图像。单色：可以创建灰度模式的图像。

## 6.1.8 课堂案例——修正详情页主图中偏色的图片

【案例学习目标】学习使用不同的图像调整命令调整偏色的图片。

【案例知识要点】使用“色相 / 饱和度”命令调整图片的色调；效果如图 6-34 所示。

【效果所在位置】云盘 \Ch06\ 效果 \ 修正详情页主图中偏色的图片 .psd。

图 6-34

（1）按 Ctrl+N 组合键，弹出“新建文档”对话框，设置宽度为 800 像素、高度为 800 像素、分辨率为 72 像素 / 英寸、颜色模式为 RGB 颜色、背景内容为白色，单击“创建”按钮，新建一个文件。

（2）按 Ctrl + O 组合键，打开云盘中的“Ch06 > 素材 > 修正详情页主图中偏色的图片 > 01”文件，如图 6-35 所示。选择“移动”工具 ，将“01”图片拖曳到新建的图像窗口中的适当位置，将“图层”控制面板中新生成的图层命名为“包包”，如图 6-36 所示。选择“图像 > 调整 > 色相 / 饱和度”命令，在弹出的对话框中进行设置，如图 6-37 所示。

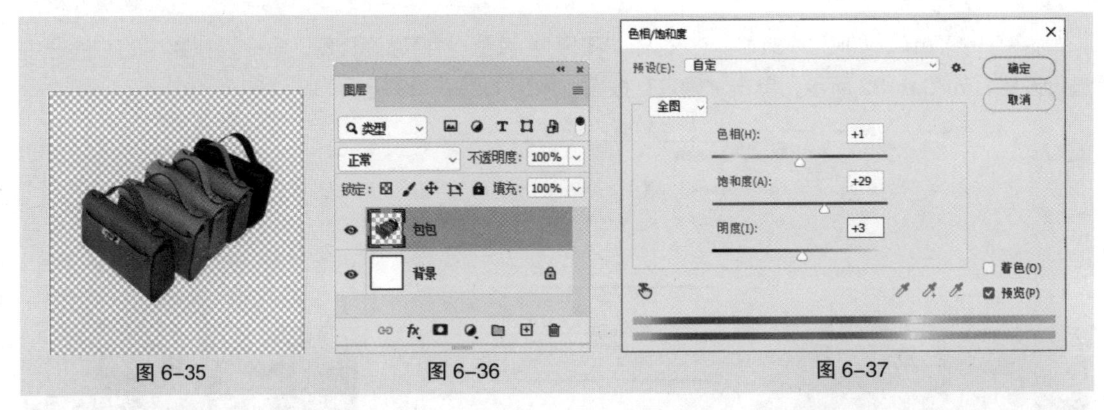

图 6-35　　图 6-36　　图 6-37

（3）单击“颜色”选项，在弹出的下拉列表中选择“红色”选项，切换到相应的对话框中进行设置，如图 6-38 所示。单击“颜色”选项，在弹出的下拉列表中选择“黄色”选项，切换到相应的对话框中进行设置，如图 6-39 所示。

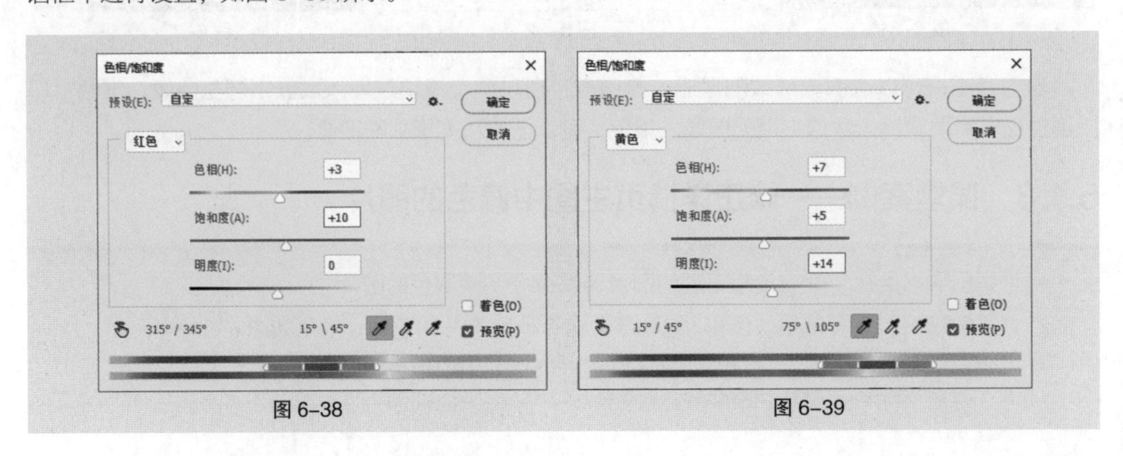

图 6-38　　图 6-39

（4）单击“颜色”选项，在弹出的下拉列表中选择“青色”选项，切换到相应的对话框中进行设置，如图 6-40 所示。单击“颜色”选项，在弹出的下拉列表中选择“蓝色”选项，切换到相应的对话框中进行设置，如图 6-41 所示。

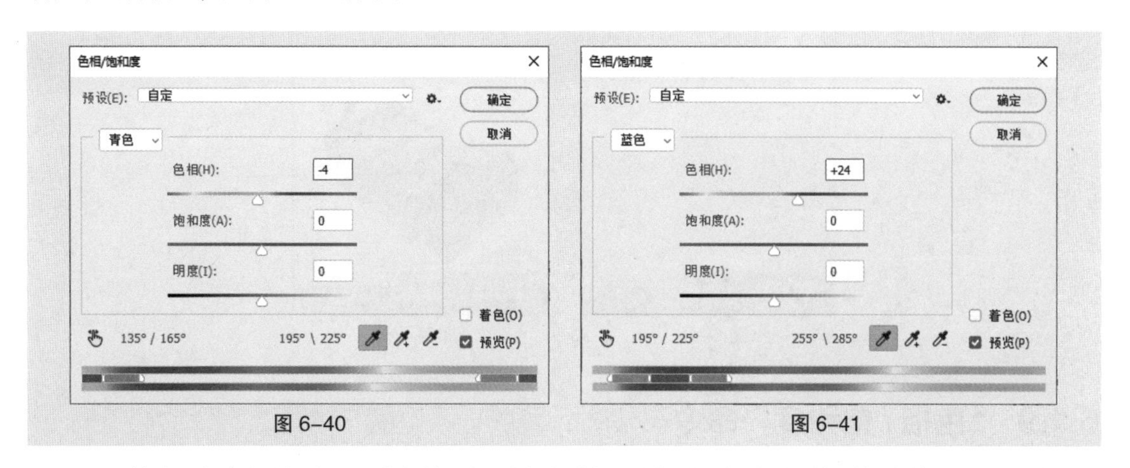

图 6-40　　图 6-41

（5）单击“颜色”选项，在弹出的下拉列表中选择“洋红”选项，切换到相应的对话框中进行设置，如图 6-42 所示，单击“确定”按钮，效果如图 6-43 所示。

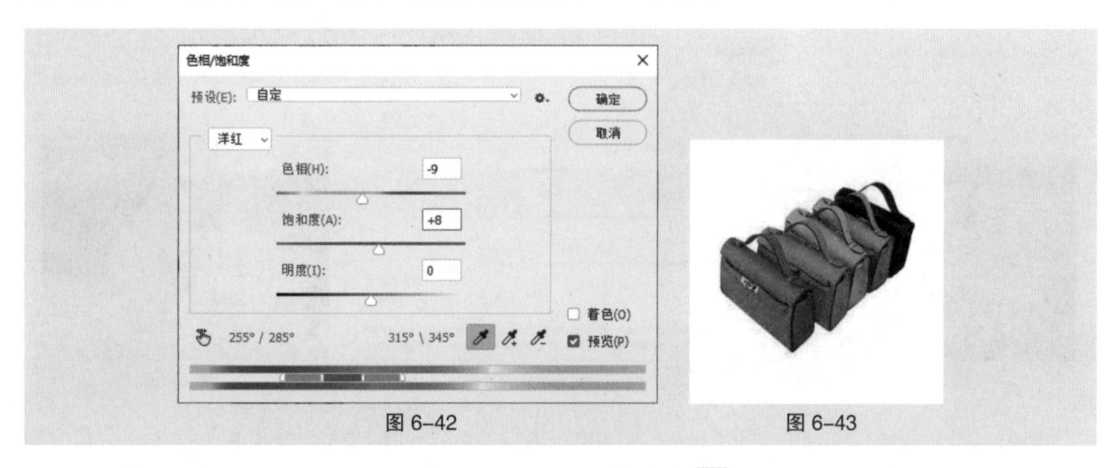

图 6-42　　图 6-43

（6）单击“图层”控制面板下方的“添加图层样式”按钮 fx，在弹出的菜单中选择“投影”命令，弹出对话框，选项的设置如图 6-44 所示，单击“确定”按钮，效果如图 6-45 所示。

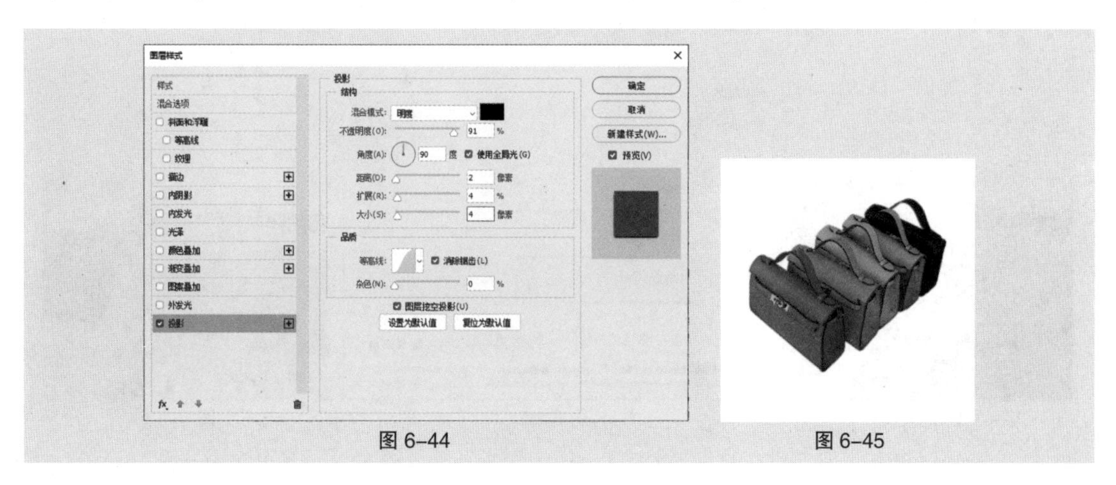

图 6-44　　图 6-45

（7）按Ctrl+O组合键，打开云盘中的“Ch06 > 素材 > 修正详情页主图中偏色的图片 > 02”文件，如图6-46所示。选择“移动”工具，将“02”图片拖曳到新建的图像窗口中的适当位置，效果如图6-47所示，将“图层”控制面板中新生成的图层命名为“文字”。修正详情页主图中偏色的图片制作完成。

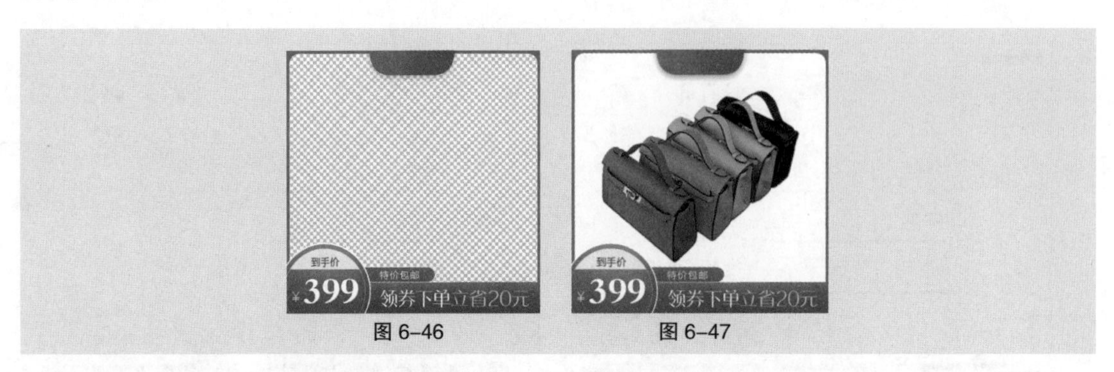

图6-46　图6-47

## 6.1.9 “色相/饱和度”命令

打开一幅图像，如图6-48所示，选择“图像 > 调整 > 色相/饱和度”命令，或按Ctrl+U组合键，在弹出的对话框中进行设置，如图6-49所示。单击“确定”按钮，效果如图6-50所示。

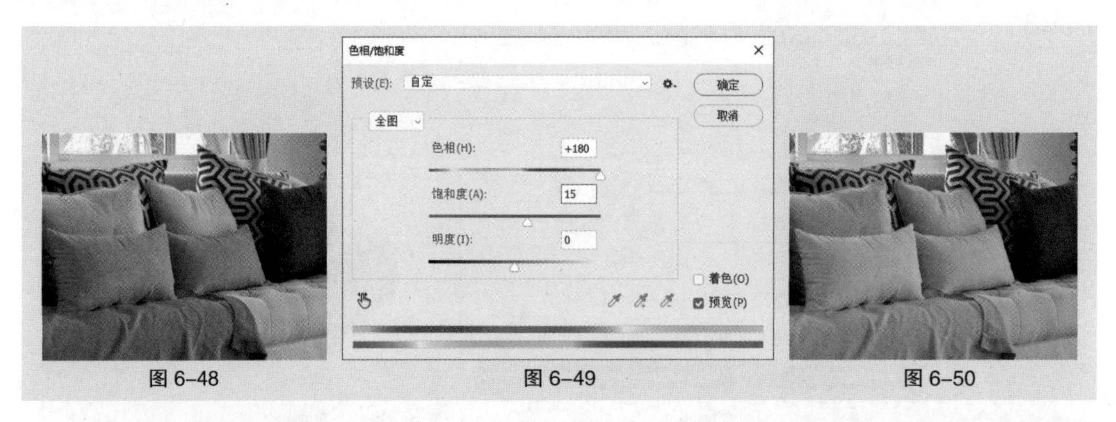

图6-48　图6-49　图6-50

预设：用于选择要调整的色彩范围，可以通过拖曳各选项的滑块来调整图像的色相、饱和度和明度。着色：用于在由灰度模式转化而来的色彩模式图像中添加需要的颜色。

打开一幅图像，如图6-51所示，在“色相/饱和度”对话框中进行设置，勾选“着色”复选框，如图6-52所示，单击“确定”按钮，效果如图6-53所示。

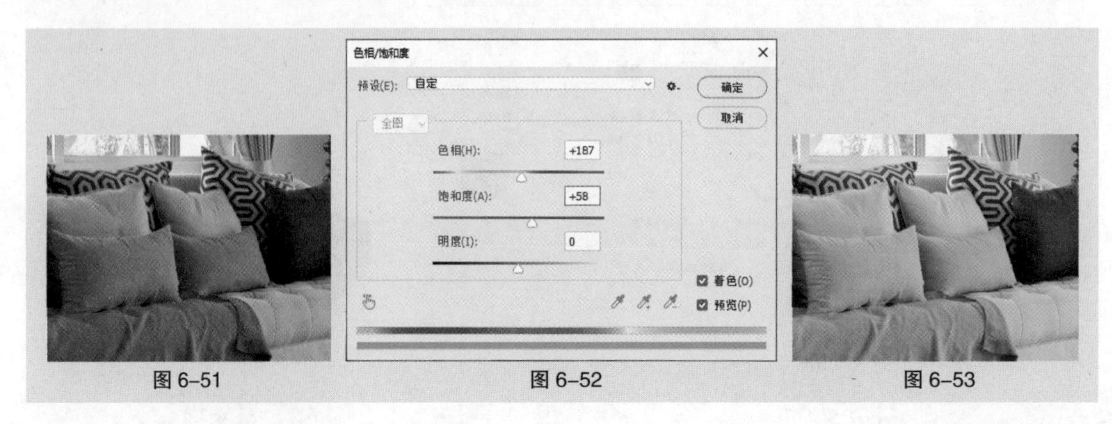

图6-51　图6-52　图6-53

## 6.1.10 “渐变映射”命令

“渐变映射”命令用于将图像的最暗和最亮色调映射为一组渐变色中的最暗和最亮色调。

打开一张图片，如图 6–54 所示，选择“图像 > 调整 > 渐变映射”命令，弹出“渐变映射”对话框，如图 6–55 所示。单击“点按可编辑渐变”按钮，在弹出的“渐变编辑器”窗口中设置渐变色，如图 6–56 所示，单击“确定”按钮。返回“渐变映射”对话框，单击“确定”按钮，效果如图 6–57 所示。

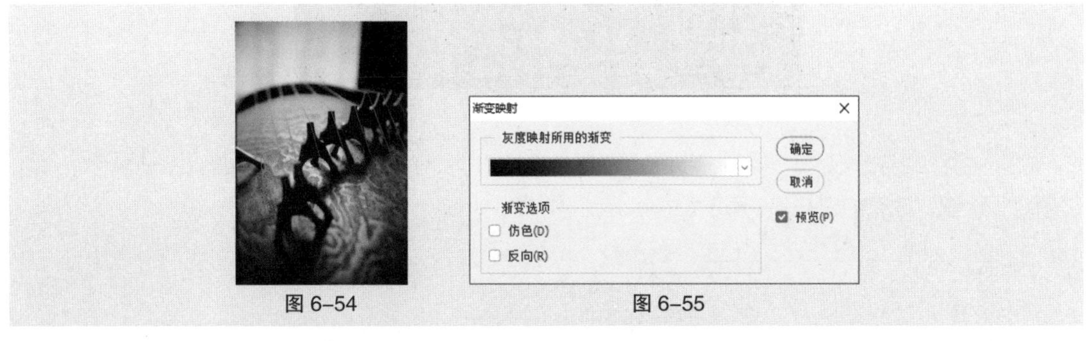


图 6–54　　图 6–55

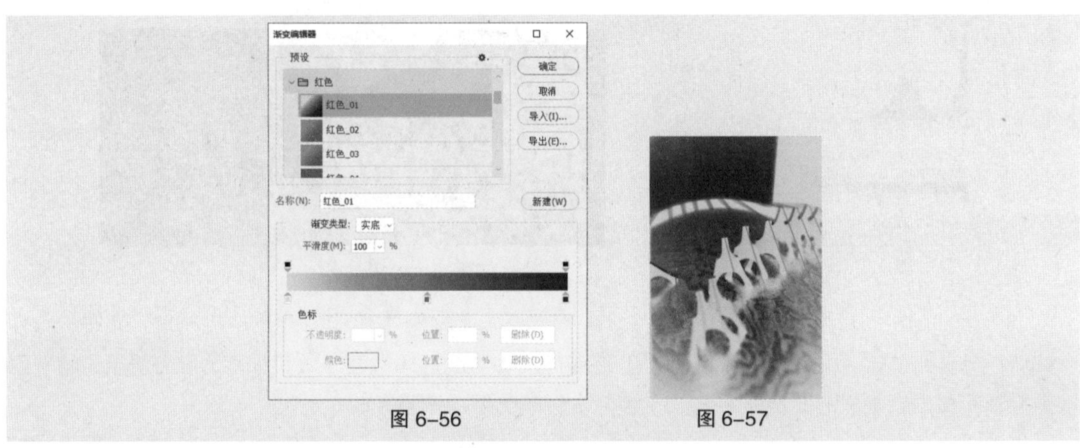


图 6–56　　图 6–57

灰度映射所用的渐变：用于选择和设置渐变。仿色：用于为转变色阶后的图像增加仿色。反向：用于反转转变色阶后的图像颜色。

## 6.1.11 课堂案例——调整过暗的图片

【案例学习目标】学习使用不同的图像调整命令调整过暗的图片。

【案例知识要点】使用“色阶”命令调整过暗的图片；效果如图 6–58 所示。

【效果所在位置】云盘 \Ch06\ 效果 \ 调整过暗的图片 .psd。

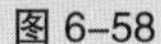

图 6–58

（1）按 Ctrl+O 组合键，打开云盘中的“Ch06 > 素材 > 调整过暗的图片 > 01”文件，如图 6-59 所示。

图 6-59

（2）选择“图像 > 调整 > 色阶”命令，弹出“色阶”对话框，选项的设置如图 6-60 所示，单击“确定”按钮，效果如图 6-61 所示。

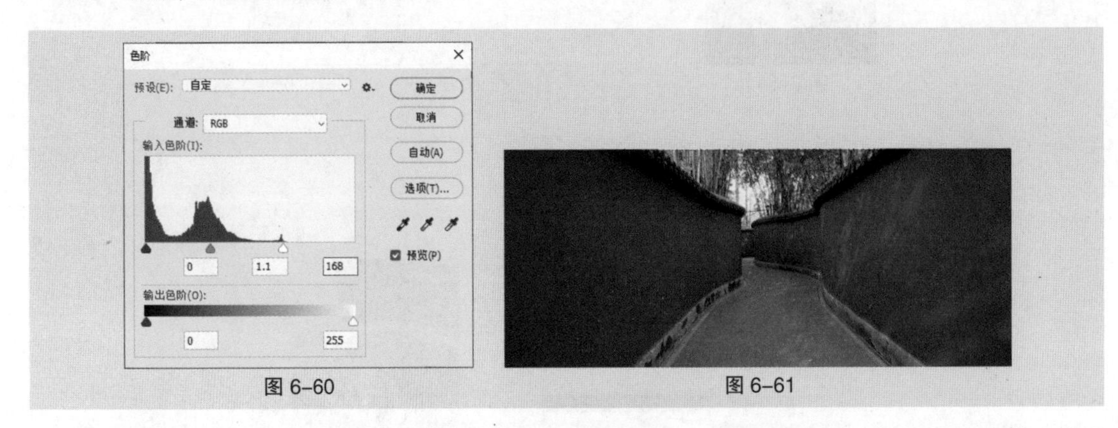

图 6-60　　图 6-61

（3）按 Ctrl + O 组合键，打开云盘中的“Ch06 > 素材 > 调整过暗的图片 > 02”文件。选择“移动”工具，将“02”图片拖曳到“01”图像窗口中的适当位置，效果如图 6-62 所示，将“图层”控制面板中新生成的图层命名为“文字”。过暗的图片调整完成。

图 6-62

## 6.1.12 “照片滤镜”命令

“照片滤镜”命令用于模仿传统相机的滤镜效果处理图像，通过调整图片颜色可以获得各种丰富的效果。

打开一张图片，选择“图像 > 调整 > 照片滤镜”命令，弹出对话框，如图 6-63 所示。

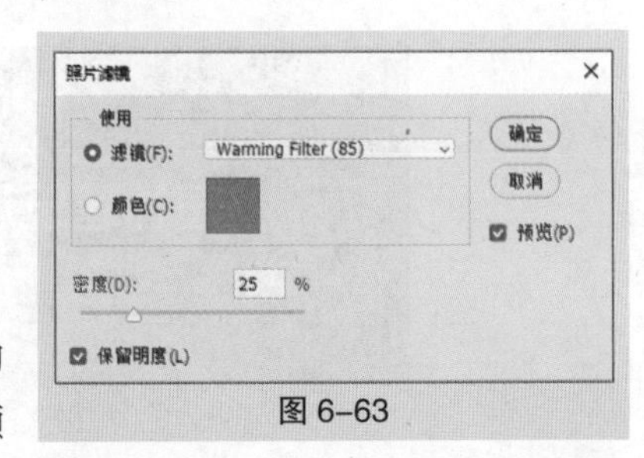

图 6-63

滤镜：用于选择颜色调整的过滤模式。颜色：单击右侧的图标，弹出“拾色器（照片滤镜颜色）”对话框，可以设置颜色值对图像进行过滤。密度：可以设置过滤颜色的百分比。保留明度：勾选此复选框，图片的白色部分颜色保持不变；取消勾选此复选框，则图片的全部颜色都随之改变，对比效果如图 6-64 所示。

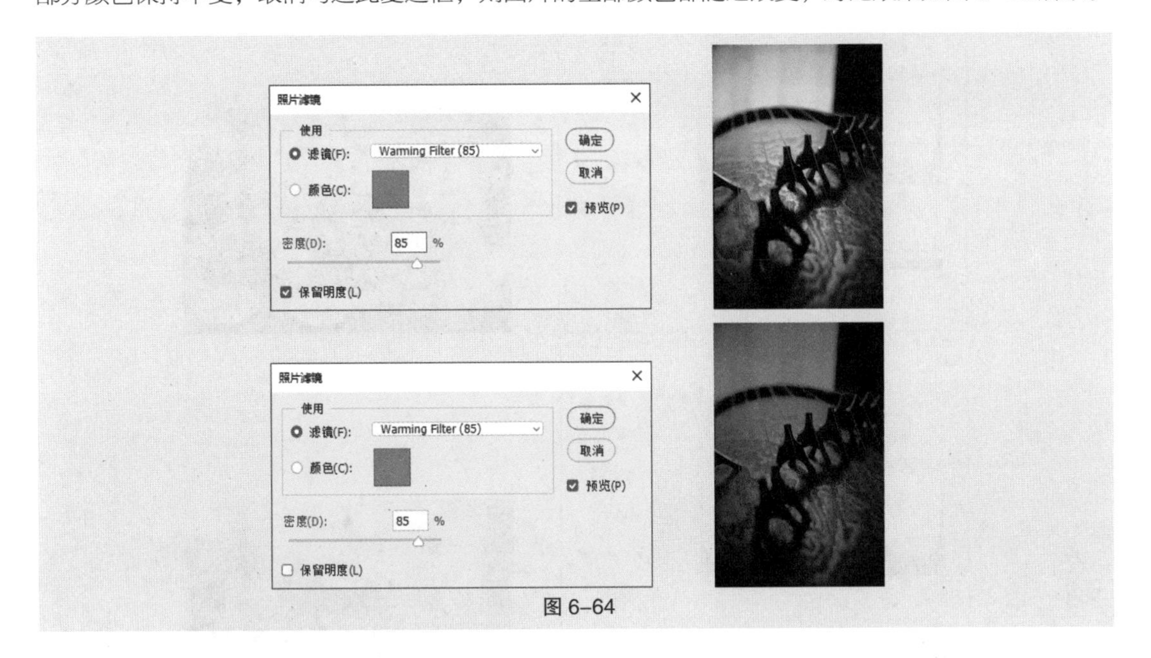


图 6-64

## 6.1.13 “色阶”命令

打开一幅图像，如图 6-65 所示，选择“图像 > 调整 > 色阶”命令，或按 Ctrl+L 组合键，弹出对话框，如图 6-66 所示。对话框中间是一个直方图，其横坐标范围为 0 ～ 255，表示亮度值，纵坐标为图像的像素值。

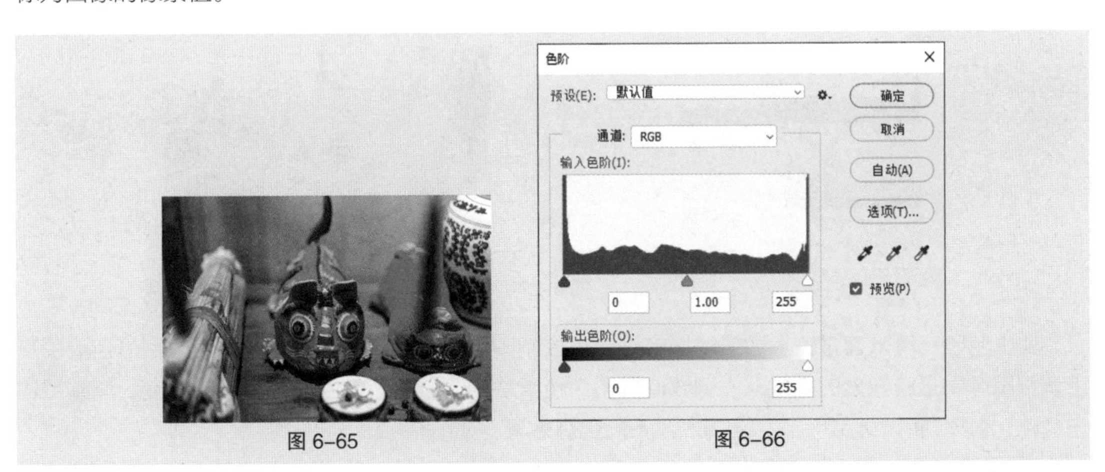


图 6-65　　图 6-66

通道：可以选择需要调整的通道。如果想选择两个以上的色彩通道，要先在“通道”控制面板中选择所需要的通道，再调出“色阶”对话框。

输入色阶：可以通过输入数值或拖曳滑块来调整图像。左侧的数值框和黑色滑块用于调整黑色，图像中低于该亮度值的所有像素将变为黑色；中间的数值框和灰色滑块用于调整灰度，其数值范围为 0.01 ～ 9.99；右侧的数值框和白色滑块用于调整白色，图像中高于该亮度值的所有像素将变为白色。调整“输入色阶”选项的 3 个滑块后，图像将产生不同色彩效果，如图 6-67 所示。

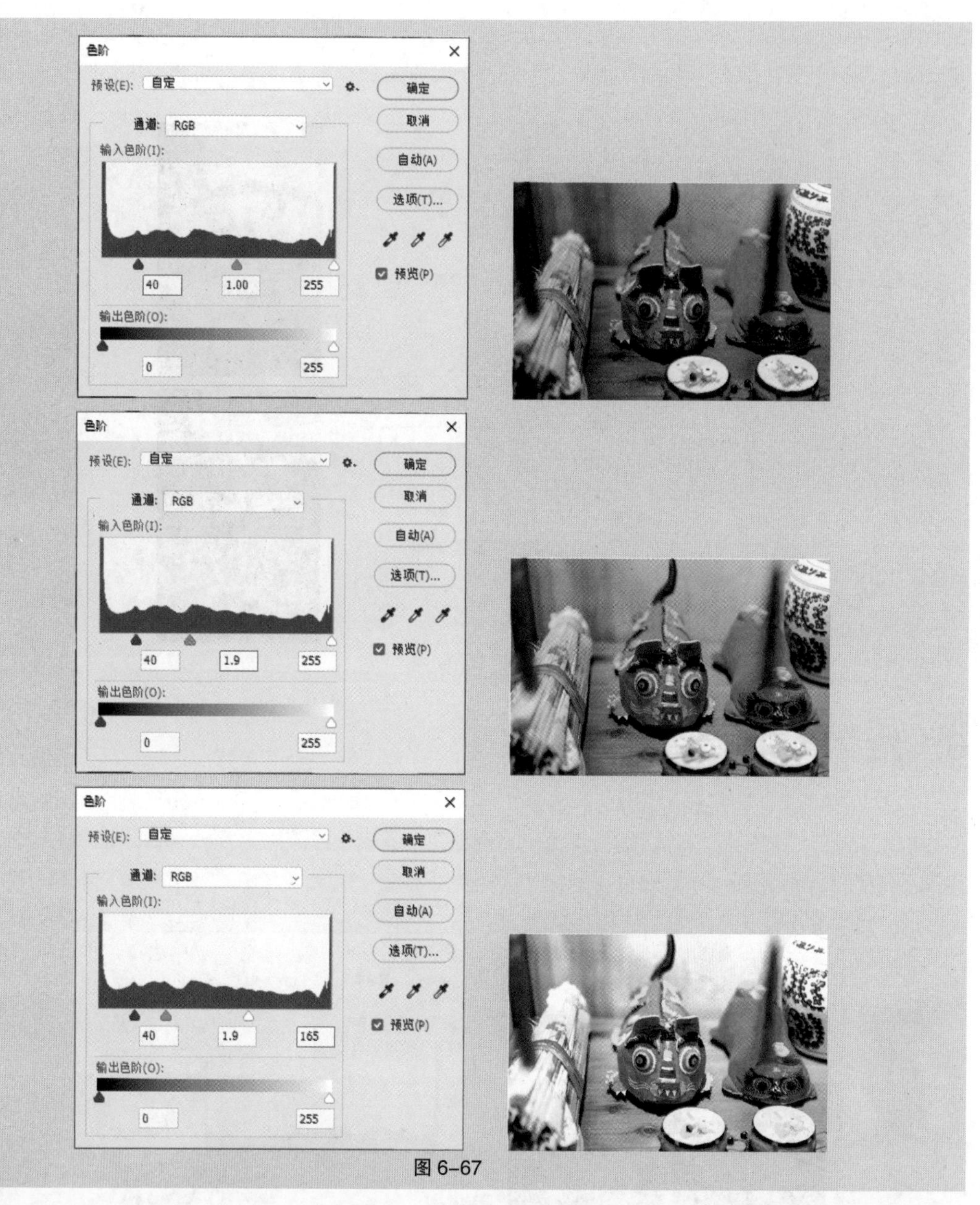

图 6-67

输出色阶：可以通过输入数值或拖曳滑块来控制图像的亮度范围。左侧的数值框和黑色滑块用于调整图像中最暗像素的亮度；右侧数值框和白色滑块用于调整图像中最亮像素的亮度。调整“输出色阶”选项的两个滑块后，图像将产生不同色彩效果，如图 6-68 所示。

自动(A)：可以自动调整图像并设置层次。选项(T)...：单击此按钮，弹出“自动颜色校正选项”对话框，系统将以 0.1% 色阶来对图像进行加亮和变暗。取消：按住 Alt 键，此按钮暂时转换为复位按钮，单击复位按钮可以将调整过的色阶还原，可以重新进行设置。

吸管工具：分别为黑色吸管工具、灰色吸管工具和白色吸管工具。选择黑色吸管工具，在图像中单击，图像中暗于单击点的所有像素都会变为黑色；选择灰色吸管工具，在图像中单击，单击点的像素会变为灰色，图像中的其他颜色也会有相应调整；选择白色吸管工具，在图像中单击，图像中亮于单击点的所有像素都会变为白色。双击任意吸管工具，可以在弹出的颜色选择对话框中设置吸管颜色。

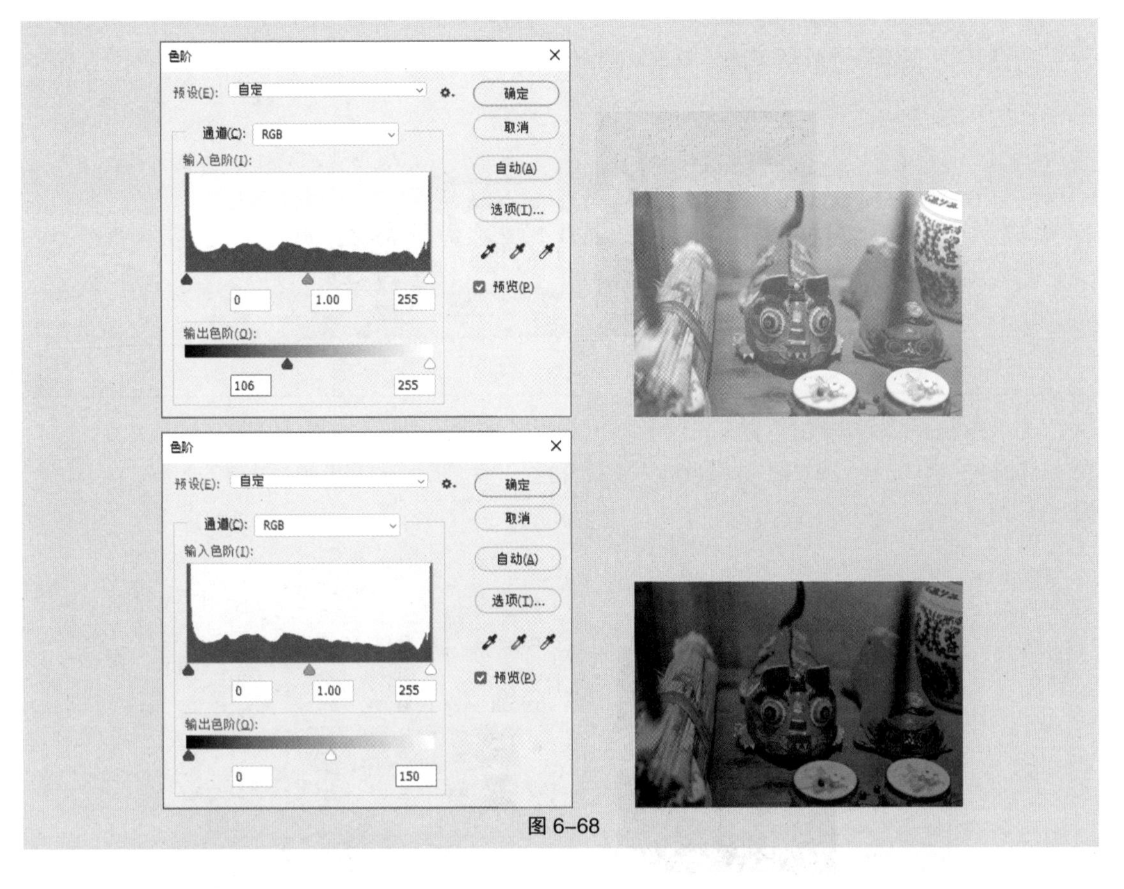

图 6-68

## 6.1.14 “亮度 / 对比度”命令

使用“亮度 / 对比度”命令可以调整整幅图像的亮度和对比度。

打开一幅图像，如图 6-69 所示，选择“图像 > 调整 > 亮度 / 对比度”命令，在弹出的对话框中进行设置，如图 6-70 所示，单击“确定”按钮，效果如图 6-71 所示。

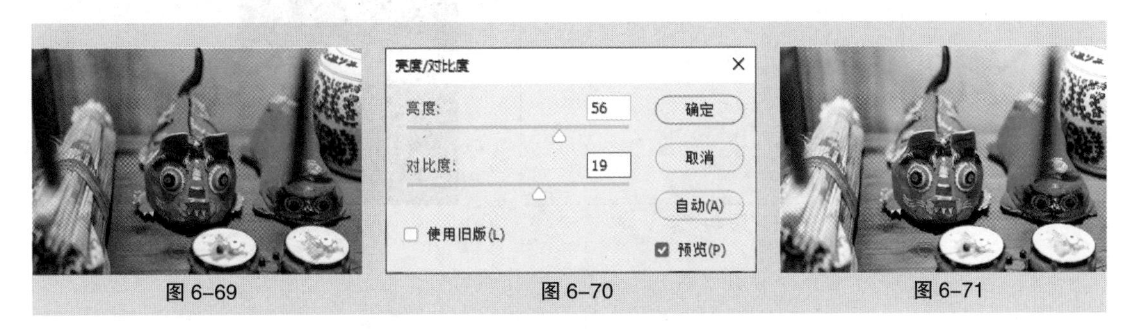

图 6-69　图 6-70　图 6-71

## 6.1.15 课堂案例——制作传统美食公众号封面次图

【案例学习目标】学习使用不同的图像调整命令调整美食图片。

【案例知识要点】使用“照片滤镜”命令和“阴影 / 高光”命令调整美食图片；使用“横排文字”工具 T. 添加文字；效果如图 6-72 所示。

【效果所在位置】云盘\Ch06\效果\制作传统美食公众号封面次图.psd。

图 6-72

（1）按 Ctrl + O 组合键，打开云盘中的“Ch06 > 素材 > 制作传统美食公众号封面次图 > 01”文件，如图 6-73 所示。按 Ctrl+J 组合键，复制图层，“图层”控制面板中生成新的图层“图层 1”，如图 6-74 所示。

图 6-73　　图 6-74

（2）选择“图像 > 调整 > 照片滤镜”命令，在弹出的对话框中进行设置，如图 6-75 所示，单击“确定”按钮，效果如图 6-76 所示。

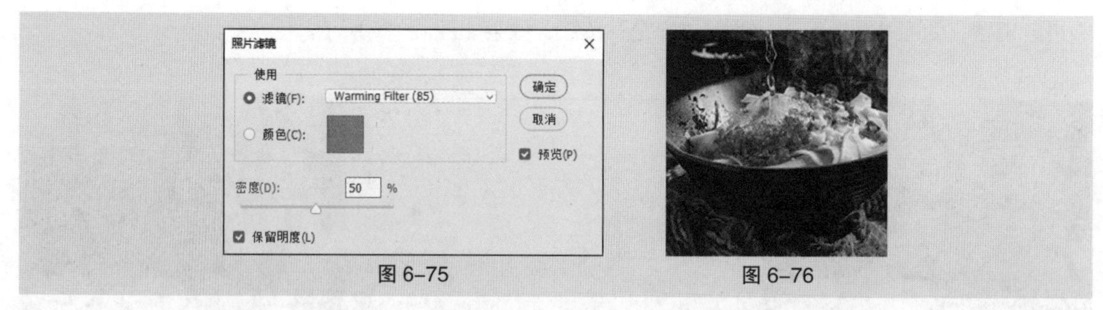


图 6-75　　图 6-76

（3）选择“图像 > 调整 > 阴影 / 高光”命令，弹出对话框，勾选“显示更多选项”复选框，其他选项的设置如图 6-77 所示，单击“确定”按钮，效果如图 6-78 所示。

（4）选择“横排文字”工具 T，在适当的位置输入需要的文字并选取文字。选择“窗口 > 字符”命令，弹出“字符”控制面板，在面板中将“颜色”设为白色，其他选项的设置如图 6-79 所示，按 Enter 键确定操作，效果如图 6-80 所示，“图层”控制面板中生成新的文字图层。

（5）在适当的位置输入需要的文字并选取文字，在“字符”控制面板中进行设置，如图 6-81 所示，效果如图 6-82 所示，“图层”控制面板中生成新的文字图层。用相同的方法制作出图 6-83 所示的效果。传统美食公众号封面次图制作完成。

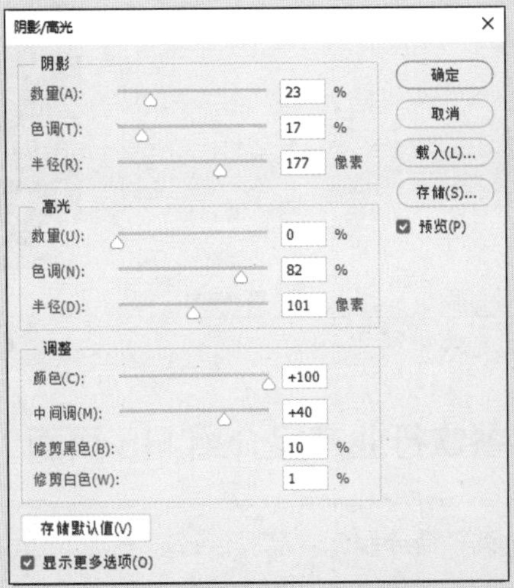

图 6-77 　　图 6-78

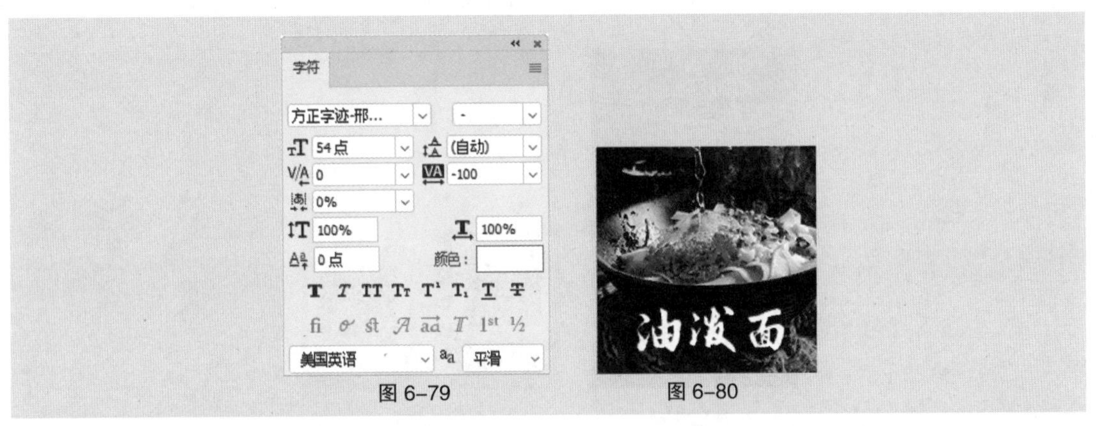


图 6-79　　图 6-80

图 6-81　　图 6-82　　图 6-83

## 6.1.16 “阴影 / 高光”命令

“阴影 / 高光”命令用于快速改善图像中曝光过度或曝光不足区域的对比度，同时保持整体的平衡。

打开一幅图像，如图 6-84 所示，选择“图像 > 调整 > 阴影 / 高光”命令，在弹出的对话框中进行设置，如图 6-85 所示。单击“确定”按钮，效果如图 6-86 所示。

图 6–84　　图 6–85　　图 6–86

## 6.1.17　课堂案例——制作食品餐饮行业产品介绍 H5 页面

【案例学习目标】学习使用“HDR 色调”命令制作食品餐饮行业产品介绍 H5 页面。

【案例知识要点】使用“HDR 色调”命令调整图像；效果如图 6–87 所示。

【效果所在位置】云盘 \Ch06\ 效果 \ 制作食品餐饮行业产品介绍 H5 页面 .psd。

图 6–87

（1）按 Ctrl+N 组合键，弹出“新建文档”对话框，设置宽度为 750 像素、高度为 1206 像素、分辨率为 72 像素 / 英寸、颜色模式为 RGB 颜色、背景内容为白色，单击“创建”按钮，新建一个文件。

（2）按 Ctrl + O 组合键，打开云盘中的“Ch06 > 素材 > 制作食品餐饮行业产品介绍 H5 页面 > 01”文件，如图 6–88 所示。选择“移动”工具，将“01”图像拖曳到新建的图像窗口中，将“图层”控制面板中新生成的图层命名为“蛋糕”。

（3）选择“图像 > 调整 > HDR 色调”命令，在弹出的对话框中进行设置，如图 6–89 所示。单击“色调曲线和直方图”左侧的按钮，在弹出的曲线上单击添加控制点，将“输入”选项设为 84，“输出”选项设为 84，如图 6–90 所示。在曲线上单击添加控制点，将“输入”选项设为 26，“输出”选项设为 16，如图 6–91 所示。单击“确定”按钮，效果如图 6–92 所示。

（4）选择“横排文字”工具，在适当的位置输入需要的文字并选取文字。选择“窗口 > 字符”命令，弹出“字符”控制面板。在面板中将“颜色”设为白色，其他选项的设置如图 6–93 所示，按 Enter 键确定操作，效果如图 6–94 所示，“图层”控制面板中生成新的文字图层。

（5）单击“图层”控制面板下方的“添加图层样式”按钮，在弹出的菜单中选择“投影”命令，弹出对话框。将投影颜色设为黑色，其他选项的设置如图 6–95 所示，单击“确定”按钮，效果如图 6–96 所示。

（6）用相同的方法输入其他文字，并应用“投影”样式，效果如图 6-97 所示。食品餐饮行业产品介绍 H5 页面制作完成。

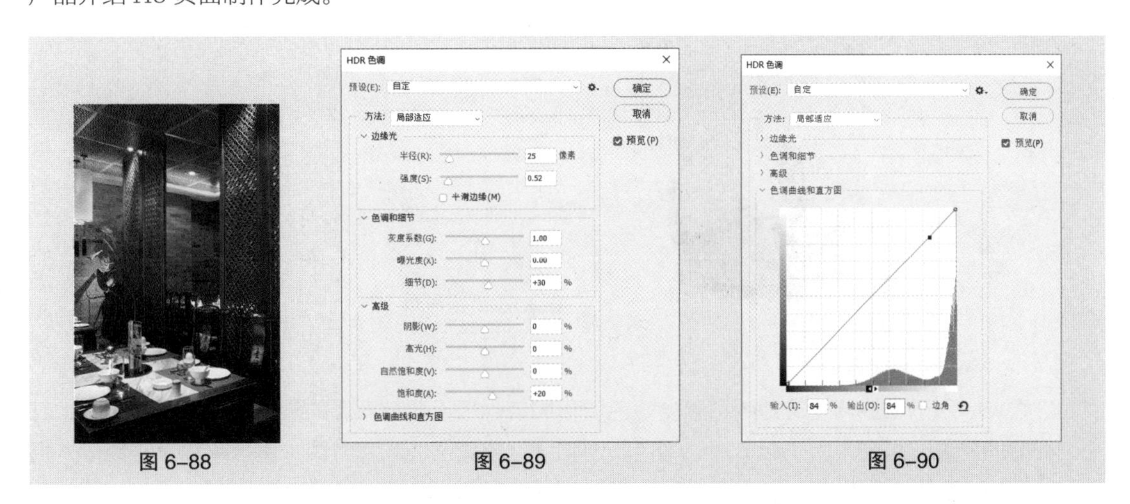


图 6-88　图 6-89　图 6-90

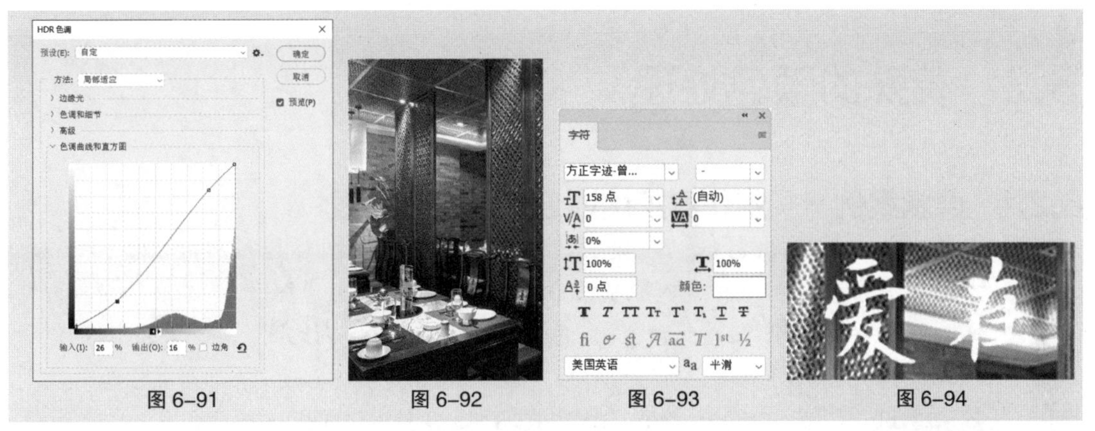


图 6-91　图 6-92　图 6-93　图 6-94

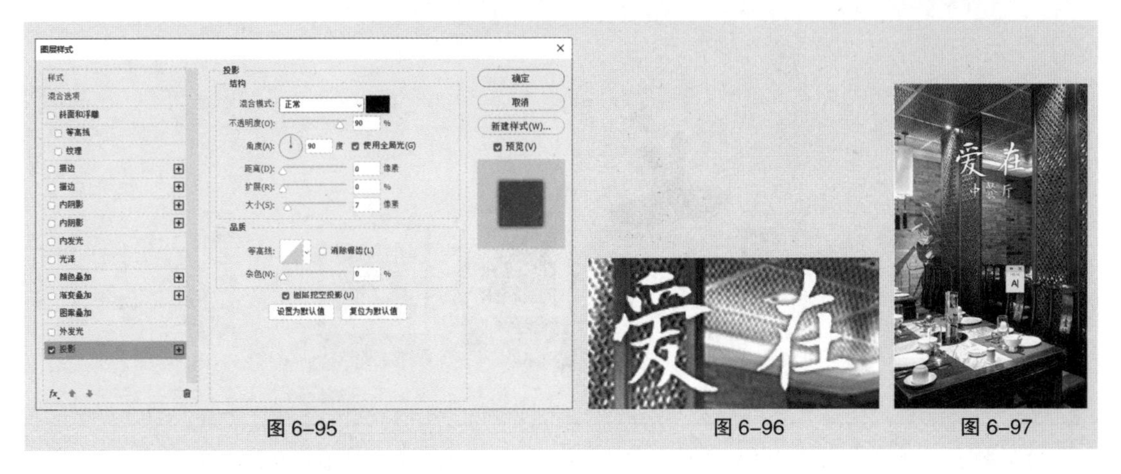


图 6-95　图 6-96　图 6-97

## 6.1.18 “HDR 色调”命令

打开一幅图像，如图 6-98 所示，选择“图像 > 调整 > HDR 色调”命令，弹出对话框，如图 6-99 所示。可以改变图像的对比度和曝光度。

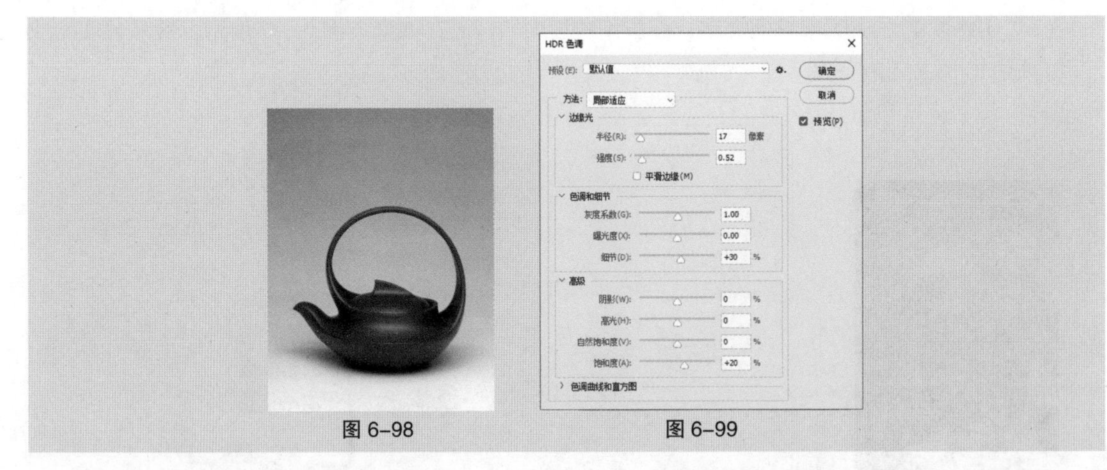


图 6-98　　图 6-99

边缘光：用于把控调整的范围和强度。色调和细节：用于调节图像的曝光度，及其在阴影、高光中细节的呈现。高级：用于调节图像的色彩饱和度。色调曲线和直方图：显示照片直方图，并提供用于调整图像色调的曲线。

# 6.2 特殊的颜色处理

## 6.2.1 课堂案例——制作舞蹈培训公众号运营海报

【案例学习目标】学习使用“去色”命令制作舞蹈培训公众号运营海报。

【案例知识要点】使用“去色”命令、“色阶”命令和“亮度 / 对比度”命令改变图像的色调；效果如图 6-100 所示。

【效果所在位置】云盘 \Ch06\ 效果 \ 制作舞蹈培训公众号运营海报 .psd。

图 6-100

（1）按 Ctrl+N 组合键，弹出“新建文档”对话框，设置宽度为 750 像素、高度为 1181 像素、分辨率为 72 像素 / 英寸、颜色模式为 RGB 颜色、背景内容为白色，单击“创建”按钮，新建一个文件。

（2）按 Ctrl + O 组合键，打开云盘中的“Ch06 > 素材 > 制作舞蹈培训公众号运营海报 > 01”文件，如图 6-101 所示。选择“移动”工具 ，将“01”图像拖曳到新建的图像窗口中的适当位置，将“图层”控制面板中新生成的图层命名为“人物”。

（3）选择“图像 > 调整 > 去色”命令，去除图像颜色，效果如图 6-102 所示。

（4）按 Ctrl+L 组合键，弹出“色阶”对话框，选项的设置如图 6-103 所示，单击“确定”按钮，效果如图 6-104 所示。

图 6-101　　图 6-102　　图 6-103　　图 6-104

（5）选择“图像 > 调整 > 亮度 / 对比度”命令，在弹出的对话框中进行设置，如图 6-105 所示，单击“确定”按钮，效果如图 6-106 所示。

（6）按 Ctrl + O 组合键，打开云盘中的“Ch06 > 素材 > 制作舞蹈培训公众号运营海报 > 02”文件。选择“移动”工具 ，将“02”图像拖曳到新建的图像窗口中，如图 6-107 所示，将“图层”控制面板中新生成的图层命名为“文字”。舞蹈培训公众号运营海报制作完成。

图 6-105　　图 6-106　　图 6-107

## 6.2.2 “去色”命令

选择“图像 > 调整 > 去色”命令，或按 Shift+Ctrl+U 组合键，可以去掉图像中的色彩，使图像变为灰度图，但图像的色彩模式并不会被改变。“去色”命令可以对选区中的图像进行去掉色彩的处理。

## 6.2.3 课堂案例——制作小寒节气宣传海报

【案例学习目标】学习使用调整命令调整图像颜色。

【案例知识要点】使用“色调分离”命令和“阈值”命令调整图像；效果如图 6-108 所示。

【效果所在位置】云盘 \Ch06\ 效果 \ 制作小寒节气宣传海报 .psd。

图 6-108

（1）按 Ctrl + O 组合键，打开云盘中的“Ch06 > 素材 > 制作小寒节气宣传海报 > 01”文件，如图 6-109 所示。将“背景”图层拖曳到“图层”控制面板下方的“创建新图层”按钮 ⊞ 上进行复制，生成新的图层“背景 拷贝”。将该图层的混合模式设为“正片叠底”，如图 6-110 所示，效果如图 6-111 所示。

（2）选择“图像 > 调整 > 色调分离”命令，弹出“色调分离”对话框，选项的设置如图 6-112 所示，单击“确定”按钮，效果如图 6-113 所示。

（3）单击“图层”控制面板下方的“添加图层蒙版”按钮 ◘，为“背景 拷贝”图层添加图层蒙版，如图 6-114 所示。选择“渐变”工具 ◧，单击属性栏中的“点按可编辑渐变”按钮，弹出“渐变编辑器”窗口。将渐变色设为从黑色到白色，如图 6-115 所示，单击“确定”按钮。在图像窗口中由左下至右上拖曳鼠标填充渐变色，效果如图 6-116 所示。

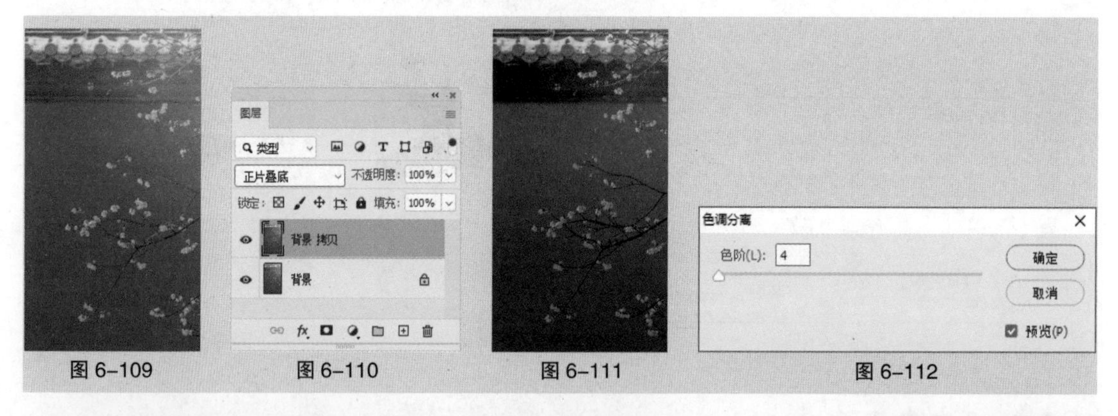


图 6-109　图 6-110　图 6-111　图 6-112

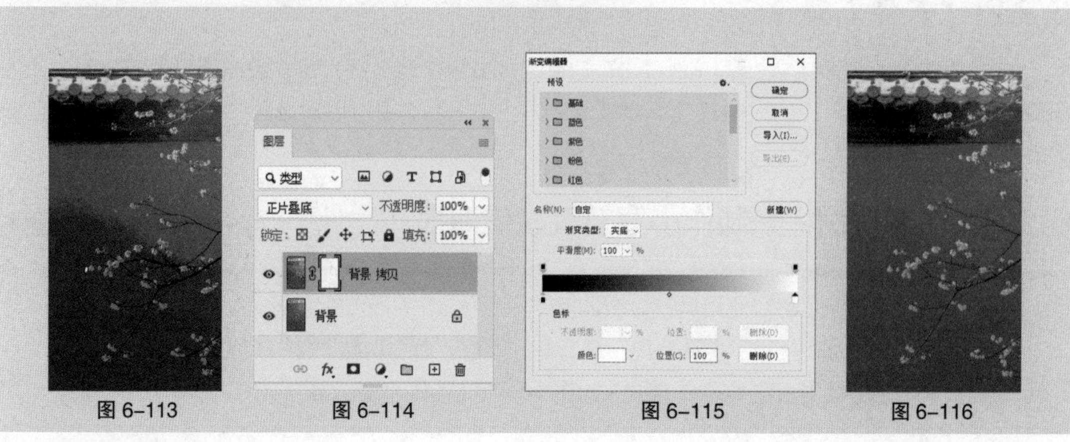


图 6-113　图 6-114　图 6-115　图 6-116

（4）将“背景”图层拖曳到“图层”控制面板下方的“创建新图层”按钮 ⊞ 上进行复制，生成新的图层“背景 拷贝 2”，并将其拖曳到“背景 拷贝”图层的上方，如图 6–117 所示。将该图层的混合模式设为“线性减淡（添加）”，如图 6–118 所示，效果如图 6–119 所示。

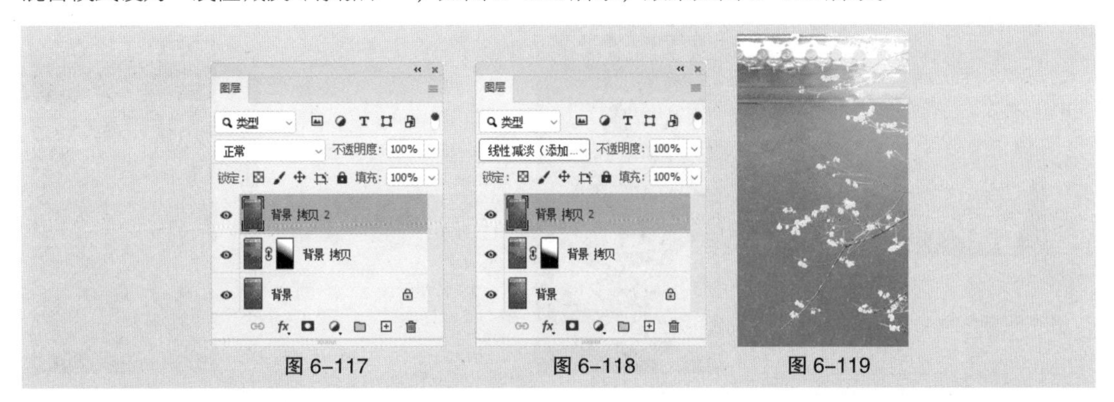


图 6–117　　图 6–118　　图 6–119

（5）选择“图像 > 调整 > 阈值”命令，弹出“阈值”对话框，选项的设置如图 6–120 所示，单击“确定”按钮，效果如图 6–121 所示。在按住 Shift 键的同时，单击“背景”图层，将需要的图层同时选取。按 Ctrl+E 组合键，合并图层，如图 6–122 所示。

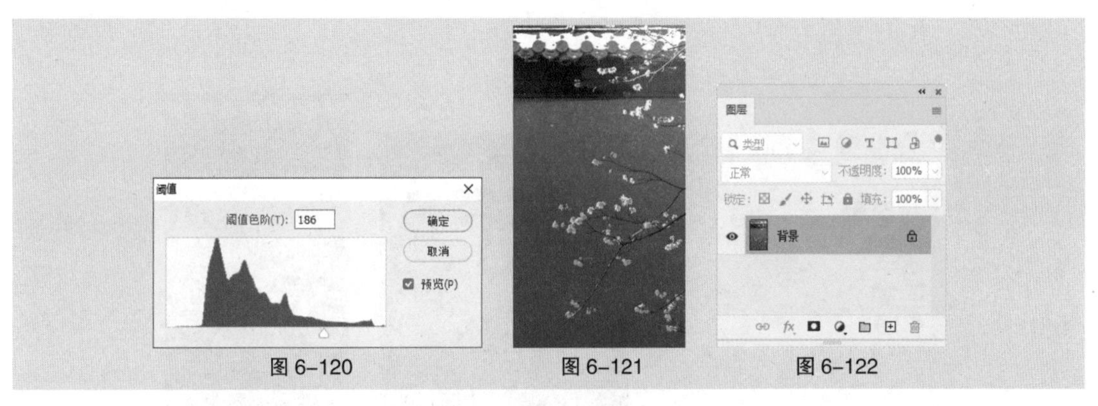


图 6–120　　图 6–121　　图 6–122

（6）选择“图像 > 调整 > 色相 / 饱和度”命令，在弹出的对话框中进行设置，如图 6–123 所示，单击“确定”按钮，效果如图 6–124 所示。

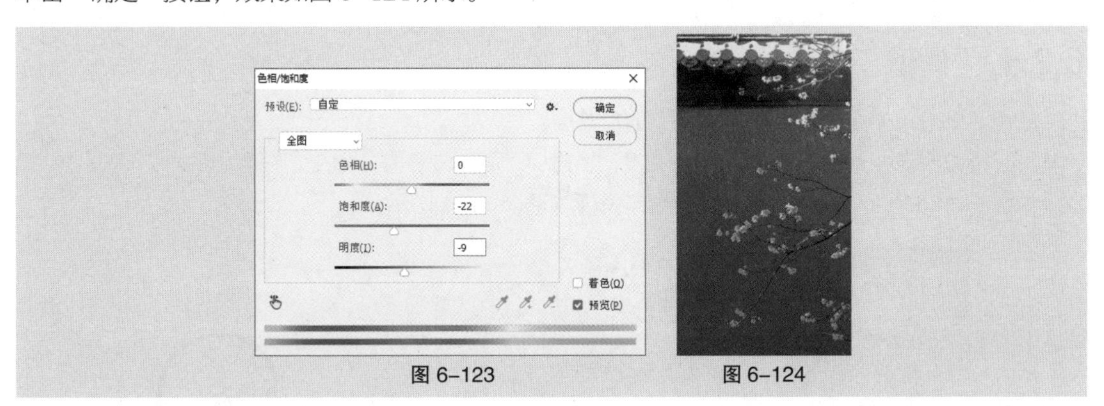


图 6–123　　图 6–124

（7）选择“图像 > 调整 > 色阶”命令，在弹出的对话框中进行设置，如图 6–125 所示，单击“确定”按钮，效果如图 6–126 所示。

（8）选择“直排文字”工具 IT，在图像窗口中输入需要的文字并选取文字，在属性栏中选择合适的字体并设置适当的文字大小，将文本颜色设为白色，“图层”控制面板中生成新的文字图层。将光标插入文字间。按 Ctrl+T 组合键，弹出“字符”控制面板，选项的设置如图 6-127 所示，按 Enter 键确定操作，效果如图 6-128 所示。

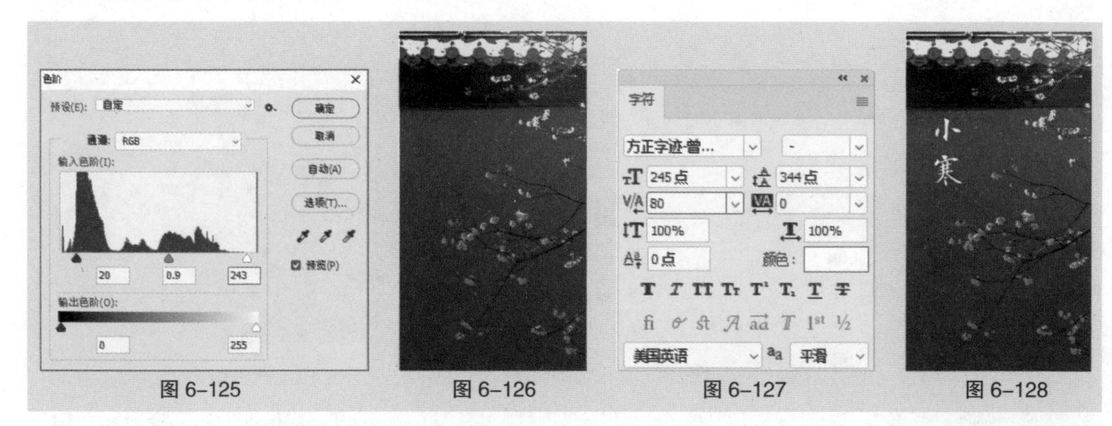


图 6-125　图 6-126　图 6-127　图 6-128

（9）选择“直排文字”工具，在图像窗口中输入需要的文字并选取文字，在属性栏中选择合适的字体并设置适当的文字大小，“图层”控制面板中生成新的文字图层。“字符”控制面板中选项的设置如图 6-129 所示，按 Enter 键确定操作，效果如图 6-130 所示。小寒节气宣传海报制作完成，效果如图 6-131 所示。

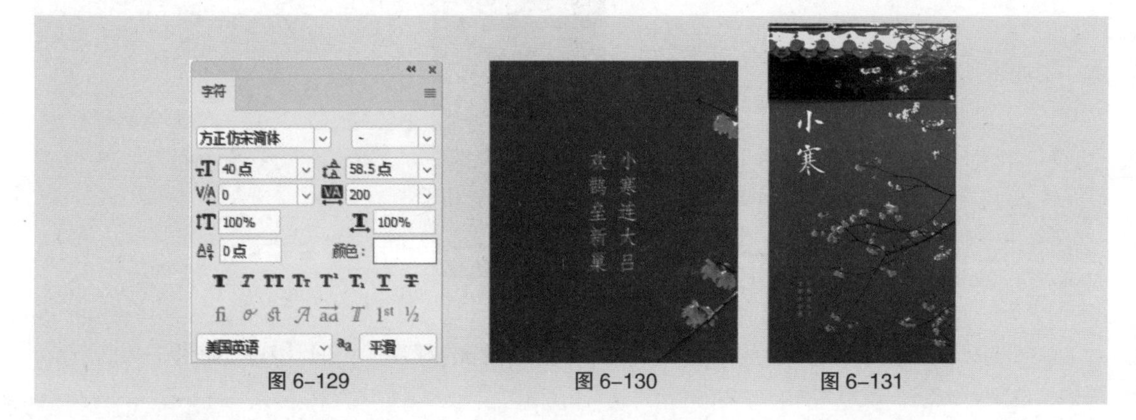


图 6-129　图 6-130　图 6-131

## 6.2.4 “阈值”命令

使用“阈值”命令可以提高图像色调的反差度。

打开一幅图像，如图 6-132 所示，选择“图像 > 调整 > 阈值”命令，在弹出的对话框中进行设置，如图 6-133 所示，单击“确定”按钮，效果如图 6-134 所示。

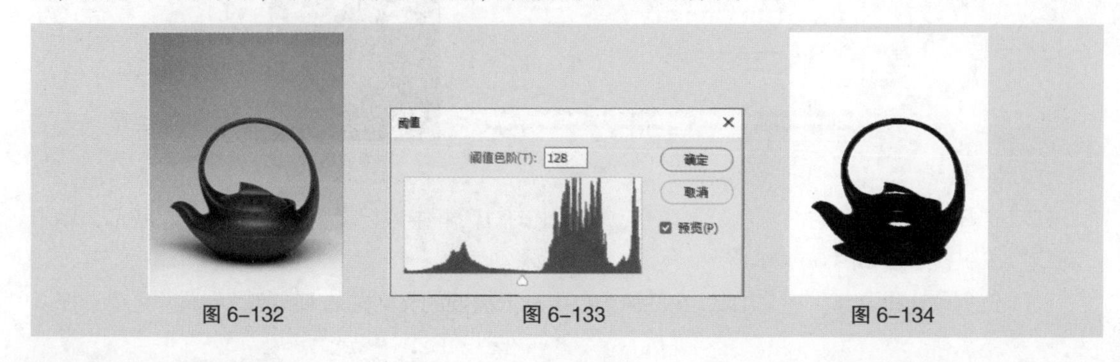


图 6-132　图 6-133　图 6-134

阈值色阶：可以改变图像的阈值，系统将使大于阈值的像素变为白色，并使小于阈值的像素变为黑色，使图像具有高度反差。

# 6.3 使用“动作”控制面板调色

## 6.3.1 课堂案例——制作媒体娱乐公众号封面首图

【案例学习目标】学习使用“动作”控制面板调整图像颜色。

【案例知识要点】使用“载入动作”命令、“播放选定的动作”按钮制作媒体娱乐公众号封面首图；效果如图 6-135 所示。

【效果所在位置】云盘 \Ch06\ 制作媒体娱乐公众号封面首图 .psd。

图 6-135

（1）按 Ctrl + O 组合键，打开云盘中的“Ch06 > 素材 > 制作媒体娱乐公众号封面首图 > 01”文件，如图 6-136 所示。选择“窗口 > 动作”命令，弹出“动作”控制面板，如图 6-137 所示。

（2）单击控制面板右上方的图标，在弹出的菜单中选择“载入动作”命令，在弹出的对话框中选择云盘中的“Ch06 > 素材 > 制作媒体娱乐公众号封面首图 > 02”文件，单击“载入”按钮，载入动作，如图 6-138 所示。单击“09”动作组左侧的按钮，查看动作应用的步骤，如图 6-139 所示。

图 6-136　图 6-137

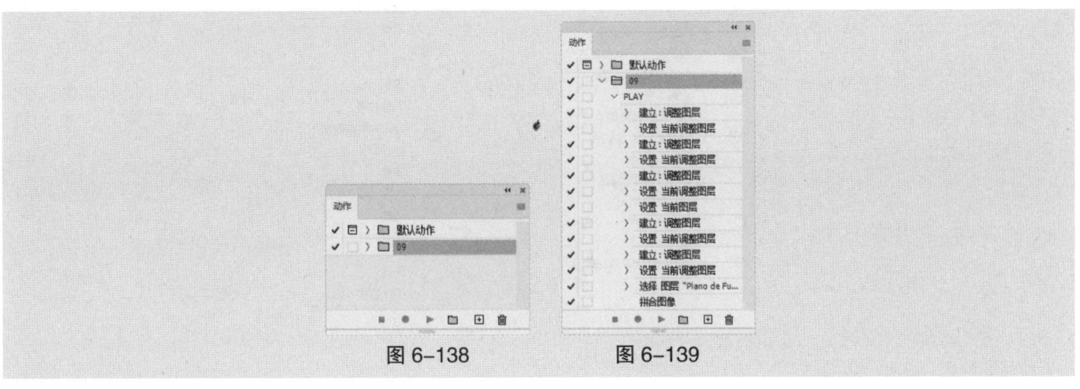


图 6-138　图 6-139

（3）选择“动作”控制面板中新动作的第一步，单击下方的“播放选定的动作”按钮 ▶，效果如图 6–140 所示。

（4）按 Ctrl+O 组合键，打开云盘中的“Ch06 > 素材 > 制作媒体娱乐公众号封面首图 > 03”文件。选择“移动”工具 ✥，将“03”图片拖曳到“01”图像窗口中的适当位置，效果如图 6–141 所示，将“图层”控制面板中新生成的图层命名为“文字”。媒体娱乐公众号封面首图制作完成。

图 6–140　　图 6–141

## 6.3.2 “动作”控制面板

使用“动作”控制面板可以对一批要进行相同处理的图像执行批处理操作，以减少重复操作。

选择“窗口 > 动作”命令，或按 Alt+F9 组合键，弹出“动作”控制面板，如图 6–142 所示。包括“停止播放 / 记录”按钮 ■、“开始记录”按钮 ●、“播放选定的动作”按钮 ▶、“创建新组”按钮 🗀、“创建新动作”按钮 ⊞、“删除”按钮 🗑。

单击“动作”控制面板右上方的图标 ≡，弹出菜单，如图 6–143 所示。

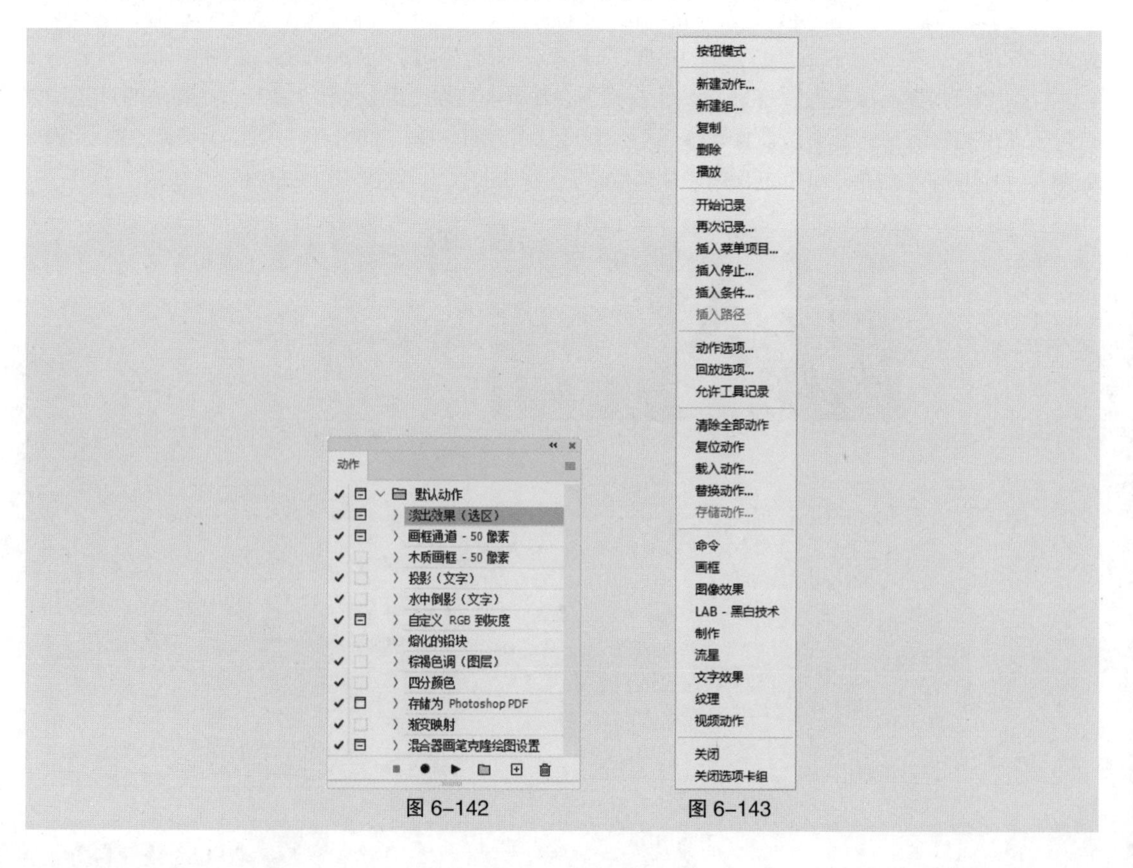

图 6–142　　图 6–143

## 6.4 课堂练习——制作数码影视公众号封面首图

【练习知识要点】使用“色相 / 饱和度”命令、“曲线”命令和“照片滤镜”命令调整图片的颜色；效果如图 6–144 所示。

【效果所在位置】云盘 \Ch06\ 效果 \ 制作数码影视公众号封面首图 .psd。

图 6–144

## 6.5 课后习题——制作女装网店详情页主图

【习题知识要点】使用“替换颜色”命令更换人物衣服的颜色；使用“矩形选框”工具绘制选区并删除不需要的图像，效果如图 6–145 所示。

【效果所在位置】云盘 \Ch06\ 效果 \ 制作女装网店详情页主图 .psd。

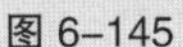

图 6–145

07

# 第7章 合成

## 本章介绍

通过应用 Photoshop，可以将原本不可能在一起的东西合成到一起，展现出设计师们丰富的想象力，为生活添加乐趣。本章主要介绍图层的混合模式、图层蒙版、剪贴蒙版、矢量蒙版和快速蒙版的应用。通过对本章的学习，读者可以了解和掌握合成的方法与技巧，为今后的设计工作打下基础。

### 学习目标

- 熟练掌握图层的混合模式的应用方法
- 掌握不同蒙版的应用技巧

### 技能目标

- 掌握家电网站首页 Banner 的制作方法
- 掌握饰品类公众号封面首图的制作方法
- 掌握服装类 App 主页 Banner 的制作方法
- 掌握传统节日宣传 Banner 的制作方法
- 掌握婚纱摄影类公众号封面首图的制作方法

### 素养目标

- 培养读者的设计创新能力
- 通过通道和蒙版的运用，激发读者的创意思维，提升读者的创意探索能力

## 7.1 图层的混合模式

图层的混合模式在图像处理及效果制作中被广泛应用，特别是在多个图像的合成方面更有其独特的作用及灵活性。

### 7.1.1 课堂案例——制作家电网站首页 Banner

【案例学习目标】学习使用图层的混合模式和“添加图层样式”按钮制作家电网站首页 Banner。

【案例知识要点】使用“移动”工具 调整图片；使用图层的混合模式和“添加图层样式”按钮制作图片融合；效果如图 7-1 所示。

【效果所在位置】云盘 \Ch07\ 效果 \ 制作家电网站首页 Banner.psd。

图 7-1

（1）按 Ctrl+N 组合键，弹出“新建文档”对话框，设置宽度为 1920 像素、高度为 1080 像素、分辨率为 72 像素 / 英寸、颜色模式为 RGB 颜色、背景内容为白色，单击“创建”按钮，新建一个文件。

（2）将前景色设为黑灰色（33、33、33）。选择“矩形选框”工具 ，在图像窗口中绘制矩形选区。按 Alt+Delete 组合键，用前景色填充选区。按 Ctrl+D 组合键，取消选区，效果如图 7-2 所示。

（3）按 Ctrl+O 组合键，打开云盘中的“Ch07 > 素材 > 制作家电网站首页 Banner > 01、02”文件。选择“移动”工具 ，分别将“01”和“02”图片拖曳到新建的图像窗口中的适当位置，效果如图 7-3 所示，将“图层”控制面板中新生成的图层分别命名为“吸尘器”和“效果”。

图 7-2

图 7-3

（4）在“图层”控制面板上方，将“效果”图层的混合模式设为“强光”，如图 7-4 所示，效果如图 7-5 所示。

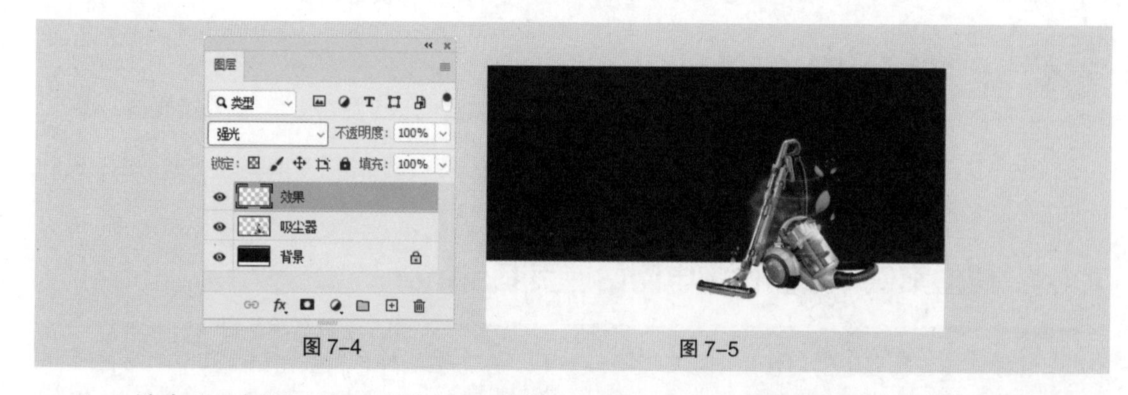

图 7–4　　图 7–5

（5）选中“吸尘器”图层。单击“图层”控制面板下方的“添加图层样式”按钮 fx，在弹出的菜单中选择“投影”命令，在弹出的对话框中进行设置，如图 7–6 所示，单击“确定”按钮，效果如图 7–7 所示。

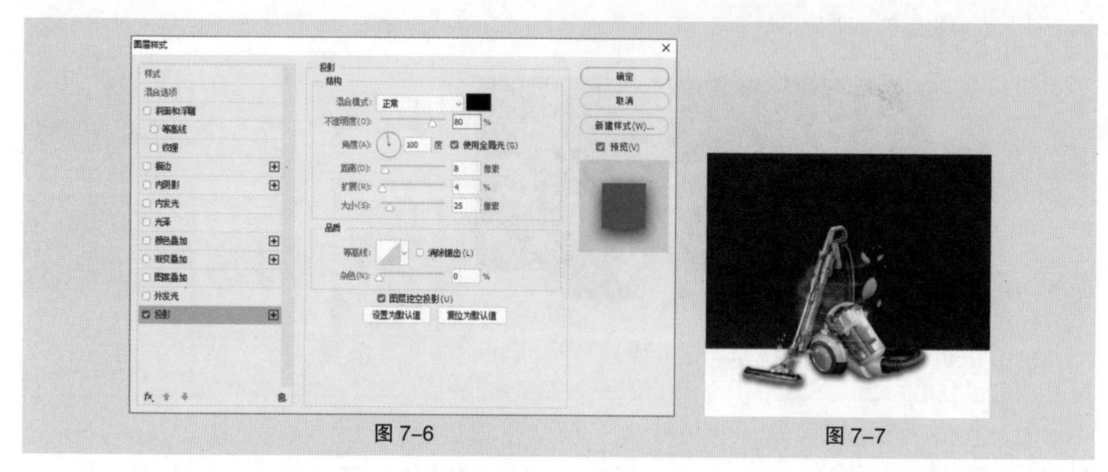

图 7–6　　图 7–7

（6）按 Ctrl+O 组合键，打开云盘中的“Ch07 > 素材 > 制作家电网站首页 Banner > 03”文件。选择“移动”工具 ，将“03”图片拖曳到新建的图像窗口中的适当位置，效果如图 7–8 所示，将“图层”控制面板中新生成的图层命名为“文字”。

（7）在“图层”控制面板上方，将“文字”图层的混合模式设为“浅色”，效果如图 7–9 所示。家电网站首页 Banner 制作完成。

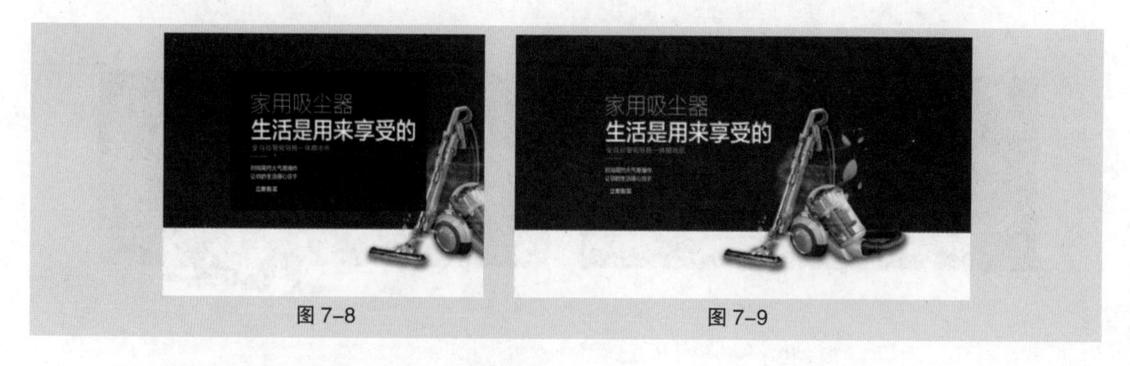

图 7–8　　图 7–9

## 7.1.2　图层的混合模式的合成效果

图层的混合模式用于通过图层间的混合制作特殊的合成效果。

在“图层”控制面板中，单击 正常 可设定图层的混合模式，其中包含 27 种模式。打开一幅图像，如图 7-10 所示，“图层”控制面板如图 7-11 所示。

图 7-10　　图 7-11

在对“月亮”图层应用不同的混合模式后，效果如图 7-12 所示。

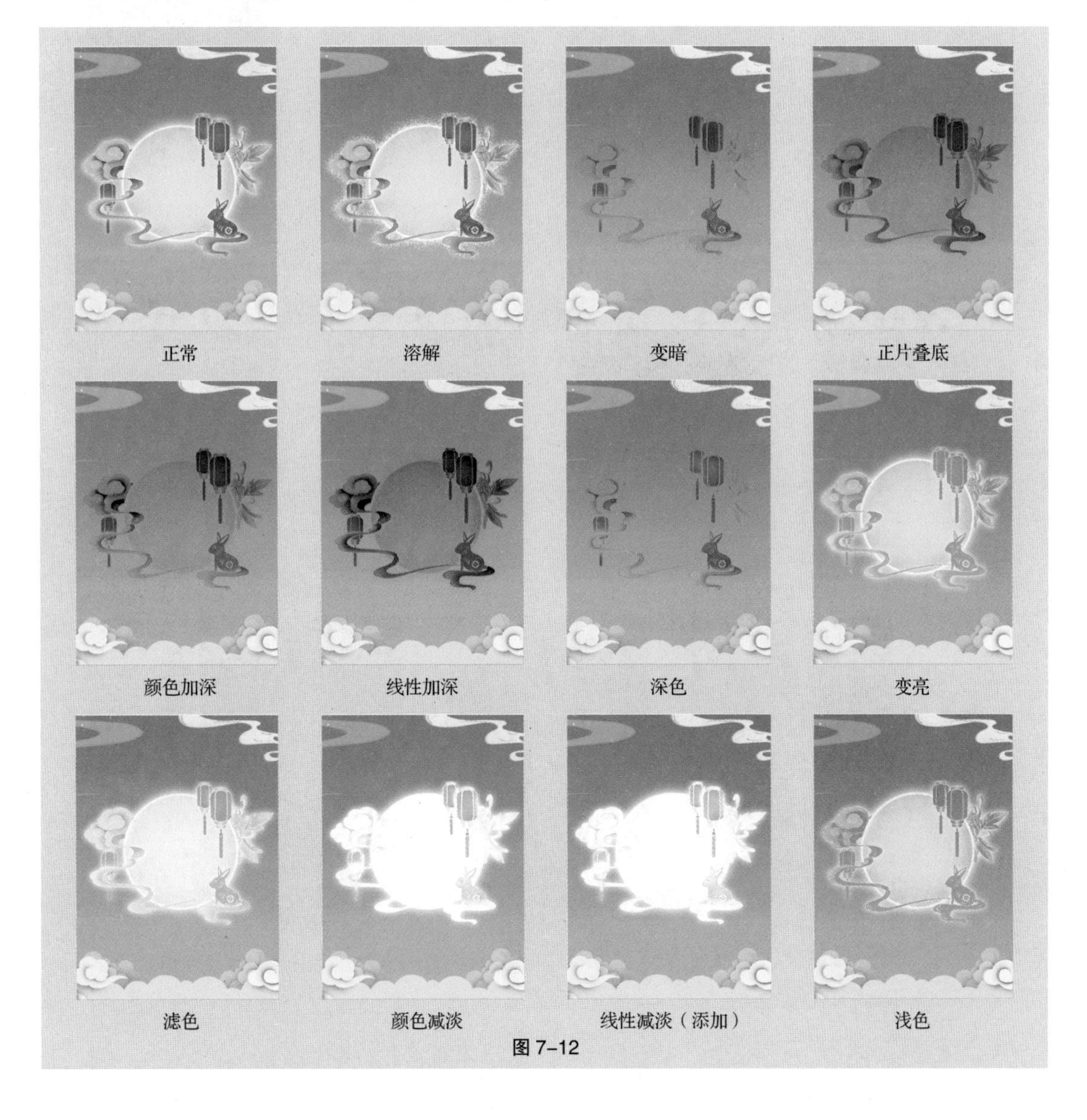


图 7-12

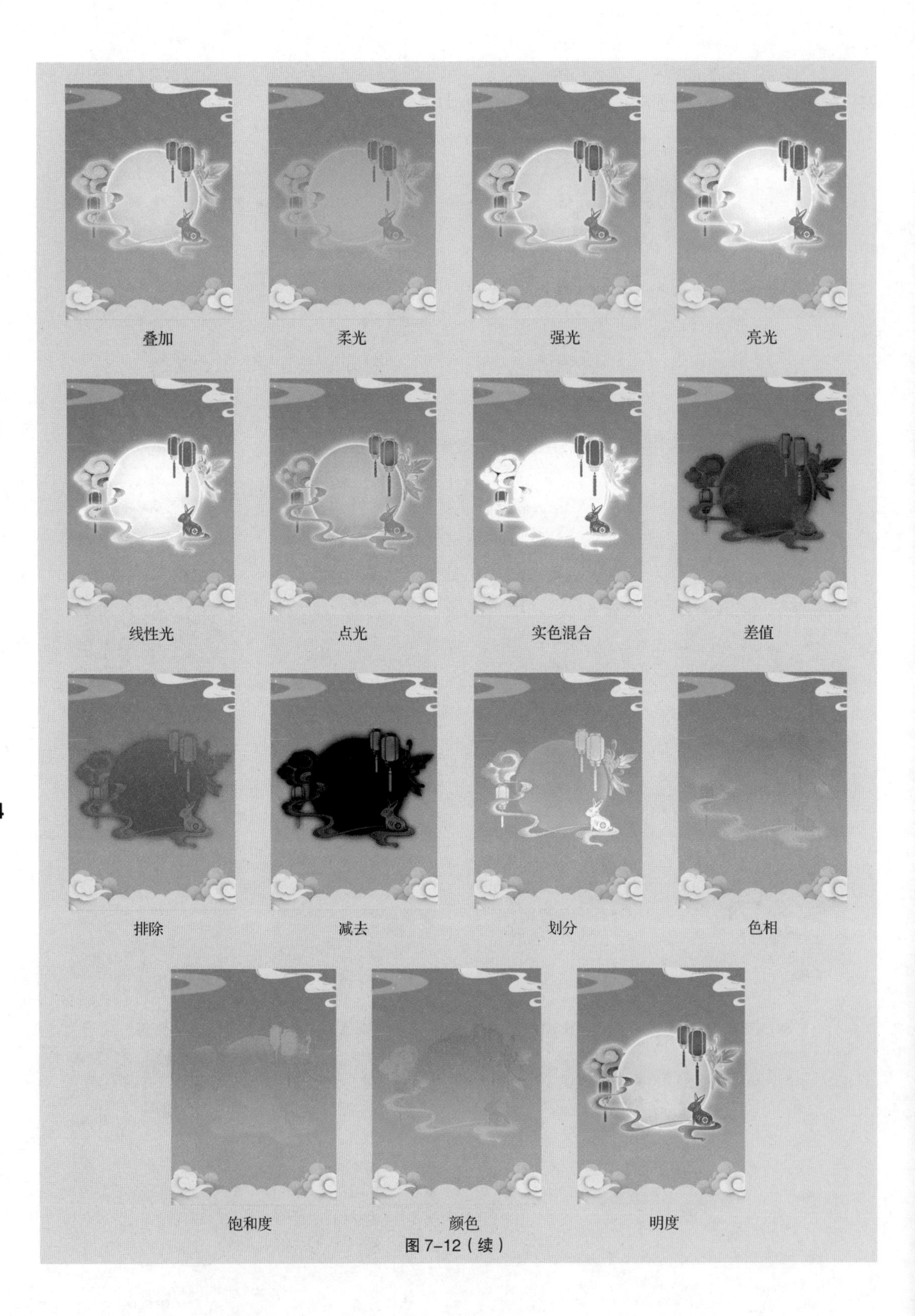

图 7-12（续）

# 7.2 蒙版

## 7.2.1 课堂案例——制作饰品类公众号封面首图

【案例学习目标】学习使用图层的混合模式和“添加图层蒙版”按钮制作饰品类公众号封面首图。

【案例知识要点】使用图层的混合模式融合图片；使用“垂直翻转”命令、“添加图层蒙版”按钮和“渐变”工具 制作倒影；效果如图 7-13 所示。

【效果所在位置】云盘 \Ch07\ 效果 \ 制作饰品类公众号封面首图 .psd。

图 7-13

（1）按 Ctrl+O 组合键，打开云盘中的“Ch07 > 素材 > 制作饰品类公众号封面首图 > 01、02”文件。选择“移动”工具 ，将“02”图片拖曳到“01”图像窗口中的适当位置，效果如图 7-14 所示，将“图层”控制面板中新生成的图层命名为“齿轮”。

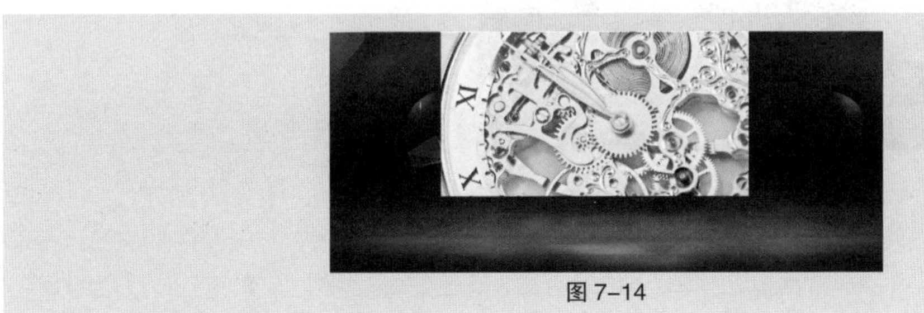

图 7-14

（2）在“图层”控制面板上方，将“齿轮”图层的混合模式设为“正片叠底”，如图 7-15 所示，效果如图 7-16 所示。

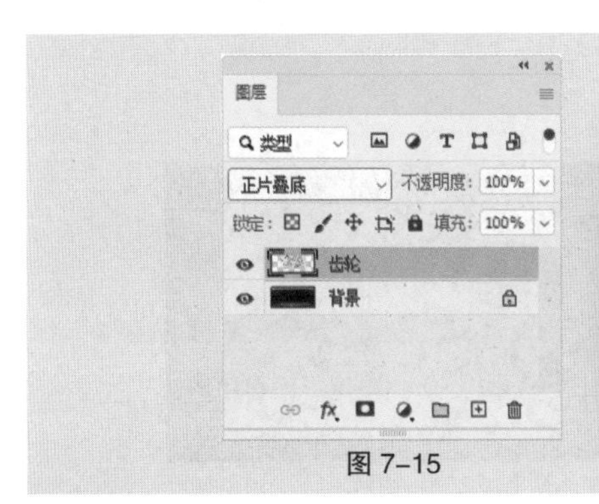


图 7-15

图 7-16

（3）按 Ctrl+O 组合键，打开云盘中的“Ch07 > 素材 > 制作饰品类公众号封面首图 > 03”文件。选择“移动”工具，将“03”图片拖曳到“01”图像窗口中的适当位置，效果如图 7–17 所示，将“图层”控制面板中新生成的图层命名为“手表 1”。

（4）按 Ctrl+J 组合键，复制图层，“图层”控制面板中生成新的图层“手表 1 拷贝”，将其拖曳到“手表 1”图层的下方，如图 7–18 所示。

图 7–17　　图 7–18

（5）按 Ctrl+T 组合键，图像周围出现变换框。在变换框中右击，在弹出的快捷菜单中选择“垂直翻转”命令，垂直翻转图像，并将图像拖曳到适当的位置，按 Enter 键确定操作，效果如图 7–19 所示。单击“图层”控制面板下方的“添加图层蒙版”按钮，为图层添加蒙版，如图 7–20 所示。

图 7–19　　图 7–20

（6）按 D 键，恢复默认的前景色和背景色。选择“渐变”工具，单击属性栏中的“点按可编辑渐变”按钮，弹出“渐变编辑器”窗口。选择“基础”预设中的“前景色到背景色渐变”，如图 7–21 所示，单击“确定”按钮。在图像下方从下向上拖曳出渐变色，效果如图 7–22 所示。

图 7–21　　图 7–22

（7）按 Ctrl+O 组合键，打开云盘中的“Ch07 > 素材 > 制作饰品类公众号封面首图 > 04”文件。选择“移动”工具 ，将“04”图片拖曳到“01”图像窗口中的适当位置，效果如图 7–23 所示，将“图层”控制面板中新生成的图层命名为“手表 2”。

（8）按 Ctrl+J 组合键，复制图层，“图层”控制面板中生成新的图层“手表 2 拷贝”，将其拖曳到“手表 2”图层的下方。用相同的方法制作手表的倒影效果，如图 7–24 所示。

图 7–23　　图 7–24

（9）按 Ctrl+O 组合键，打开云盘中的“Ch07 > 素材 > 制作饰品类公众号封面首图 > 05”文件。选择“移动”工具 ，将“05”图片拖曳到“01”图像窗口中的适当位置，效果如图 7–25 所示，将“图层”控制面板中新生成的图层命名为“文字”。饰品类公众号封面首图制作完成。

图 7–25

## 7.2.2 添加图层蒙版

单击“图层”控制面板下方的“添加图层蒙版”按钮 ，为图层添加蒙版，如图 7–26 所示。按住 Alt 键的同时，单击“图层”控制面板下方的“添加图层蒙版”按钮 ，为图层添加遮盖全图层的蒙版，如图 7–27 所示。

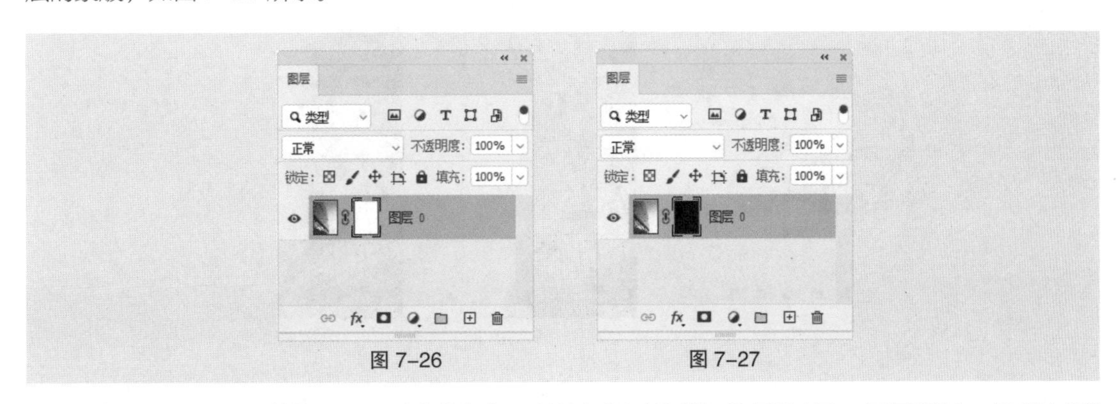


图 7–26　　图 7–27

选择“图层 > 图层蒙版 > 显示全部”命令，可以显示全部图像。选择“图层 > 图层蒙版 > 隐藏全部”命令，可以隐藏全部图像。

### 7.2.3 隐藏图层蒙版

按住 Alt 键的同时，单击图层蒙版缩览图，图像将被隐藏，只显示蒙版缩览图中的效果，如图 7–28 所示，“图层”控制面板如图 7–29 所示。按住 Alt 键的同时，再次单击图层蒙版缩览图，将恢复图像。按住 Alt+Shift 组合键的同时，单击图层蒙版缩览图，将同时显示图像和图层蒙版的内容。

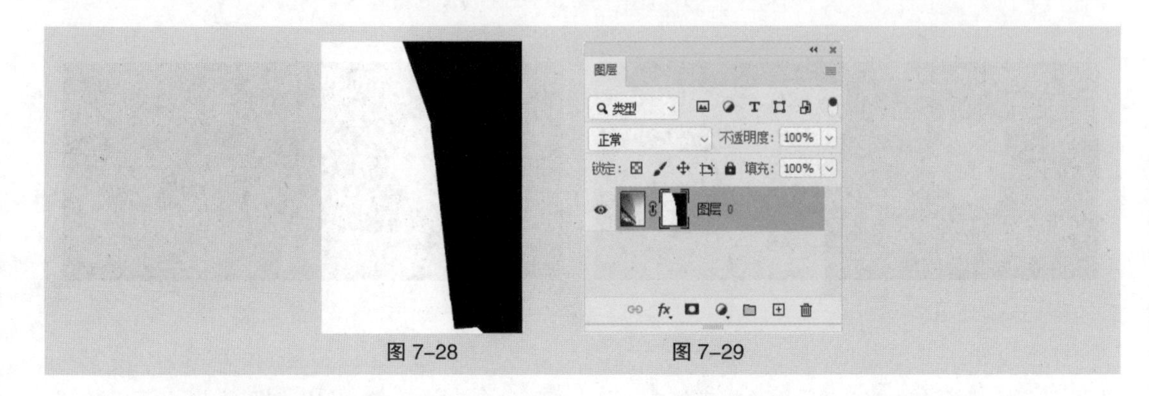


图 7–28　　图 7–29

### 7.2.4 图层蒙版的链接

在“图层”控制面板中，图层缩览图与图层蒙版缩览图之间存在链接图标，当图层图像与蒙版关联时，移动图像时蒙版会同步移动。单击链接图标，将不显示此图标，可以分别对图像与蒙版进行操作。

### 7.2.5 应用及删除图层蒙版

在“通道”控制面板中，双击蒙版通道，弹出“图层蒙版显示选项”对话框，如图 7–30 所示，可以对蒙版的颜色和不透明度进行设置。

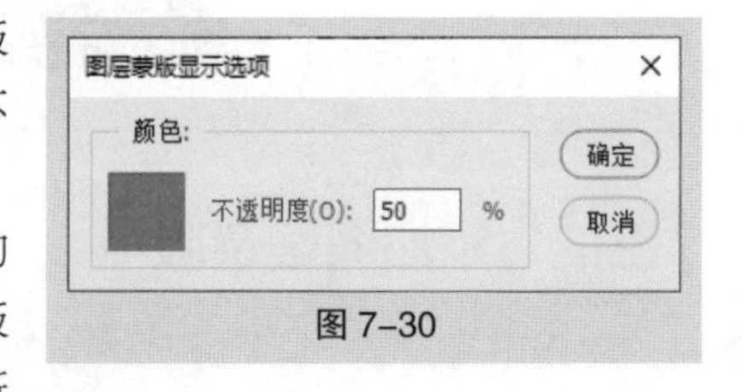


图 7–30

选择“图层 > 图层蒙版 > 停用”命令，或按住 Shift 键的同时，单击“图层”控制面板中的图层蒙版缩览图，图层蒙版被停用，如图 7–31 所示，图像将全部显示，效果如图 7–32 所示。按住 Shift 键的同时，再次单击图层蒙版缩览图，将恢复图层蒙版，效果如图 7–33 所示。

图 7–31　　图 7–32　　图 7–33

选择“图层 > 图层蒙版 > 删除”命令，或在图层蒙版缩览图上右击，在弹出的快捷菜单中选择“删除图层蒙版”命令，可以将图层蒙版删除。

## 7.2.6 课堂案例——制作服装类 App 主页 Banner

【案例学习目标】学习使用“添加图层蒙版”按钮和“创建剪贴蒙版”命令制作服装类 App 主页 Banner。

【案例知识要点】使用“添加图层蒙版”按钮、“椭圆”工具 和“创建剪贴蒙版”命令制作照片；使用“移动”工具 调整宣传文字；效果如图 7-34 所示。

【效果所在位置】云盘 \Ch07\ 效果 \ 制作服装类 App 主页 Banner.psd。

图 7-34

（1）按 Ctrl+N 组合键，弹出“新建文档”对话框，设置宽度为 750 像素、高度为 200 像素、分辨率为 72 像素 / 英寸、颜色模式为 RGB 颜色、颜色背景内容为灰色（224、223、221），单击“创建”按钮，新建一个文件。

（2）按 Ctrl+O 组合键，打开云盘中的“Ch07 > 素材 > 制作服装类 App 主页 Banner > 01”文件。选择“移动”工具 ，将“01”图片拖曳到新建的图像窗口中的适当位置，效果如图 7-35 所示，将“图层”控制面板中新生成的图层命名为“人物”。

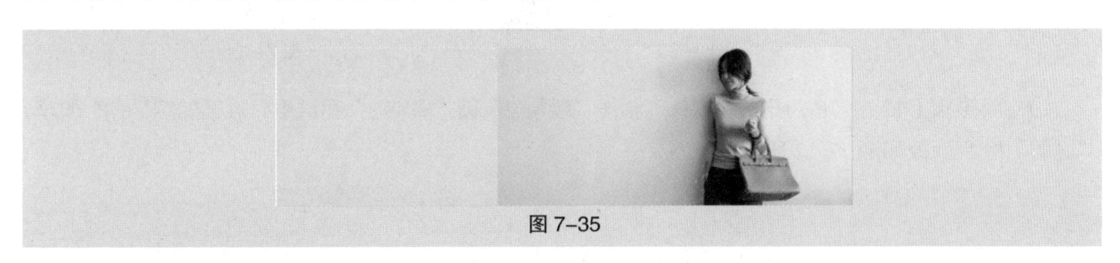

图 7-35

（3）单击“图层”控制面板下方的“添加图层蒙版”按钮 ，为图层添加蒙版。将前景色设为黑色。选择“画笔”工具 ，在属性栏中单击“画笔”选项，弹出画笔选择面板，选择需要的画笔形状，将“大小”设为 100 像素，如图 7-36 所示。在图像窗口中拖曳擦除不需要的图像，效果如图 7-37 所示。

图 7-36　　图 7-37

（4）选择“椭圆”工具 ，将属性栏中的“选择工具模式”选项设为“形状”，“填充”颜色设为白色，“描边”颜色设为无。在按住 Shift 键的同时，在图像窗口中的适当位置绘制圆形，如图 7-38 所示，“图层”控制面板中生成新的形状图层“椭圆 1”。

图 7-38

（5）选择“文件 > 置入嵌入对象”命令，弹出“置入嵌入的对象”对话框。选择云盘中的“Ch07 > 素材 > 制作服装类 App 主页 Banner > 02”文件，单击“置入”按钮，将图片置入图像窗口中。将其拖曳到适当的位置并调整其大小，按 Enter 键确定操作，将“图层”控制面板中新生成的图层命名为“图 1”。按 Alt+Ctrl+G 组合键，为图层创建剪贴蒙版，效果如图 7-39 所示。

（6）按住 Shift 键的同时，单击“椭圆 1”图层，将需要的图层同时选取，按 Ctrl+G 组合键进行编组并将其命名为“模特 1”，如图 7-40 所示。

图 7-39　　图 7-40

（7）用步骤（4）～（6）所述方法分别制作“模特 2”和“模特 3”图层组，效果如图 7-41 所示，“图层”控制面板如图 7-42 所示。

图 7-41　　图 7-42

（8）按 Ctrl+O 组合键，打开云盘中的“Ch07 > 素材 > 制作服装类 App 主页 Banner > 05”文件。选择“移动”工具 ，将“05”图片拖曳到新建的图像窗口中的适当位置，效果如图 7-43 所示，将“图层”控制面板中新生成的图层命名为“文字”。服装类 App 主页 Banner 制作完成。

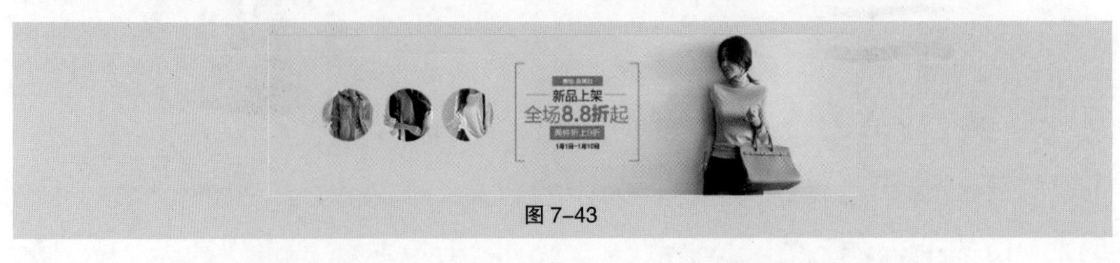

图 7-43

## 7.2.7　剪贴蒙版

剪贴蒙版是使用某个图层的内容来遮盖其上方的图层，遮盖效果由基底图层决定。

打开一幅图像，如图 7-44 所示，“图层”控制面板如图 7-45 所示。按住 Alt 键的同时，将鼠标指针放置到“皮影”图层和“文字”图层的中间位置，鼠标指针变为↓□图标，如图 7-46 所示。

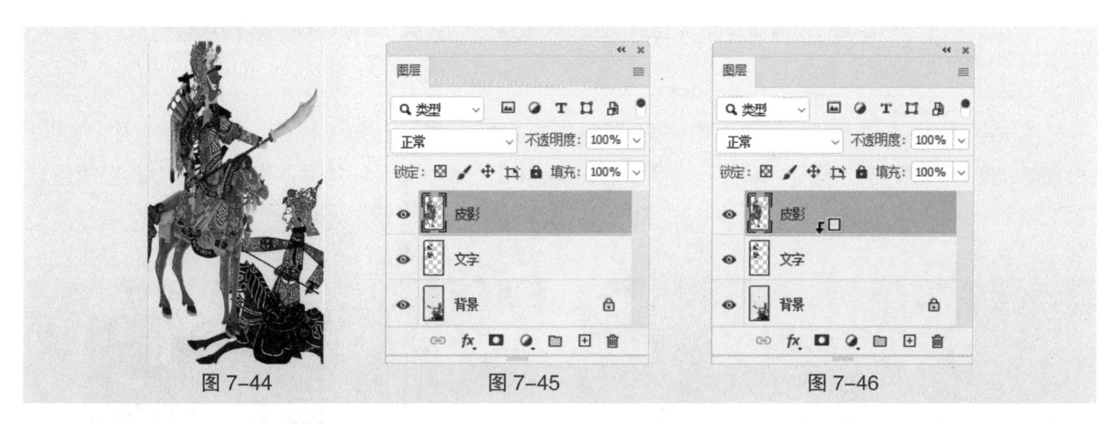


图 7-44　　图 7-45　　图 7-46

单击鼠标，创建剪贴蒙版，如图 7-47 所示，效果如图 7-48 所示。选择“移动”工具，移动“皮影”图像，效果如图 7-49 所示。

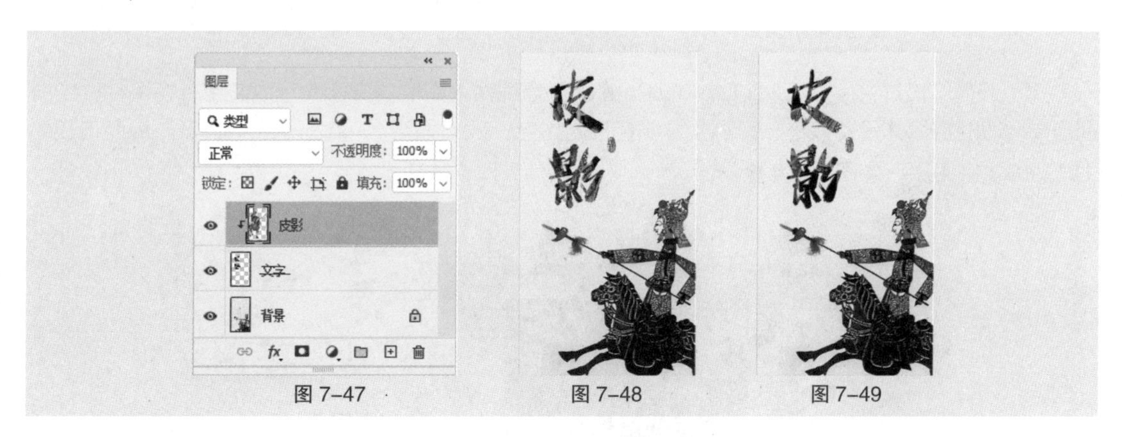


图 7-47　　图 7-48　　图 7-49

选中剪贴蒙版组中上方的图层，选择“图层 > 释放剪贴蒙版”命令，或按 Alt+Ctrl+G 组合键即可删除剪贴蒙版。

## 7.2.8　课堂案例——制作传统节日宣传 Banner

【案例学习目标】学习使用“创建工作路径”命令、“矢量蒙版”命令制作传统节日宣传 Banner。

【案例知识要点】使用“置入嵌入对象”命令、“移动”工具添加并调整素材图片；使用“横排文字”工具、“创建工作路径”命令、“路径”控制面板生成并存储当前路径；使用“当前路径”命令为图层添加矢量蒙版；效果如图 7-50 所示。

【效果所在位置】云盘 \Ch07\ 效果 \ 制作传统节日宣传 Banner.psd。

图 7-50

（1）按 Ctrl+O 组合键，打开云盘中的“Ch07 > 素材 > 制作传统节日宣传 Banner > 01、02”文件，如图 7-51 所示。选择“移动”工具 ，将“02”图片拖曳到“01”图像窗口中的适当位置并调整其大小，效果如图 7-52 所示，将“图层”控制面板中新生成的图层命名为“祥云”。

图 7-51

图 7-52

（2）选择“横排文字”工具 T，在适当的位置分别输入需要的文字并选取文字，在属性栏中分别选择合适的字体并设置大小，设置文本颜色设为黑色，效果如图 7-53 所示，“图层”控制面板中生成新的文字图层，如图 7-54 所示。

图 7-53　　图 7-54

（3）选择“文字 > 创建工作路径”命令，建立工作路径，效果如图 7-55 所示，“路径”控制面板如图 7-56 所示。

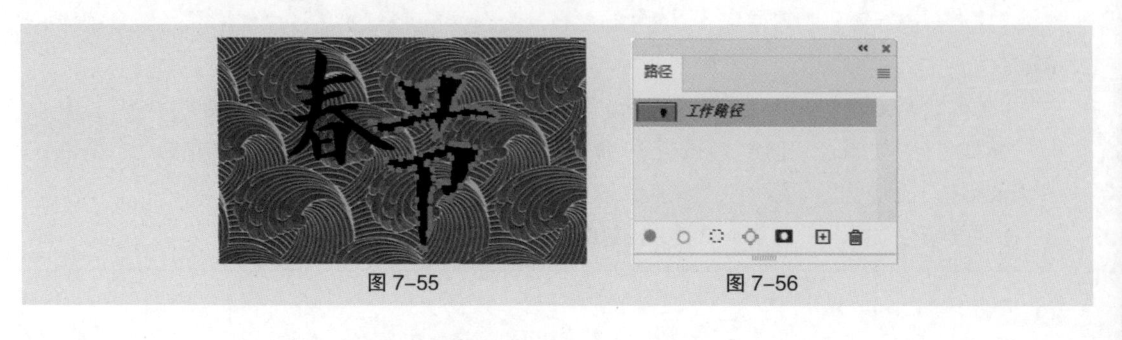


图 7-55　　图 7-56

（4）单击“路径”控制面板右上方的图标≡，在弹出的菜单中选择“存储路径”命令，弹出“存储路径”对话框，选项的设置如图 7–57 所示，单击“确定”按钮，存储路径，“路径”控制面板如图 7–58 所示。

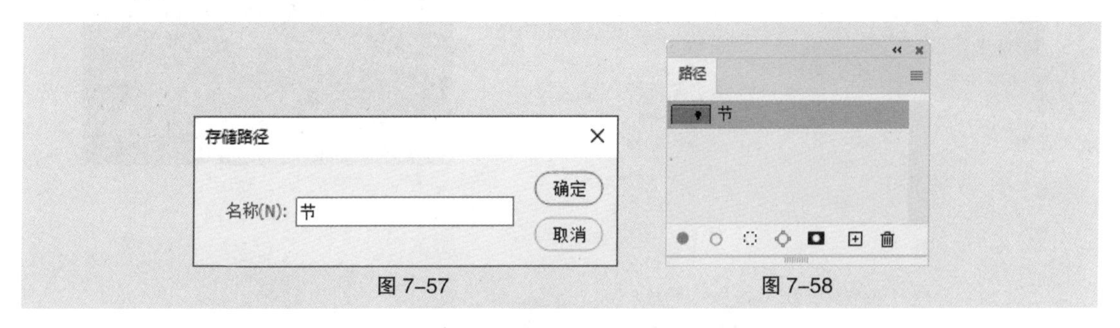


图 7–57　　图 7–58

（5）在“图层”控制面板中，隐藏“节”文字图层，并选中“春”文字图层，如图 7–59 所示。选择“文字 > 创建工作路径”命令，建立工作路径，效果如图 7–60 所示，“路径”控制面板如图 7–61 所示。

图 7–59　　图 7–60　　图 7–61

（6）单击“路径”控制面板右上方的图标≡，在弹出的菜单中选择“存储路径”命令，弹出“存储路径”对话框，选项的设置如图 7–62 所示，单击“确定”按钮，存储路径，“路径”控制面板如图 7–63 所示。

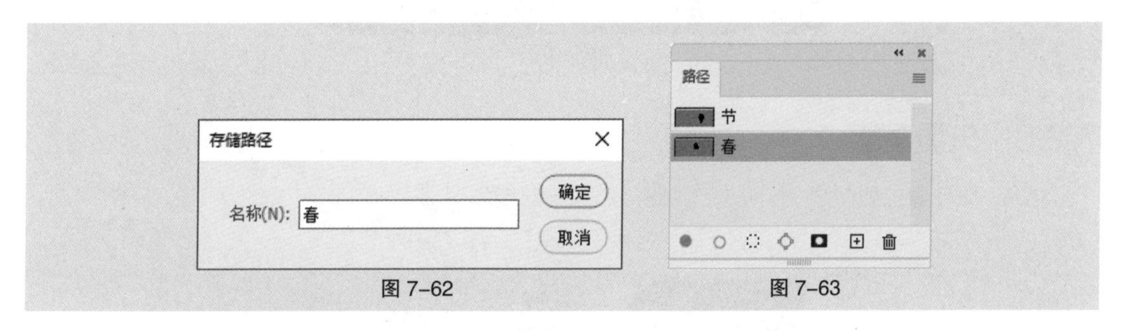


图 7–62　　图 7–63

（7）在“路径”控制面板中，按住 Ctrl 键的同时，选择“春”路径和“节”路径，如图 7–64 所示。在“图层”控制面板中，隐藏“春”文字图层，并选中“祥云”图层，如图 7–65 所示，效果如图 7–66 所示。

（8）选择“图层 > 矢量蒙版 > 当前路径”命令，创建矢量蒙版，效果如图 7–67 所示，“图层”控制面板如图 7–68 所示。

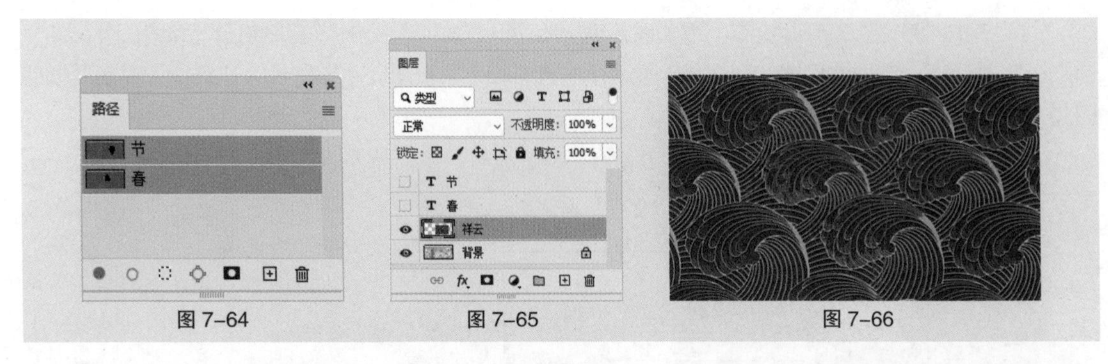


图 7-64　　图 7-65　　图 7-66

图 7-67　　图 7-68

（9）选择“文件 > 置入嵌入对象”命令，弹出“置入嵌入的对象”对话框，选择云盘中的“Ch07 > 效果 > 制作传统节日宣传 Banner > 03”文件。单击“置入”按钮，将图片置入图像窗口中，并将其拖曳到适当的位置，按 Enter 键确定操作，效果如图 7-69 所示，将“图层”控制面板中新生成的图层命名为“文字”。传统节日宣传 Banner 制作完成。

图 7-69

## 7.2.9　矢量蒙版

打开一张图像，如图 7-70 所示，“路径”控制面板如图 7-71 所示。

图 7-70　　图 7-71

选择工作路径，选择“图层 > 矢量蒙版 > 当前路径”命令，为图片添加矢量蒙版，如图 7-72 所示，效果如图 7-73 所示。选择“直接选择”工具，可以修改路径的形状，从而修改蒙版的遮罩区域，如图 7-74 所示。

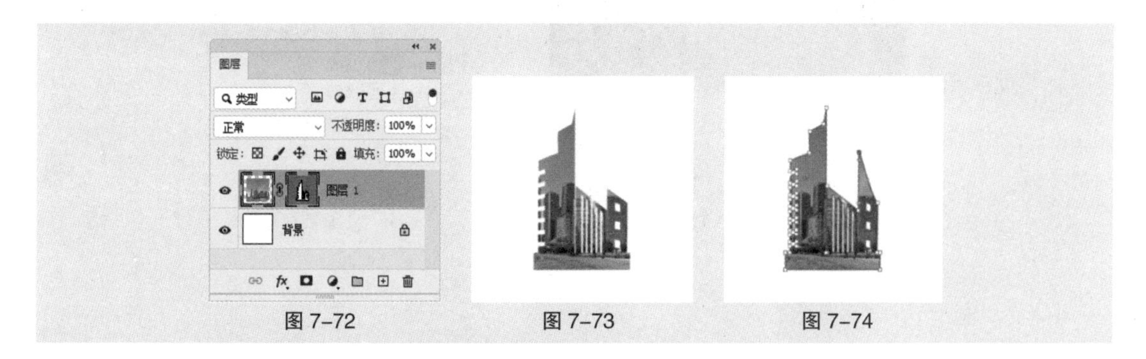

图 7-72　　图 7-73　　图 7-74

## 7.2.10　课堂案例——制作婚纱摄影类公众号封面首图

【案例学习目标】学习使用“以快速蒙版模式编辑”按钮制作婚纱摄影类公众号封面首图。

【案例知识要点】使用“以快速蒙版模式编辑”按钮、“添加图层蒙版”按钮、“画笔”工具和“反向”命令制作图像画框；效果如图 7-75 所示。

【效果所在位置】云盘 \Ch07\ 效果 \ 制作婚纱摄影类公众号封面首图 .psd。

图 7-75

（1）按 Ctrl+N 组合键，弹出“新建文档”对话框，设置宽度为 900 像素、高度为 383 像素、分辨率为 72 像素 / 英寸、颜色模式为 RGB 颜色、背景内容为白色，单击“创建”按钮，新建一个文件。

（2）按 Ctrl+O 组合键，打开云盘中的“Ch07 > 素材 > 制作婚纱摄影类公众号封面首图 > 01、02”文件。选择“移动”工具，分别将“01”和“02”图片拖曳到新建的图像窗口中的适当位置，让“01”图像完全遮挡“02”图像，效果如图 7-76 所示，将“图层”控制面板中新生成的图层分别命名为“底图”和“纹理”，如图 7-77 所示。

（3）选中“纹理”图层。在“图层”控制面板上方，将该图层的混合模式设为“正片叠底”，如图 7-78 所示，效果如图 7-79 所示。

（4）单击“图层”控制面板下方的“添加图层蒙版”按钮，为图层添加蒙版。将前景色设为黑色。选择“画笔”工具，在属性栏中单击“画笔预设”选项，弹出画笔选择面板，选择需要的画笔形状，将“大小”选项设为 100 像素，如图 7-80 所示。在图像窗口中拖曳鼠标擦除不需要的图像，效果如图 7-81 所示。

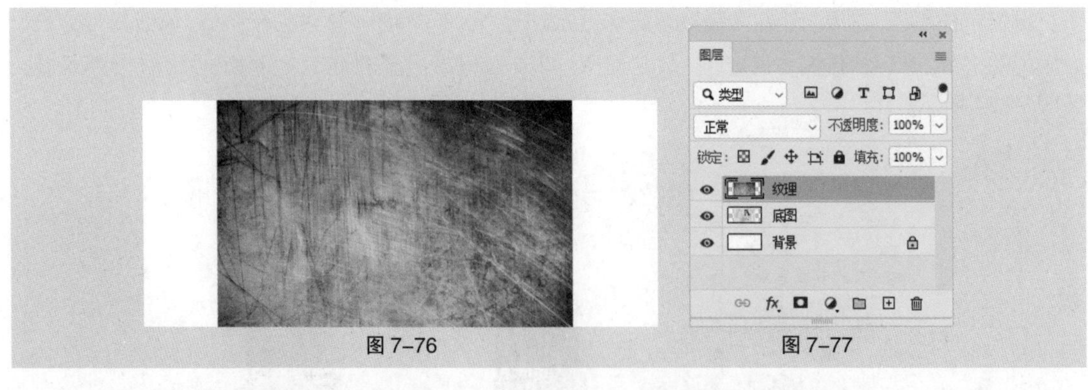


图 7–76　　图 7–77

图 7–78　　图 7–79

图 7–80　　图 7–81

（5）新建图层并将其命名为“画笔”。将前景色设为白色。按 Alt+Delete 组合键，用前景色填充图层。单击工具箱下方的“以快速蒙版模式编辑”按钮，进入蒙版状态。将前景色设为黑色。选择“画笔”工具，在属性栏中单击“画笔预设”选项，弹出画笔选择面板。在面板中单击“旧版画笔 > 粗画笔”选项组，选择需要的画笔形状，将“大小”选项设为 30 像素，如图 7–82 所示。在图像窗口中拖曳鼠标绘制图像，效果如图 7–83 所示。

（6）单击工具箱下方的“以标准模式编辑”按钮，恢复到标准编辑状态，图像窗口中生成选区，如图 7–84 所示。按 Shift+Ctrl+I 组合键，将选区反选。按 Delete 键，删除选区中的图像。按 Ctrl+D 组合键，取消选区，效果如图 7–85 所示。

（7）按 Ctrl+O 组合键，打开云盘中的“Ch07 > 素材 > 制作婚纱摄影类公众号封面首图 > 03”文件。选择“移动”工具，将“03”图像拖曳到新建的图像窗口中的适当位置，效果如图 7–86 所示，将“图层”控制面板中新生成的图层命名为“文字”。婚纱摄影类公众号封面首图制作完成。

图 7-82　　　　图 7-83

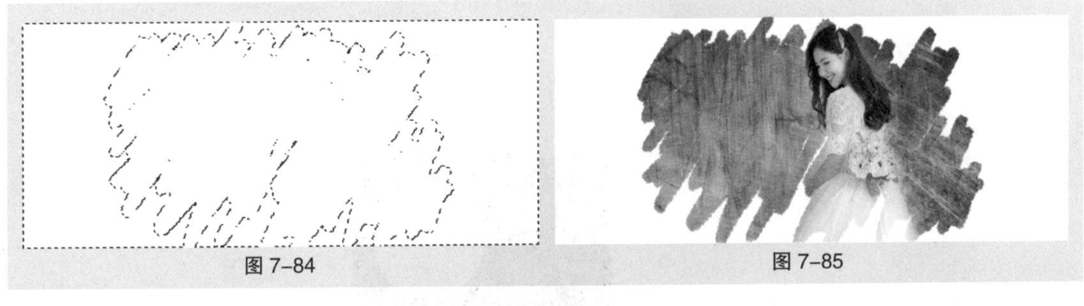
图 7-84　　　　图 7-85

图 7-86





## 7.2.11　快速蒙版

打开一幅图像，如图 7-87 所示，选择“魔棒”工具，在图像窗口中单击图像生成选区，如图 7-88 所示。

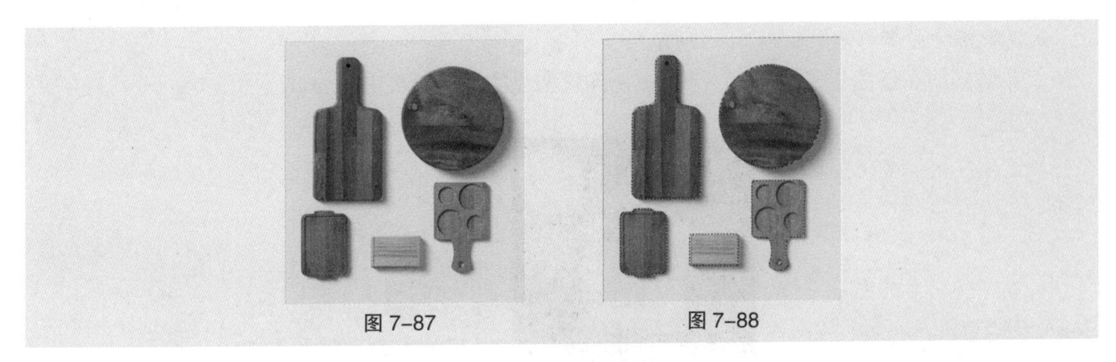
图 7-87　　　　图 7-88

单击工具箱下方的“以快速蒙版模式编辑”按钮，进入蒙版状态，选区暂时消失，图像的未选择区域变为红色，如图 7-89 所示。“通道”控制面板中将自动生成快速蒙版，如图 7-90 所示。快速蒙版图像如图 7-91 所示。

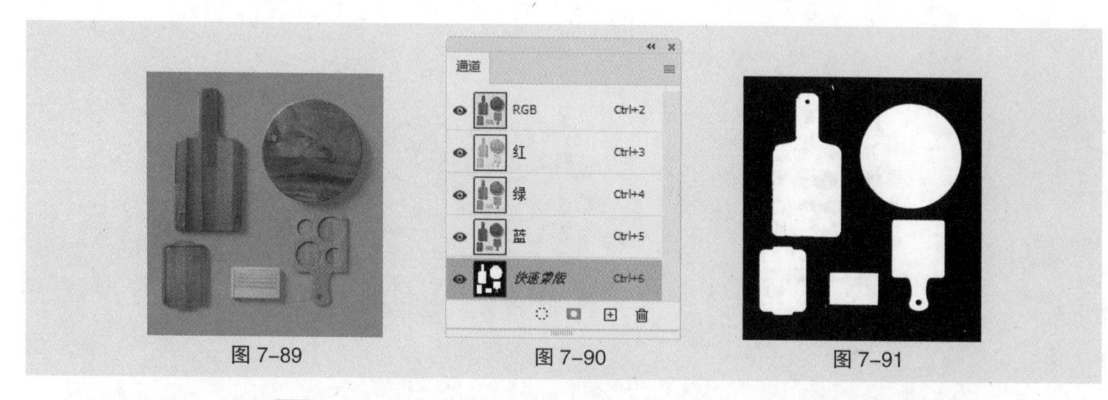


图 7-89　图 7-90　图 7-91

选择“画笔”工具 ，在属性栏中进行设置，如图 7-92 所示。将不需要的区域绘制为黑色，图像效果和快速蒙版如图 7-93、图 7-94 所示。

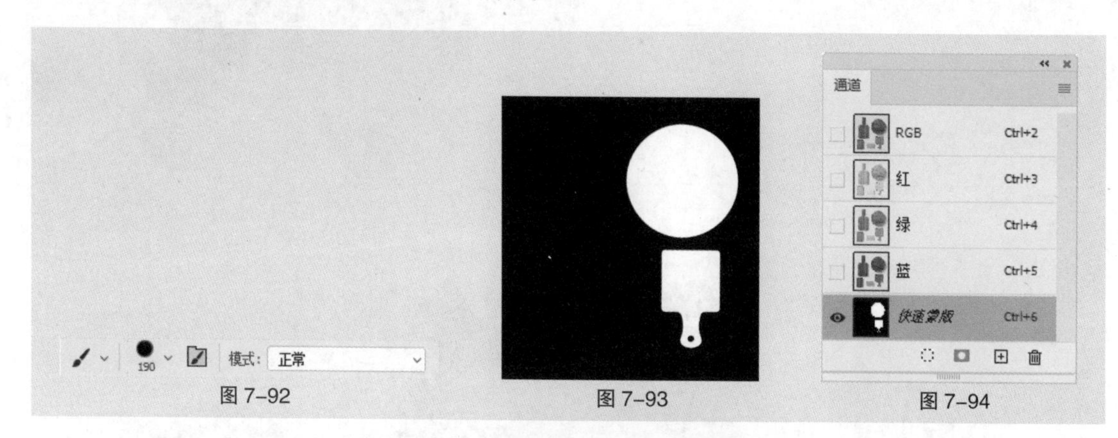


图 7-92　图 7-93　图 7-94

# 7.3 课堂练习——制作化妆品网站详情页主图

【练习知识要点】使用“添加图层蒙版”按钮、“画笔”工具 和图层的混合模式制作背景融合；使用“照片滤镜”命令调整背景颜色；使用“添加图层样式”按钮为化妆品添加外发光；使用“添加图层蒙版”按钮和“渐变”工具 制作化妆品投影；使用“移动”工具 调整相关元素；效果如图 7-95 所示。

【效果所在位置】云盘 \Ch07\ 效果 \ 制作化妆品网站详情页主图 .psd。

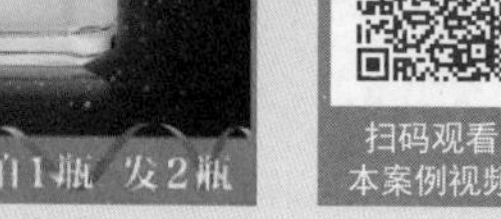


图 7-95

## 7.4 课后习题——制作草莓宣传广告

【习题知识要点】使用“置入嵌入对象”命令、“移动”工具添加并调整素材图片；使用“添加图层蒙版”按钮、“画笔”工具制作背景底图；使用“照片滤镜”命令调整图片颜色；使用“多边形”工具、“创建剪贴蒙版”命令制作窗户；使用“横排文字”工具添加广告信息，效果如图 7–96 所示。

【效果所在位置】云盘 \Ch07\ 效果 \ 制作草莓宣传广告 .psd。

图 7–96

# 第 8 章

08

# 特效

## 本章介绍

Photoshop 处理图像的功能十分强大，不同的工具和命令搭配，可以制作出具有不同的视觉冲击力的图像，达到吸引人注意的目的。本章主要介绍图层样式、3D 工具和滤镜的应用。通过对本章的学习，读者可以了解和掌握特效的制作方法与技巧，使普通图片更加具有魅力。

### 学习目标

- 熟练掌握图层样式的应用
- 了解 3D 工具的使用
- 掌握常用滤镜的应用
- 掌握滤镜的使用技巧

### 技能目标

- 掌握计算器图标的制作方法
- 掌握文化传媒宣传海报的制作方法
- 掌握旅行生活公众号封面首图的制作方法
- 掌握美妆护肤类公众号封面首图的制作方法
- 掌握惠农助农公众号封面首图的制作方法
- 掌握极限运动公众号封面次图的制作方法
- 掌握家用电器公众号封面首图的制作方法
- 掌握文化传媒类公众号封面首图的制作方法
- 掌握旅游出行公众号文章配图的制作方法

### 素养目标

- 提升读者制作不同风格图像的能力
- 培养读者积极的设计态度，树立正确的设计理念

# 8.1 图层样式

Photoshop 提供了多种图层样式供用户选择，可以单独为图像添加一种样式，也可以同时为图像添加多种样式，从而让图像产生丰富的变化。

## 8.1.1 课堂案例——制作计算器图标

【案例学习目标】学习使用“添加图层样式”按钮制作计算器图标。

【案例知识要点】使用“圆角矩形”工具 和“椭圆”工具 绘制图标底图和符号；使用“添加图层样式”按钮制作立体效果；效果如图 8–1 所示。

【效果所在位置】云盘 \Ch08\ 效果 \ 制作计算器图标 .psd。

图 8–1

（1）按 Ctrl+N 组合键，弹出“新建文档”对话框，设置宽度为 500 像素、高度为 500 像素、分辨率为 72 像素 / 英寸、颜色模式为 RGB 颜色、背景内容为白色，单击“创建”按钮，新建一个文件。

（2）选择“窗口 > 图案”命令，弹出“图案”控制面板。单击“图案”控制面板右上方的图标 ≡，弹出菜单，选择“旧版图案及其他”命令即可添加旧版图案，如图 8–2 所示。

（3）选择“油漆桶”工具 ，在属性栏中的“设置填充区域的源”选项中选择“图案”，单击右侧的图案选项，弹出图案选择面板，在面板中选择“旧版图案及其他 > 旧版图案 > 彩色纸”中需要的图案，如图 8–3 所示。在图像窗口中单击填充图像，效果如图 8–4 所示。

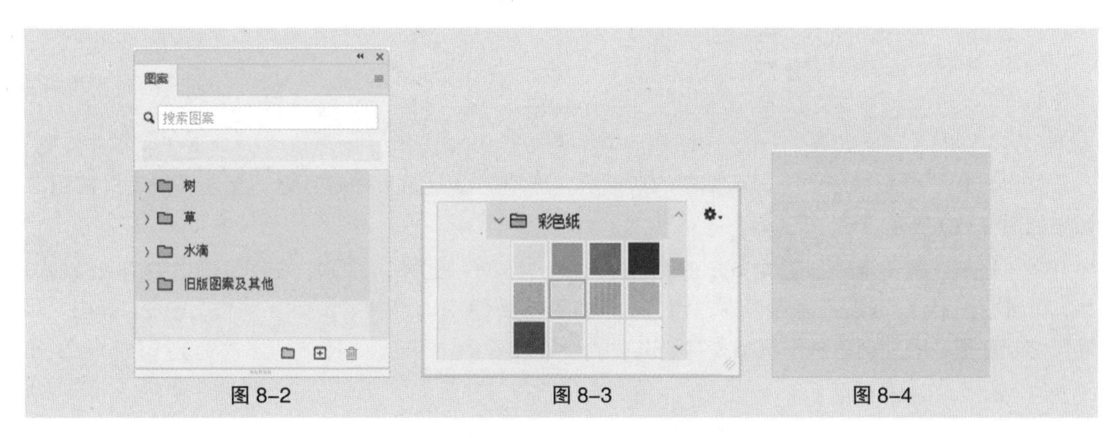


图 8–2　　图 8–3　　图 8–4

（4）选择“圆角矩形”工具 ，将属性栏中的“选择工具模式”选项设为“形状”，“半径”设为 80 像素，在图像窗口中拖曳绘制圆角矩形，效果如图 8–5 所示。单击“图层”控制面板下方的

“添加图层样式”按钮 fx，在弹出的菜单中选择“斜面和浮雕”命令，弹出对话框，将“高光模式”的颜色设为浅青色（230、234、244），“阴影模式”的颜色设为深灰色（74、77、86），其他选项的设置如图 8-6 所示。

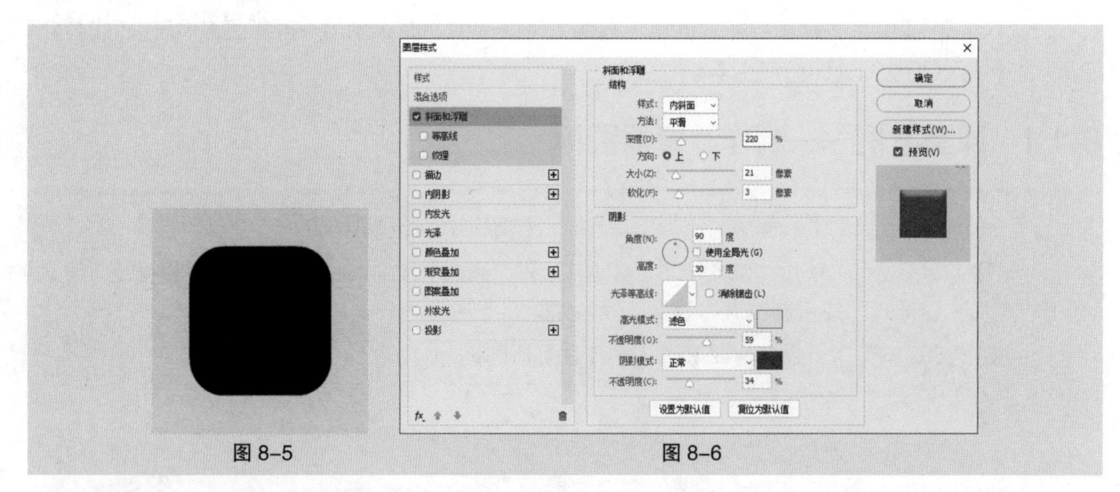


图 8-5　　图 8-6

（5）选择“渐变叠加”选项，显示相应的对话框，单击“渐变”选项右侧的“点按可编辑渐变”按钮，弹出“渐变编辑器”窗口，将渐变色设为从浅青色（213、219、239）到青灰色（184、194、216），如图 8-7 所示，单击“确定”按钮。返回“图层样式”对话框，其他选项的设置如图 8-8 所示。

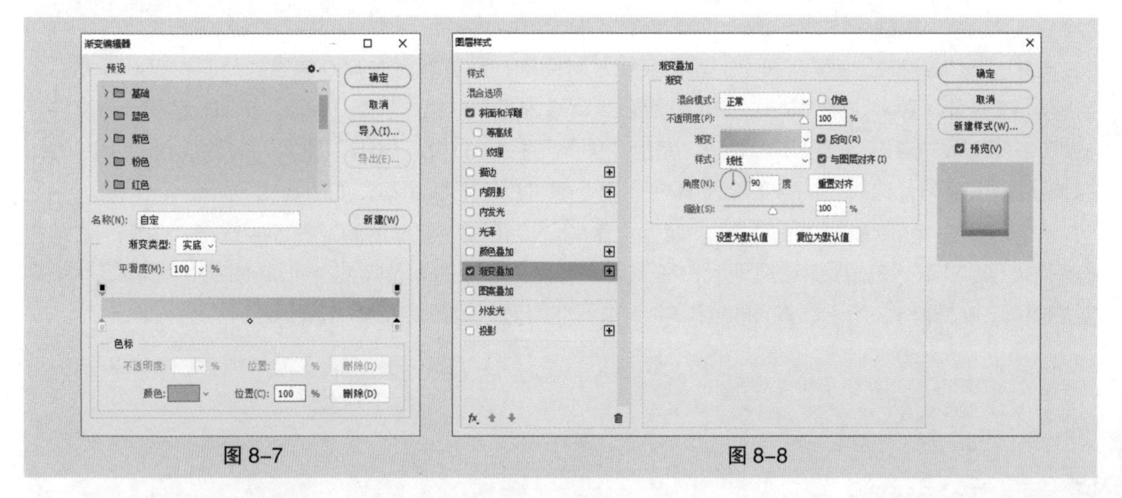


图 8-7　　图 8-8

（6）选择“投影”选项，显示相应的对话框，选项的设置如图 8-9 所示，单击“确定”按钮，效果如图 8-10 所示。

（7）选择“圆角矩形”工具，在属性栏中将“半径”设为 60 像素，在图像窗口中拖曳绘制形状，在属性栏中将“填充”颜色设为白色，效果如图 8-11 所示。选择“窗口 > 属性”命令，弹出“属性”控制面板，取消圆角链接状态，其他选项的设置如图 8-12 所示，按 Enter 键确定操作，效果如图 8-13 所示。

（8）单击“图层”控制面板下方的“添加图层样式”按钮 fx，在弹出的菜单中选择“斜面和浮雕”命令，在弹出的对话框中进行设置，如图 8-14 所示。选择“投影”选项，显示相应的对话框，将投影颜色设为暗灰色（95、98、104），其他选项的设置如图 8-15 所示，单击“确定”按钮。

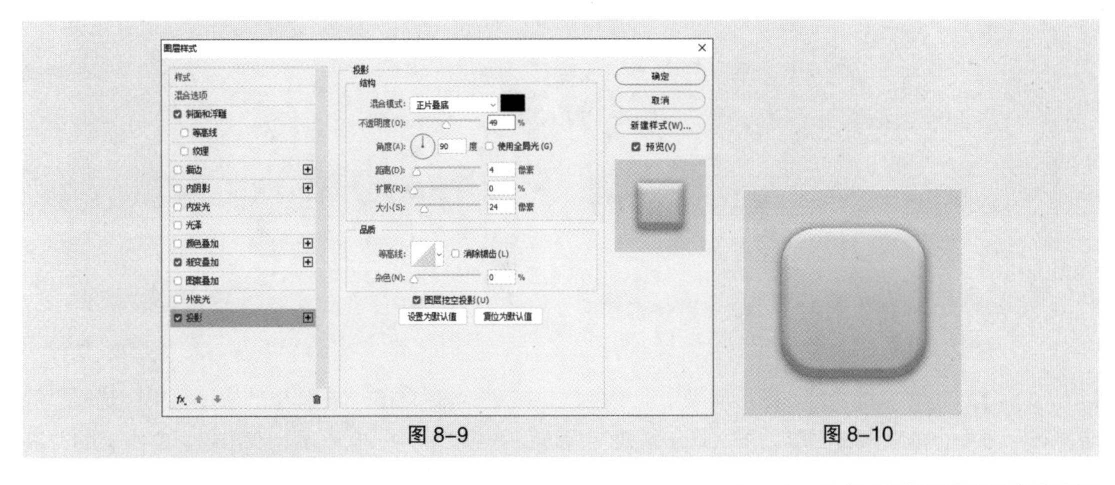

图 8-9　　图 8-10

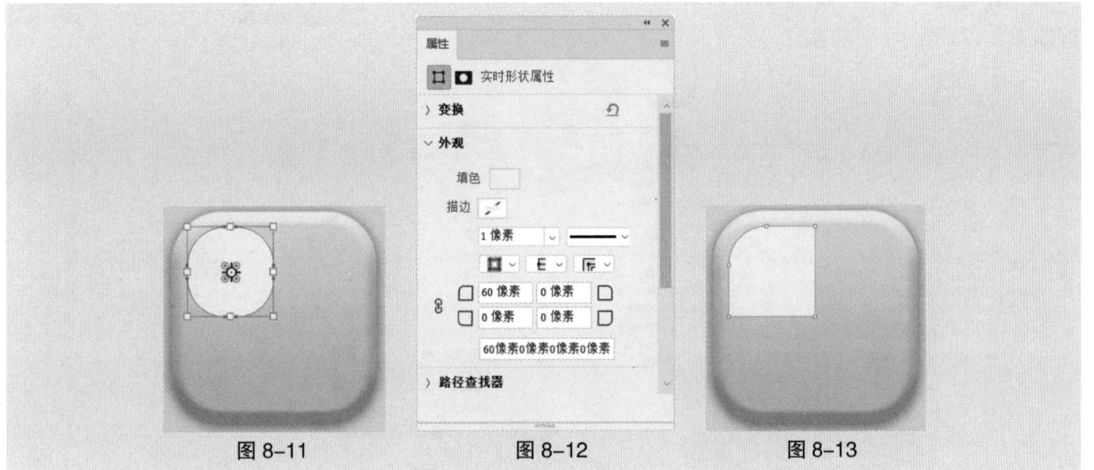

图 8-11　　图 8-12　　图 8-13

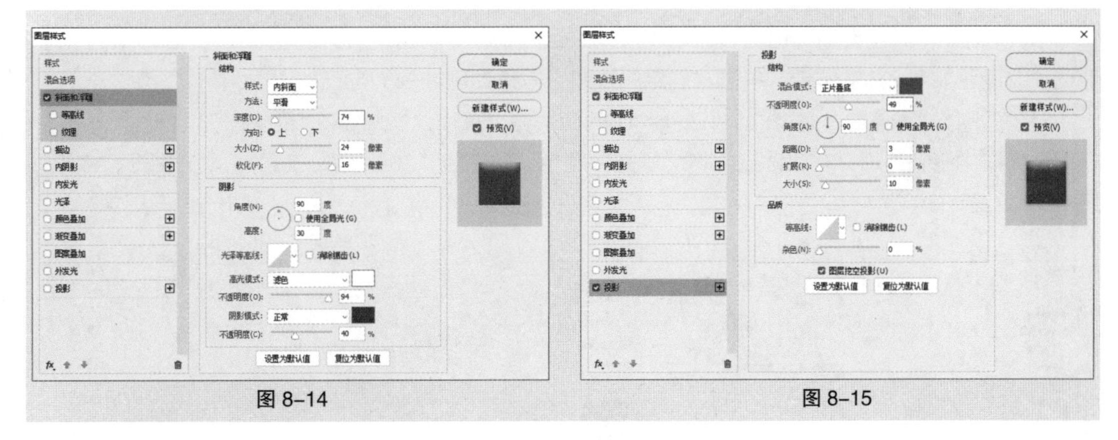

图 8-14　　图 8-15

（9）选择“移动”工具 ，在按住 Alt 键的同时，将图形拖曳到适当的位置，复制图形，效果如图 8-16 所示。按 Ctrl+T 组合键，图形周围出现变换框，在变换框中右击，在弹出的快捷菜单中选择“水平翻转”命令，水平翻转图形，按 Enter 键确定操作，效果如图 8-17 所示。

（10）在按住 Shift 键的同时，选择“圆角矩形 2”图层和“圆角矩形 2 拷贝”图层，将其同时选中，如图 8-18 所示。在按住 Alt 键的同时，将图形拖曳到适当的位置，复制图形，效果如图 8-19 所示。

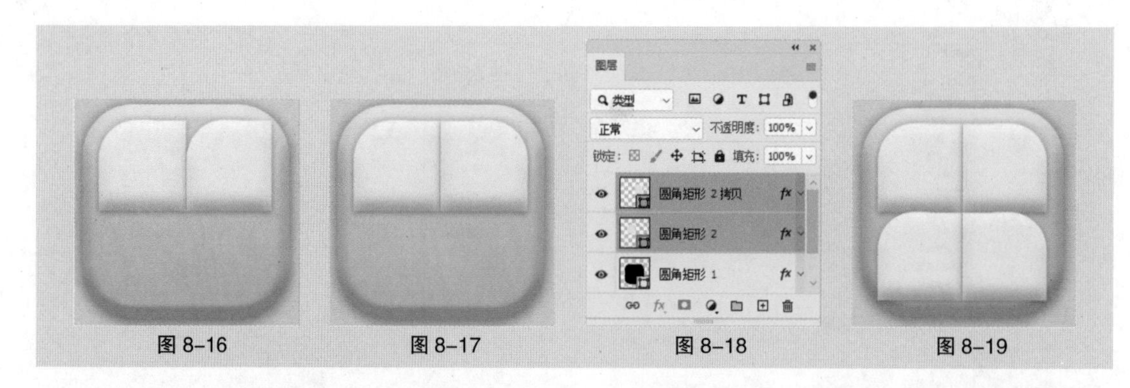

图 8-16　图 8-17　图 8-18　图 8-19

（11）按 Ctrl+T 组合键，图形周围出现变换框，在变换框中右击，在弹出的快捷菜单中选择“垂直翻转”命令，垂直翻转图形，按 Enter 键确定操作，效果如图 8-20 所示。双击最上方图层的“斜面和浮雕”图层样式，弹出对话框，将“高光模式”颜色设为暗红色（133、1、0），其他选项的设置如图 8-21 所示。

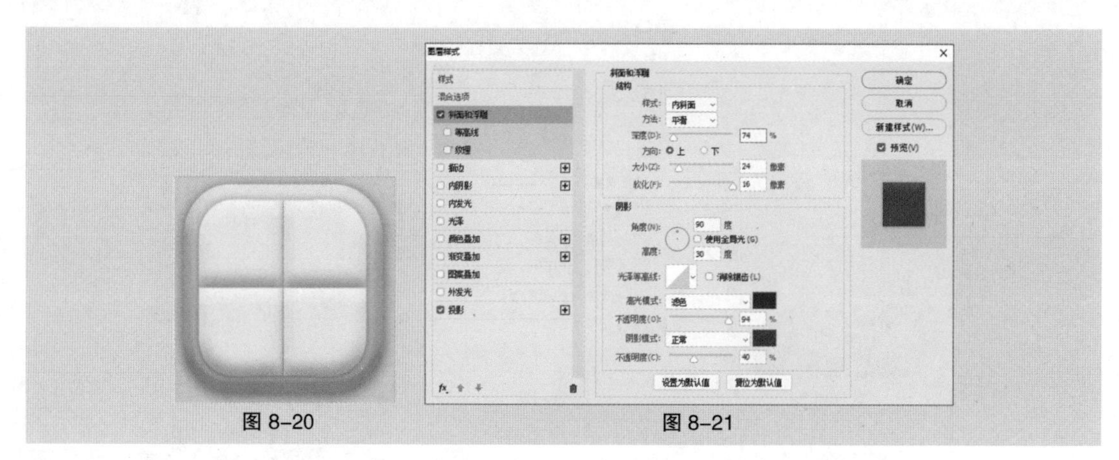

图 8-20　图 8-21

（12）选择“颜色叠加”选项，显示相应的对话框，将叠加颜色设为红色（204、36、34），其他选项的设置如图 8-22 所示，单击“确定”按钮，效果如图 8-23 所示。

（13）选择“椭圆”工具 ，将属性栏中的“选择工具模式”选项设为“形状”，按住 Shift 键在图像窗口中绘制圆形。在属性栏中将“填充”颜色设为红色（204、36、34），填充图形，效果如图 8-24 所示。

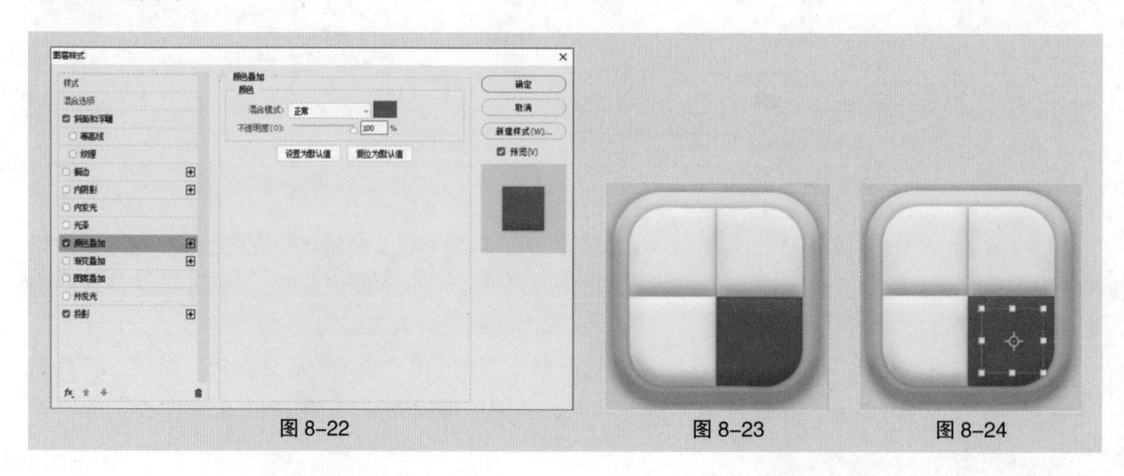

图 8-22　图 8-23　图 8-24

（14）单击“图层”控制面板下方的“添加图层样式”按钮 fx，在弹出的菜单中选择“渐变叠加”命令，弹出对话框，单击“渐变”选项右侧的“点按可编辑渐变”按钮，弹出“渐变编辑器”窗口，将渐变色设为从红色（222、60、58）到暗红色（204、19、18），如图 8-25 所示。单击“确定”按钮。返回“图层样式”对话框，其他选项的设置如图 8-26 所示。

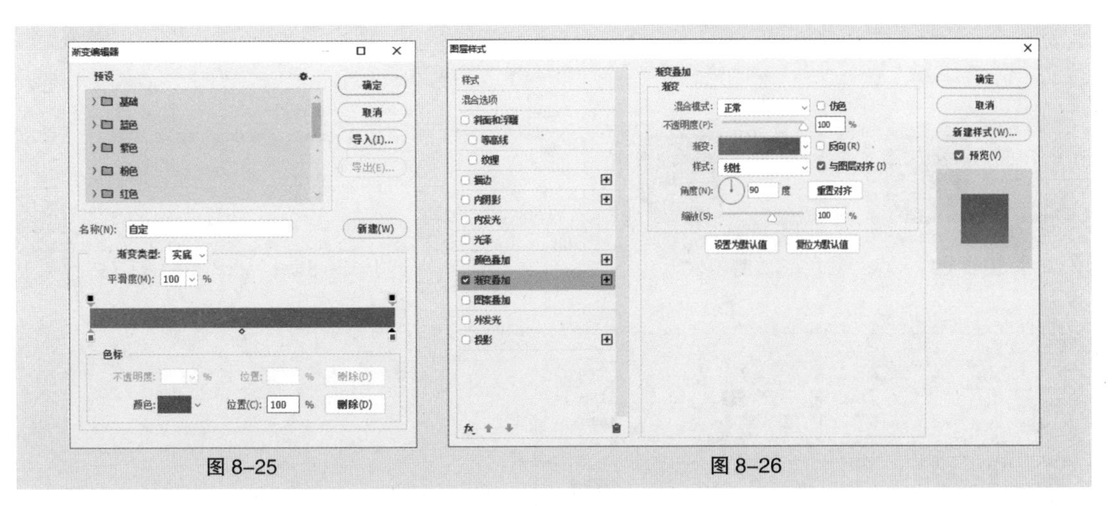

图 8-25　　图 8-26

（15）选择“外发光”选项，显示相应的对话框，将发光颜色设为浅红色（254、143、141），其他选项的设置如图 8-27 所示，单击“确定”按钮，效果如图 8-28 所示。

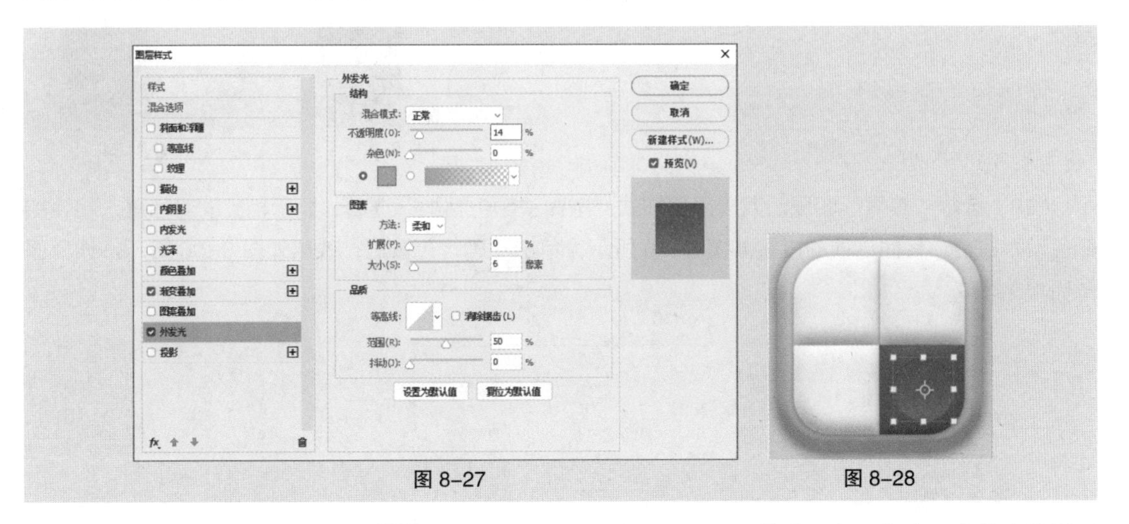

图 8-27　　图 8-28

（16）选择“圆角矩形”工具，在属性栏中将“半径”设为 5 像素，在图像窗口中拖曳绘制形状，在属性栏中将“填充”颜色设为青灰色（154、174、198），填充形状，效果如图 8-29 所示。在属性栏中单击“路径操作”按钮，在弹出的菜单中选择“合并形状”命令，在图像窗口中绘制形状，如图 8-30 所示，将“图层”控制面板中新生成的图层命名为“加号”。

（17）单击“图层”控制面板下方的“添加图层样式”按钮 fx，在弹出的菜单中选择“描边”命令，弹出对话框，将描边颜色设为白色，其他选项的设置如图 8-31 所示。

（18）选择“内阴影”选项，显示相应的对话框，将阴影颜色设为蓝黑色（28、44、62），其他选项的设置如图 8-32 所示，单击“确定”按钮，效果如图 8-33 所示。使用相同的方法制作其他符号，效果如图 8-34 所示。

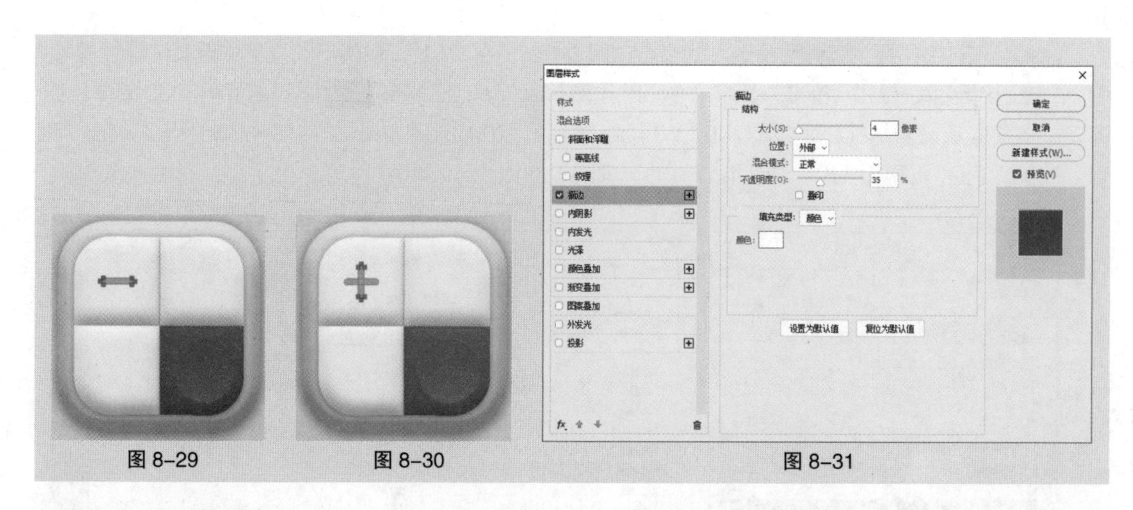


图 8-29　　图 8-30　　图 8-31

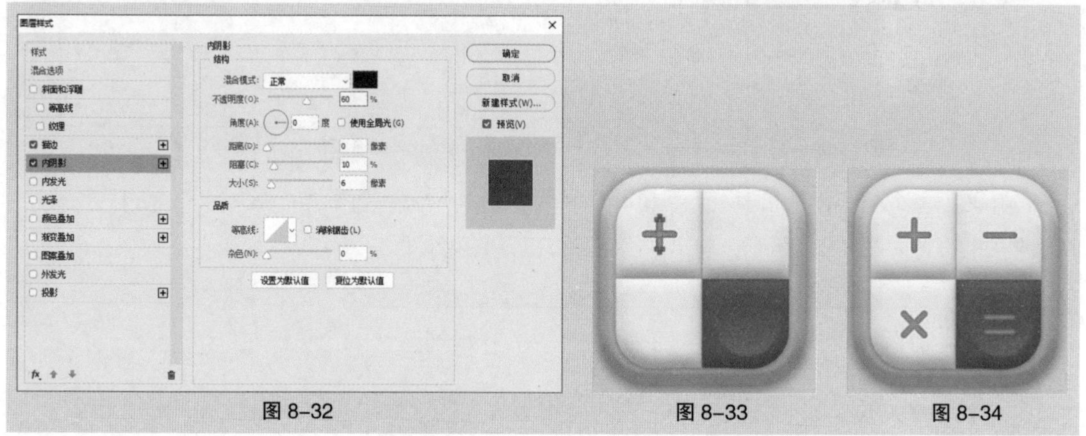


图 8-32　　图 8-33　　图 8-34

（19）选中“等号”图层。双击图层样式，选择“颜色叠加”选项，显示相应的对话框，将叠加颜色设为白色，其他选项的设置如图 8-35 所示，单击“确定”按钮，效果如图 8-36 所示。计算器图标制作完成。

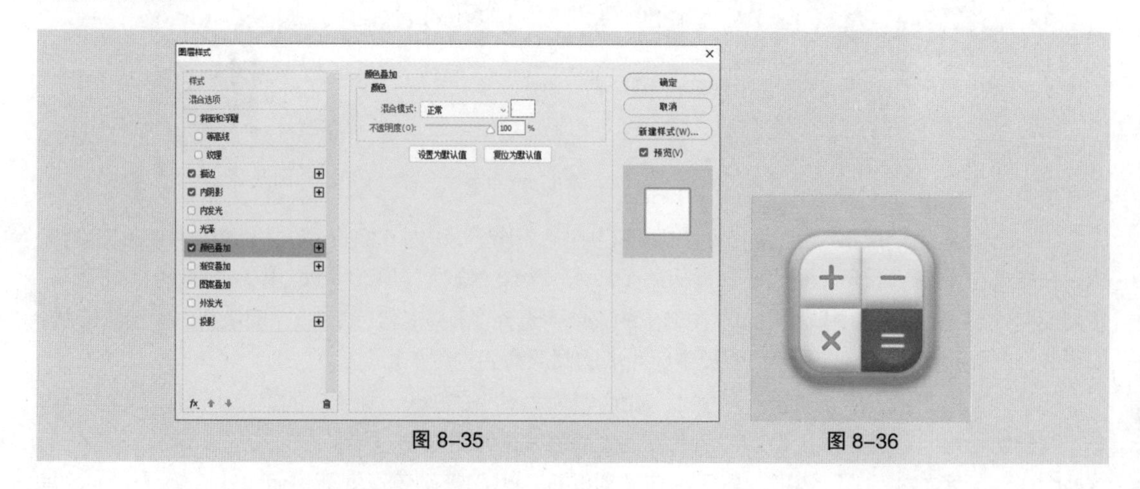


图 8-35　　图 8-36

## 8.1.2　图层样式

单击“图层”控制面板右上方的图标≡，在弹出的菜单中选择“混合选项”命令，弹出“图层样式”对话框，如图 8–37 所示，可以对当前图层进行特殊效果的处理。选择对话框左侧的任意选项，可切换到相应的对话框中进行设置。还可以单击“图层”控制面板下方的“添加图层样式”按钮 fx，弹出其菜单，如图 8–38 所示，选择相应的命令，在弹出的对话框中进行设置。

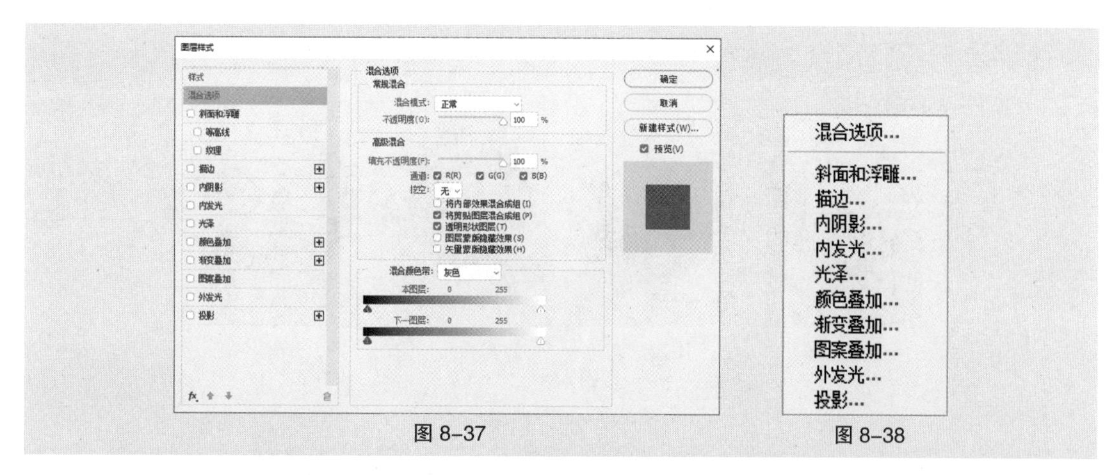

图 8–37　　图 8–38

“斜面和浮雕”命令用于使图像产生一种倾斜与浮雕的效果，“描边”命令用于为图像描边，“内阴影”命令用于使图像内部产生阴影效果。使用这 3 种命令的效果如图 8–39 所示。

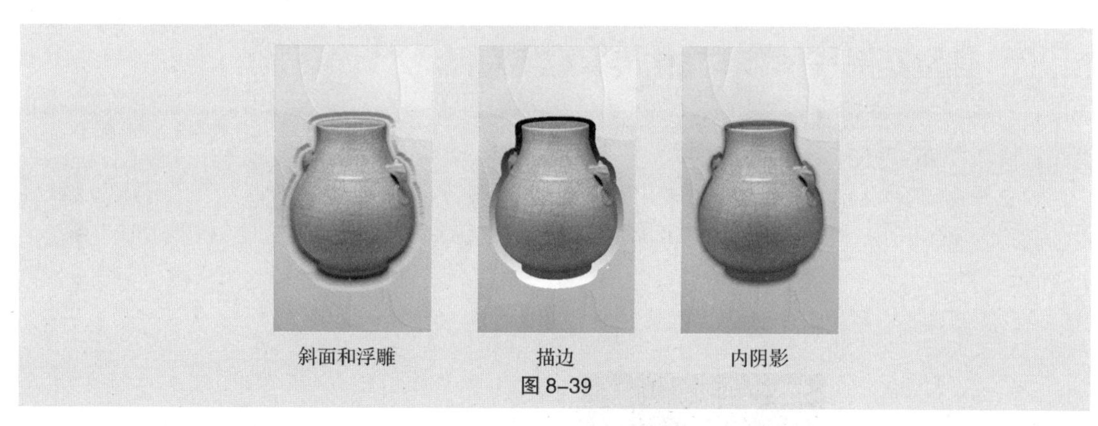
斜面和浮雕　描边　内阴影

图 8–39

“内发光”命令用于在图像的边缘内部产生一种辉光效果，“光泽”命令用于使图像产生一种光泽的效果，“颜色叠加”命令用于使图像产生一种颜色叠加效果。使用这 3 种命令的效果如图 8–40 所示。

内发光　光泽　颜色叠加

图 8–40

“渐变叠加”命令用于使图像产生渐变叠加效果，“图案叠加”命令用于在图像上添加图案效果，“外发光”命令用于在图像的边缘外部产生一种辉光效果，“投影”命令用于使图像产生阴影效果。使用这 4 种命令的效果如图 8-41 所示。

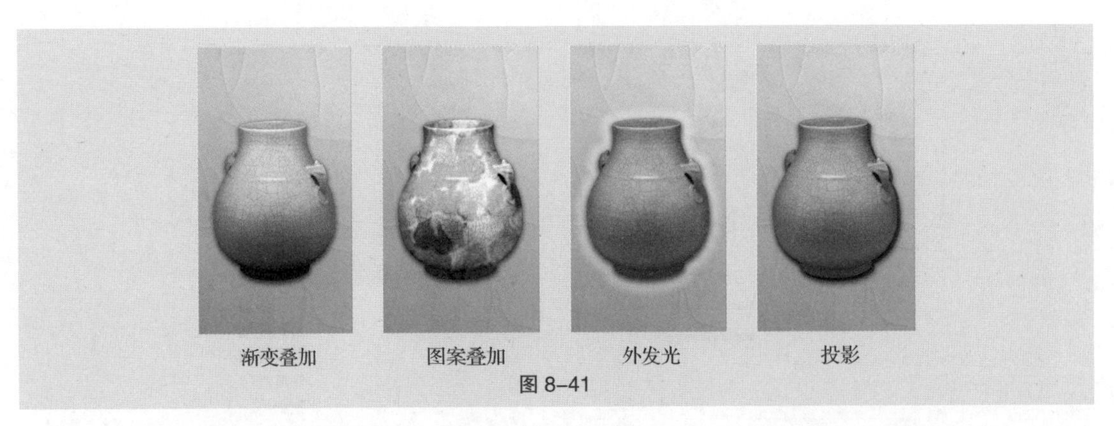


图 8-41

# 8.2 3D 工具

## 8.2.1 课堂案例——制作文化传媒宣传海报

**【案例学习目标】**学习使用“3D”命令制作文化传媒宣传海报。

**【案例知识要点】**使用“3D”命令制作文化传媒宣传海报；使用“多边形”工具 绘制装饰图形；使用“色阶”命令调整图像色调；使用文字工具组添加文字信息；效果如图 8-42 所示。

**【效果所在位置】**云盘 \Ch08\ 效果 \ 制作文化传媒宣传海报 .psd。

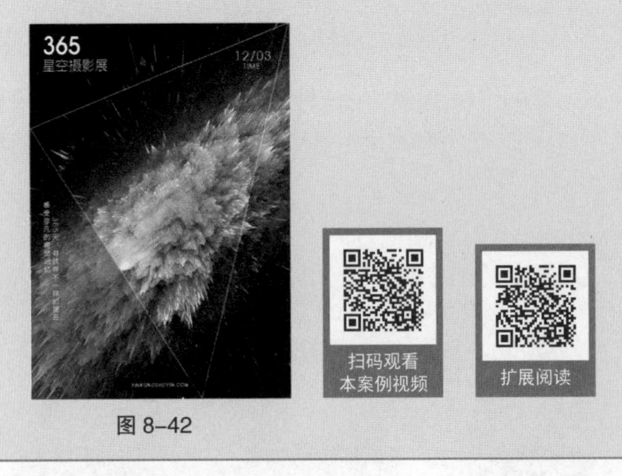


图 8-42

（1）按 Ctrl+N 组合键，弹出“新建文档”对话框，设置宽度为 9 像素、高度为 12.6 像素、分辨率为 150 像素 / 英寸、颜色模式为 RGB 颜色、背景内容为白色，单击“创建”按钮，新建一个文件。

（2）按 Ctrl + O 组合键，打开云盘中的“Ch08 > 素材 > 制作文化传媒宣传海报 > 01”文件，如图 8-43 所示。选择“3D > 从图层新建网格 > 深度映射到 > 平面”命令，效果如图 8-44 所示。

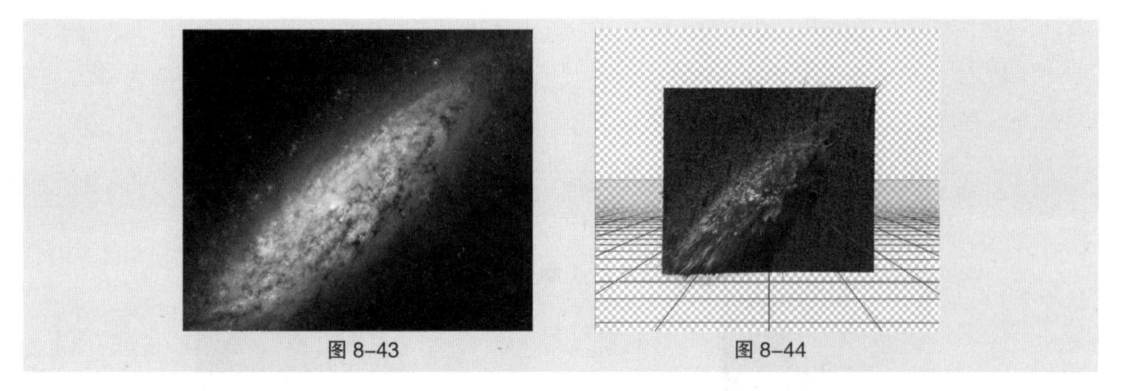

图 8-43　　图 8-44

（3）在“属性”控制面板中选择“当前视图”，其他选项的设置如图 8-45 所示。选择“场景”命令，在“属性”控制面板中单击“样式”，在弹出的菜单中选择“未照亮的纹理”，如图 8-46 所示，效果如图 8-47 所示。在“图层”控制面板中将图像转换为智能对象。

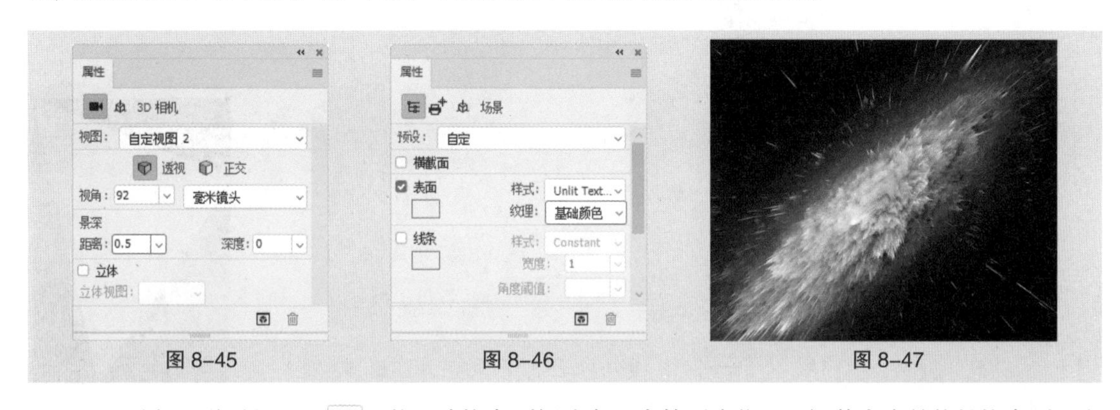


图 8-45　　图 8-46　　图 8-47

（4）选择“移动”工具 ，将图片拖曳到新建窗口中的适当位置，调整大小并将其拖曳到适当的位置，效果如图 8-48 所示，将“图层”控制面板中新生成的图层命名为“星空”。将“星空”图层拖曳到控制面板下方的“创建新图层”按钮 上进行复制，将新生成的图层命名为“去色”。栅格化图层，选择“图像 > 调整 > 去色”命令，去色，效果如图 8-49 所示。

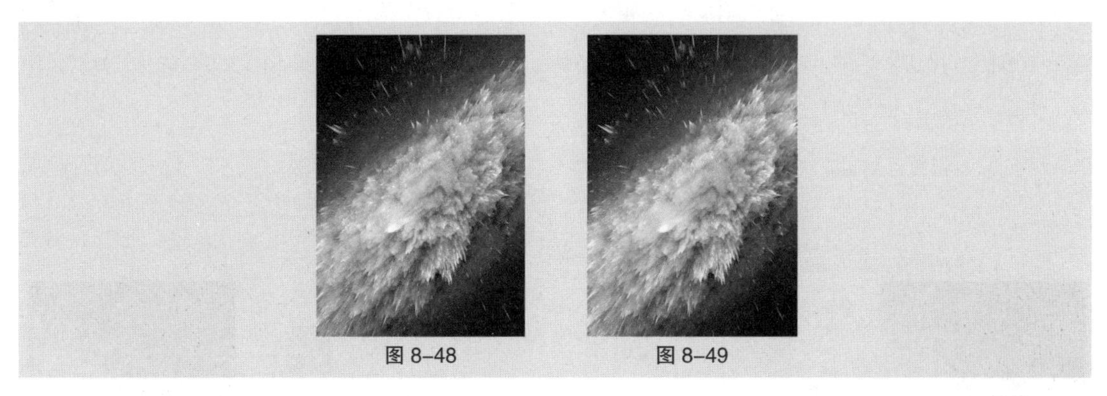

图 8-48　　图 8-49

（5）新建图层。将前景色设为蓝色（53、177、255）。按 Alt+Delete 组合键，用前景色填充图层。在“图层”控制面板上方，将该图层的“不透明度”选项设为 48%，按 Enter 键确定操作，效果如图 8-50 所示。

（6）单击“图层”控制面板下方的“添加图层蒙版”按钮 ，为图层添加蒙版。将前景色设为黑色。选择“画笔”工具 ，在属性栏中单击“画笔预设”选项右侧的按钮 ，在弹出的画笔选择面板中选择需要的画笔形状，设置如图 8-51 所示，在图像窗口中拖曳擦除不需要的图像，效果如图 8-52 所示。

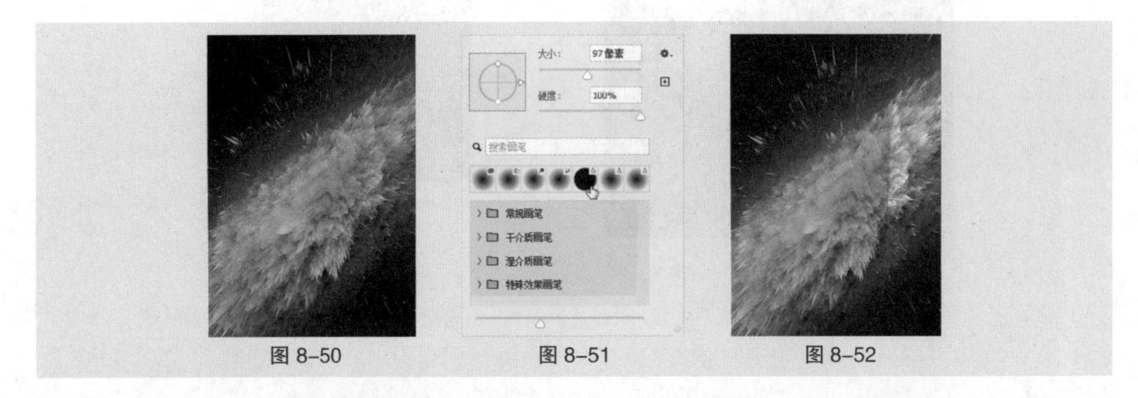

图 8-50　　图 8-51　　图 8-52

（7）新建图层并将其命名为“多边形”。选择“多边形”工具，属性栏中的设置如图 8-53 所示。在图像窗口中绘制多边形，效果如图 8-54 所示。

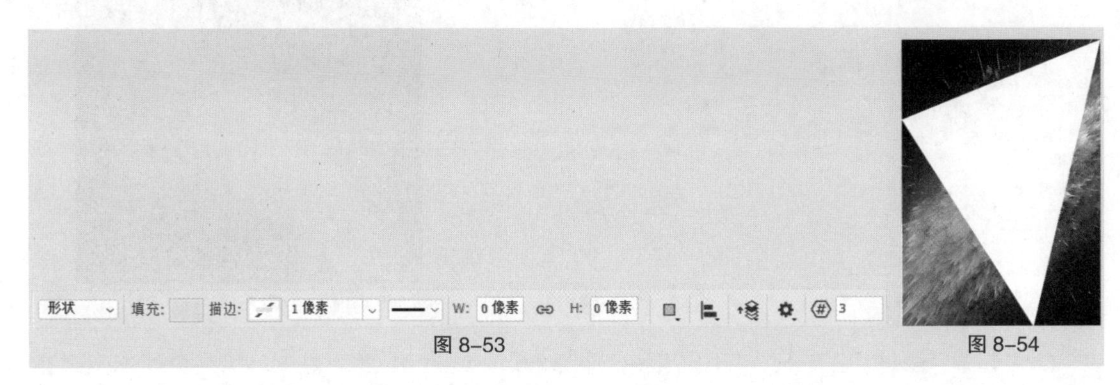

图 8-53　　图 8-54

（8）将“星空”图层拖曳到控制面板下方的“创建新图层”按钮上进行复制，将新生成的图层命名为“彩色”，并将其拖曳到“多边形”图层的上方。按住 Alt 键的同时，将鼠标指针放在“彩色”图层和“多边形”图层的中间，单击，为图层创建剪切蒙版，效果如图 8-55 所示。

（9）选择“多边形”图层。单击“图层”控制面板下方的“添加图层样式”按钮，在弹出的菜单中选择“描边”命令，弹出对话框，将描边颜色设为白色，其他选项的设置如图 8-56 所示，单击“确定”按钮，效果如图 8-57 所示。

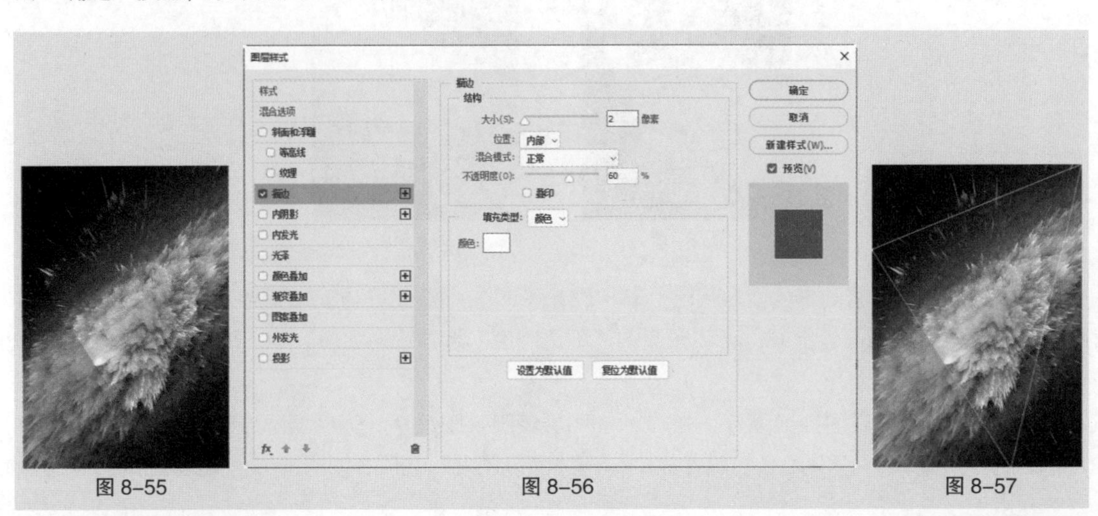

图 8-55　　图 8-56　　图 8-57

（10）单击“图层”控制面板下方的“创建新的填充或调整图层”按钮 ，在弹出的菜单中选择“色阶”命令，“图层”控制面板中生成“色阶 1”图层。同时弹出“色阶”面板，设置如图 8-58 所示，按 Enter 键确定操作，效果如图 8-59 所示。

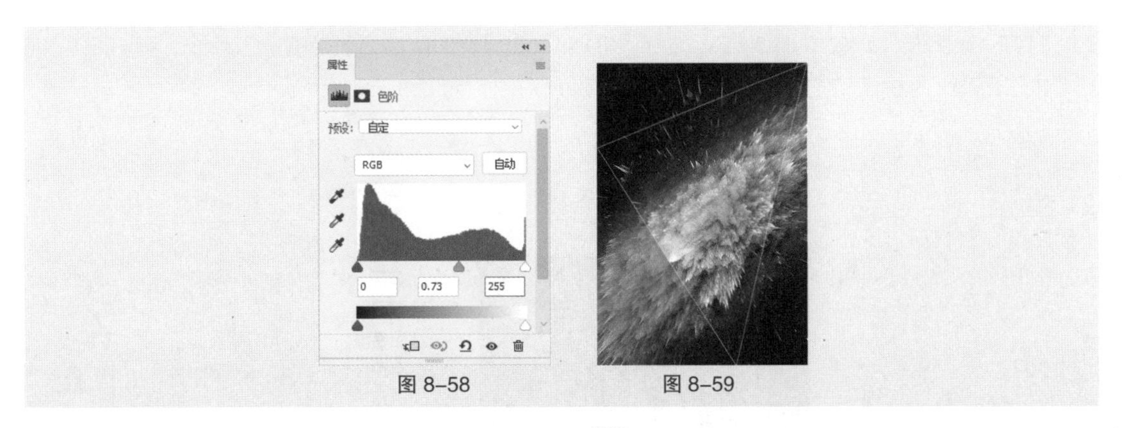


图 8-58　　图 8-59

（11）将前景色设为白色。选择“横排文字”工具 T，在适当的位置输入需要的文字并选取文字，在属性栏中选择合适的字体并设置大小，效果如图 8-60 所示，“图层”控制面板中生成新的文字图层。用相同的方法输入其他文字，效果如图 8-61 所示。

（12）选择“直排文字”工具 IT，在适当的位置输入需要的文字并选取文字，在属性栏中选择合适的字体并设置大小，效果如图 8-62 所示，“图层”控制面板中生成新的文字图层。

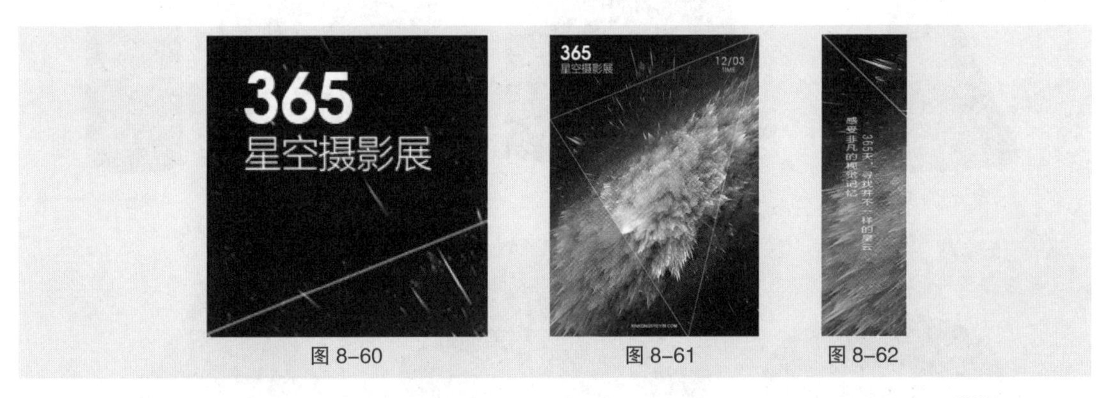


图 8-60　　图 8-61　　图 8-62

（13）新建图层并将其命名为“矩形条”。将前景色设为黑色。选择“矩形”工具 ，在图像窗口中绘制矩形。在“图层”控制面板上方，将该图层的“不透明度”选项设为 50%，并将其拖曳到文字图层的下方，效果如图 8-63 所示。文化传媒宣传海报制作完成，效果如图 8-64 所示。

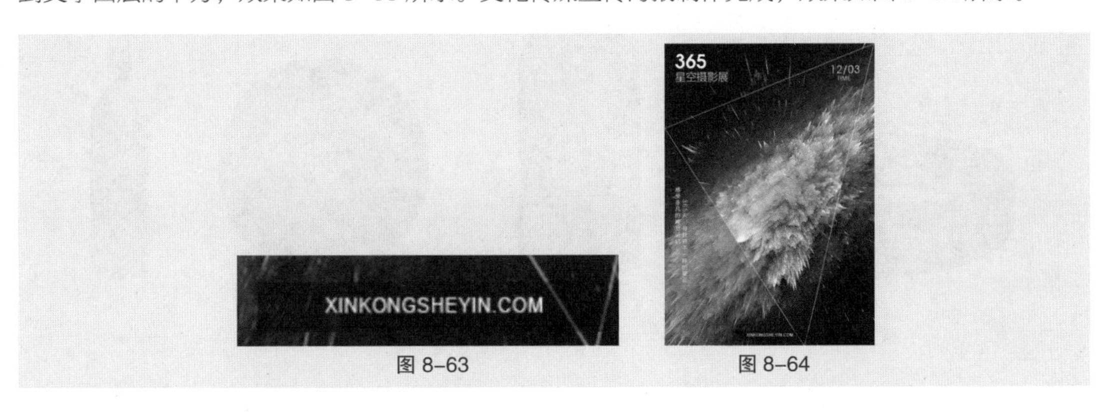


图 8-63　　图 8-64

## 8.2.2 创建 3D 对象

在 Photoshop 中可以将平面图像转换为各种预设形状，如平面、双面平面、纯色凸出、双面纯色凸出、圆柱体、球体。只有将图层变为 3D 图层后，才能使用 3D 工具和命令。

打开一幅图像，如图 8-65 所示，选择“3D > 从图层新建网格 > 网格预设”命令，弹出图 8-66 所示的子菜单，选择需要的命令可以创建不同的 3D 对象，如图 8-67 所示。

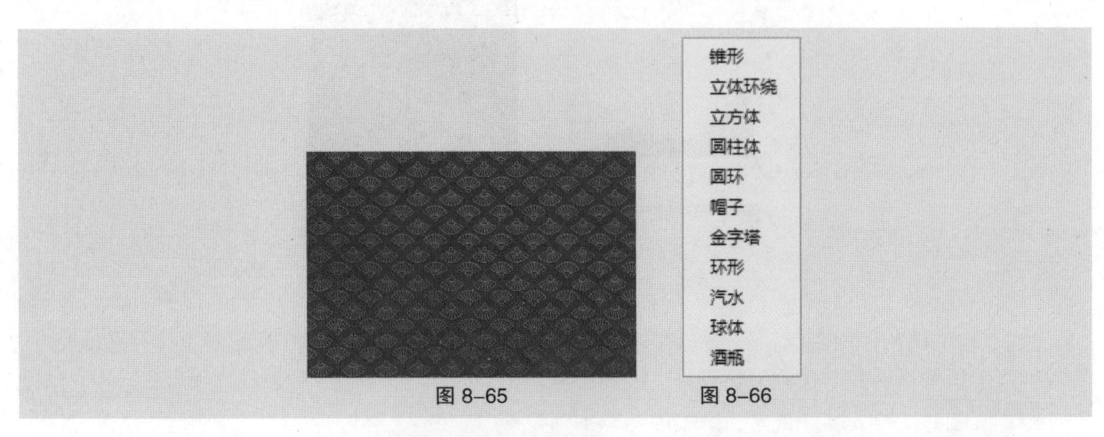


图 8-65　　图 8-66

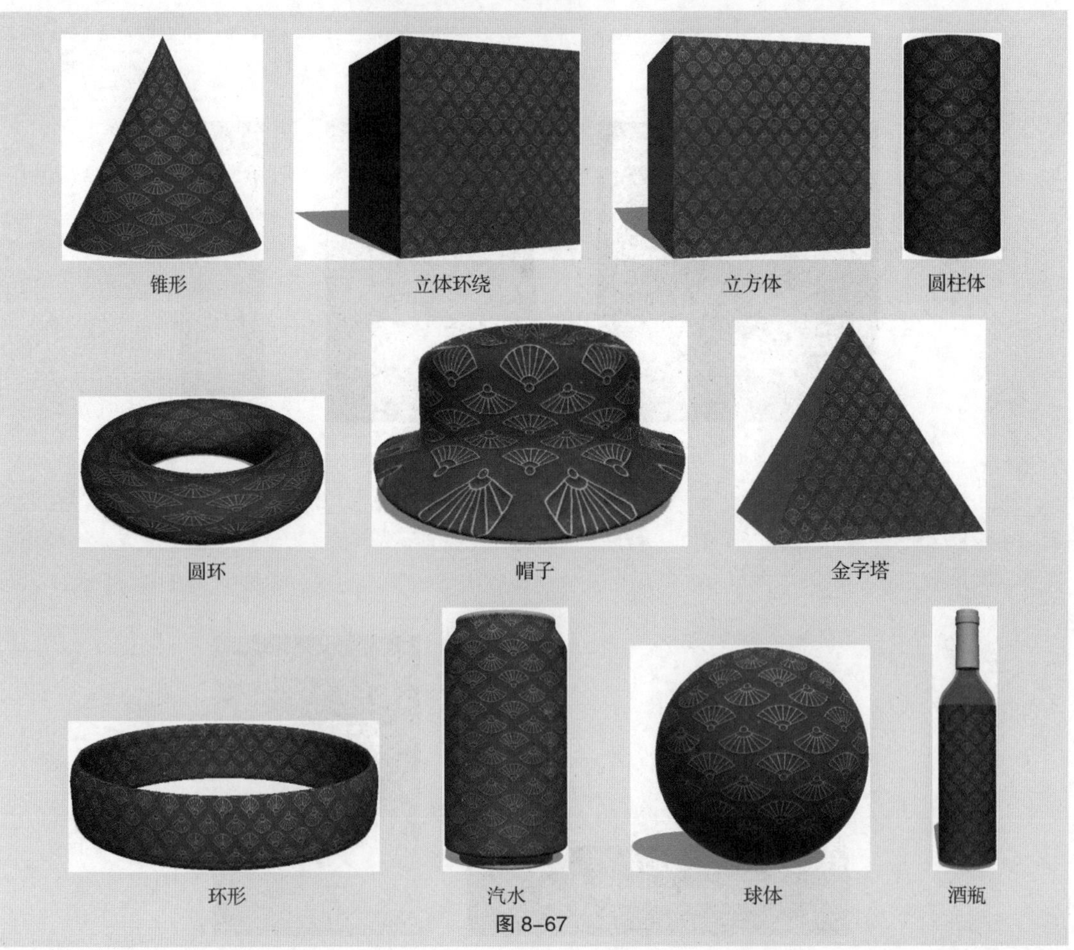


图 8-67

## 8.3 常用滤镜

Photoshop 的滤镜菜单中提供了多种滤镜命令，利用这些滤镜命令，可以制作出奇妙的图像效果。选择“滤镜”菜单，弹出图 8–68 所示的下拉菜单。

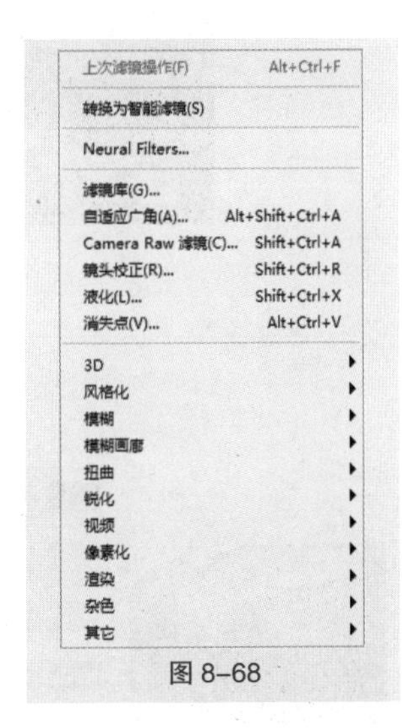

图 8–68

Photoshop 滤镜菜单分为 5 部分，各部分之间以横线划分开。

第 1 部分为最近一次使用的滤镜，没有使用滤镜时，此命令为灰色，不可选择。使用任意一种滤镜后，当需要重复使用这种滤镜时，只要直接选择这种滤镜或按 Alt+Ctrl+F 组合键即可。

第 2 部分为转换为智能滤镜，智能滤镜可随时进行修改操作。

第 3 部分为新增的 Neural Filters 滤镜，可快速对照片进行创意编辑。

第 4 部分为 6 种 Photoshop 滤镜，每个滤镜的功能都十分强大。

第 5 部分为 11 种 Photoshop 滤镜组，每个滤镜组中都包含多个子滤镜。

### 8.3.1 课堂案例——制作旅行生活公众号封面首图

【案例学习目标】学习使用“滤镜库”命令、“特殊模糊”命令制作旅行生活公众号封面首图。

【案例知识要点】使用“干画笔”滤镜、“喷溅”滤镜为图片添加特殊效果；使用“特殊模糊”滤镜为图片添加模糊效果；使用“添加图层蒙版”按钮和“画笔”工具 制作局部遮罩；使用“横排文字”工具 T 添加文字；效果如图 8-69 所示。

【效果所在位置】云盘 \Ch08\ 效果 \ 制作旅行生活公众号封面首图 .psd。

图 8–69

（1）按 Ctrl + O 组合键，打开云盘中的“Ch08 > 素材 > 制作旅行生活公众号封面首图 > 01”文件，如图 8–70 所示。将“背景”图层拖曳到控制面板下方的“创建新图层”按钮 上进行复制，生成新的图层“背景 拷贝”，如图 8–71 所示。

（2）选择“滤镜 > 滤镜库”命令，在弹出的对话框中选择“干画笔”滤镜，其他设置如图 8–72 所示；单击“确定”按钮，效果如图 8–73 所示。

（3）选择“滤镜 > 模糊 > 特殊模糊”命令，在弹出的对话框中进行设置，如图 8–74 所示，单击“确定”按钮，效果如图 8–75 所示。

图 8–70　　图 8–71

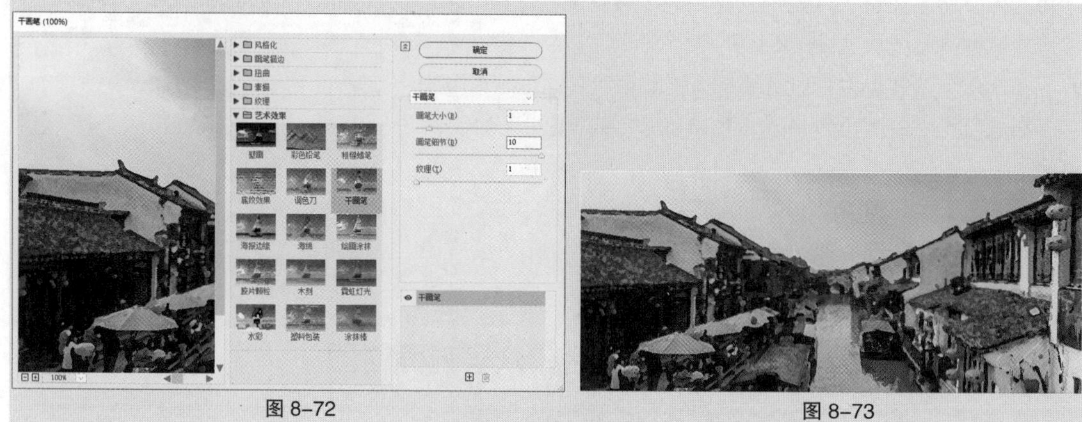


图 8–72　　图 8–73

图 8–74　　图 8–75

（4）选择“滤镜 > 滤镜库”命令，在弹出的对话框中选择“喷溅”滤镜，其他设置如图 8–76 所示；单击“确定”按钮，效果如图 8–77 所示。

（5）按 Ctrl+J 组合键，复制“背景 拷贝”图层，将新生成的图层命名为“效果”。选择“滤镜 > 风格化 > 查找边缘”命令，查找图像边缘，效果如图 8–78 所示，“图层”控制面板如图 8–79 所示。

（6）在“图层”控制面板上方，将该图层的混合模式设为“正片叠底”，将“不透明度”选项设为 30%，如图 8–80 所示，按 Enter 键确定操作，效果如图 8–81 所示。

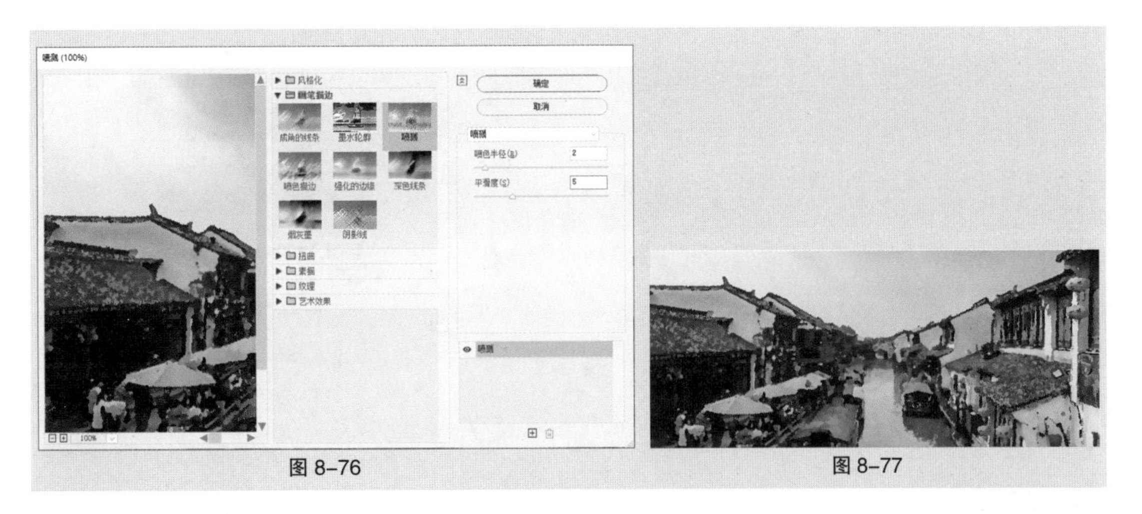

图 8-76　　图 8-77

图 8-78　　图 8-79

图 8-80　　图 8-81

（7）选择“文件 > 置入嵌入对象”命令，弹出“置入嵌入的对象”对话框，选择云盘中的“Ch08 > 素材 > 制作旅行生活公众号封面首图 > 02”文件。单击“置入”按钮，将图片置入图像窗口中，并将其拖曳到适当的位置，按 Enter 键确定操作，效果如图 8-82 所示，将“图层”控制面板中新生成的图层命名为“纹理”，如图 8-83 所示。

（8）单击“图层”控制面板下方的“添加图层蒙版”按钮，为图层添加蒙版，如图 8-84 所示。将前景色设为黑色。选择“画笔”工具，在属性栏中单击“画笔预设”选项右侧的按钮，弹出画笔选择面板，展开“干介质画笔”选项，选择需要的画笔形状，如图 8-85 所示。在属性栏中将“不透明度”选项设为 100%，在图像窗口中拖曳擦除不需要的图像，效果如图 8-86 所示。

图 8-82　　图 8-83

图 8-84　　图 8-85　　图 8-86

（9）选择“横排文字”工具 T，在适当的位置输入需要的文字并选取文字，在属性栏中选择合适的字体并设置大小，按 Alt+ 向右方向键，调整文字的间距，效果如图 8-87 所示，设置文本颜色为白色，“图层”控制面板中生成新的文字图层。旅行生活公众号封面首图制作完成，效果如图 8-88 所示。

图 8-87　　图 8-88

## 8.3.2 “Neural Filters”滤镜

打开一张图片，如图 8-89 所示。选择“滤镜 > Neural Filters”命令，弹出“Neural Filters”对话框，如图 8-90 所示。在该对话框中，左侧为滤镜类别，包括特色滤镜和 Beta 滤镜；中部为滤镜列表，若列表右侧显示为按钮，单击即可使用该滤镜，若列表右侧显示为云图标，可从云端下载后使用；右侧为滤镜参数设置栏，可设置所用滤镜的各个参数值。下方左侧为预览切换图标，右侧为输出方式。

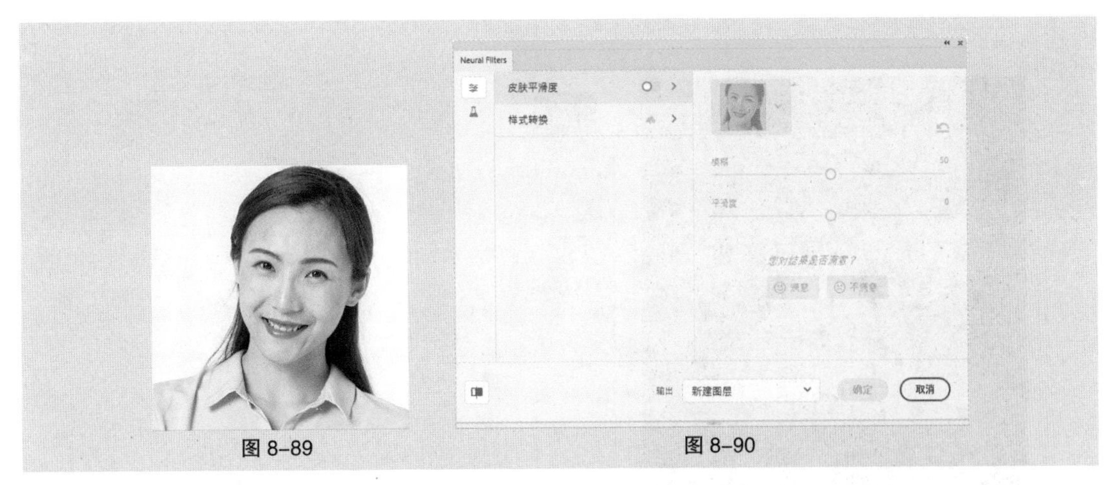


图 8-89　　图 8-90

单击“皮肤平滑度”列表，设置如图 8-91 所示，单击“确定”按钮，效果如图 8-92 所示。

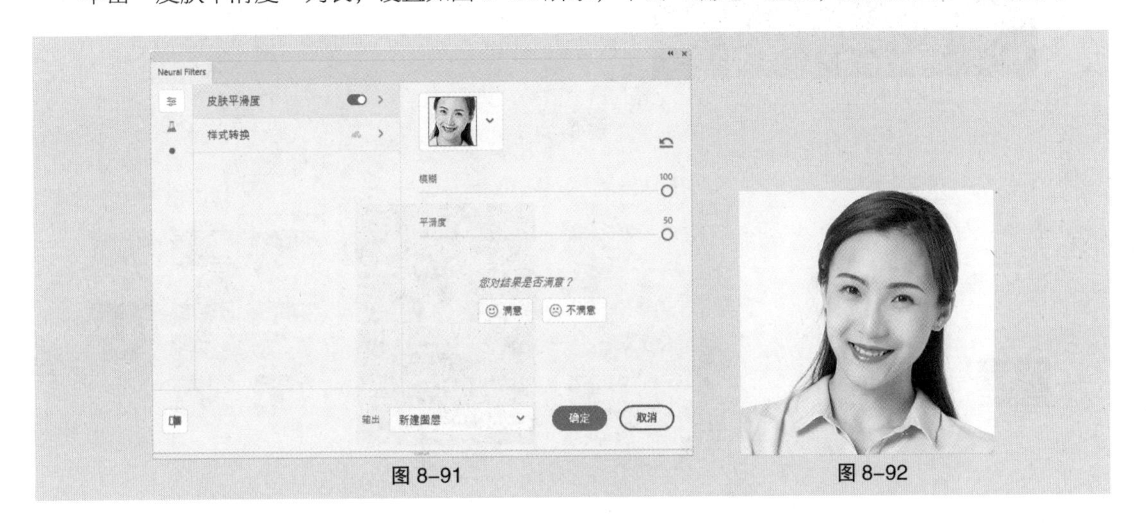


图 8-91　　图 8-92

## 8.3.3　滤镜库

Photoshop 的滤镜库将常用滤镜组组合在一个面板中，以折叠菜单的方式显示，并为每一个滤镜提供了直观的效果预览，使用十分方便。

选择“滤镜 > 滤镜库”命令，弹出“滤镜库”对话框，在对话框中，左侧为滤镜预览框，可显示滤镜应用后的效果；中部为滤镜列表，每个滤镜组中包含多个特色滤镜，单击需要的滤镜组，可以浏览滤镜组中的各个滤镜和其相应的滤镜效果；右侧为滤镜参数设置栏，可设置所用滤镜的各个参数值，对话框名称也会随参数的变化而变化，如图 8-93 所示。

**1. “风格化”滤镜组**

“风格化”滤镜组只包含一个“照亮边缘”滤镜，如图 8-94 所示。此滤镜可以搜索主要颜色的变化区域并强化其过渡像素，产生轮廓发光的效果。应用滤镜前后的对比效果如图 8-95、图 8-96 所示。

**2. “画笔描边”滤镜组**

“画笔描边”滤镜组包含 8 个滤镜，如图 8-97 所示。此滤镜组中的滤镜可以使用不同的画笔和油墨描边效果创造出独特的绘画效果。应用不同的滤镜制作出的效果如图 8-98 所示。

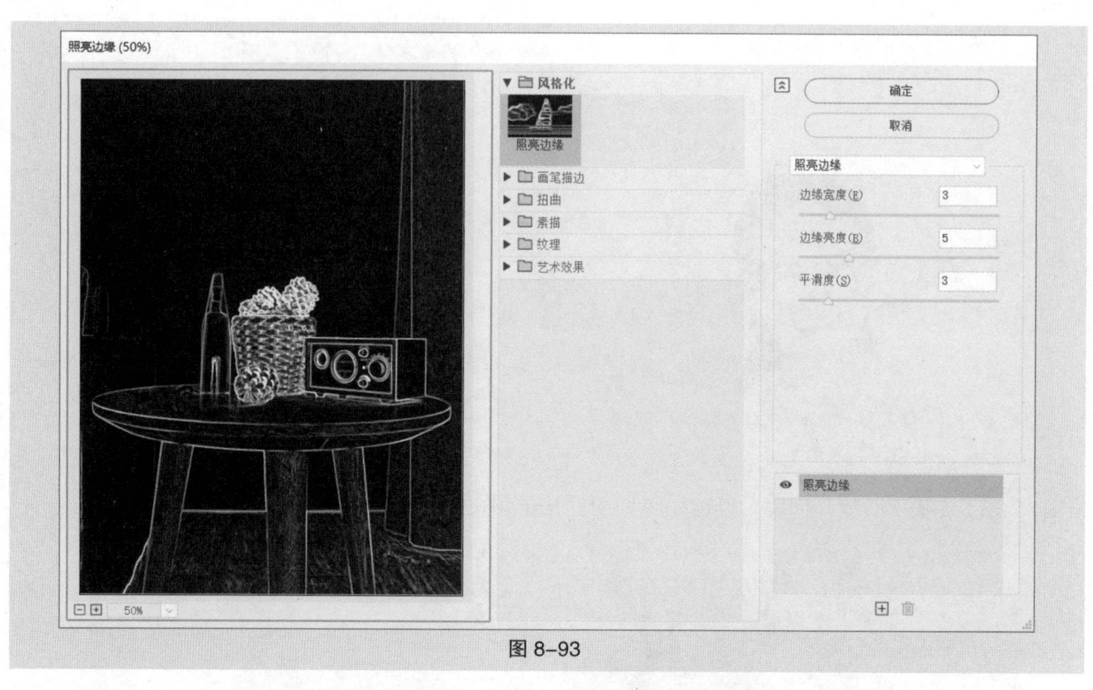


图 8-93

图 8-94　图 8-95　图 8-96　图 8-97

图 8-98

### 3. “扭曲”滤镜组

“扭曲”滤镜组包含 3 个滤镜，如图 8-99 所示。使用此滤镜组中的滤镜可以生成图像的扭曲变形效果。应用不同的滤镜制作出的效果如图 8-100 所示。

图 8-99

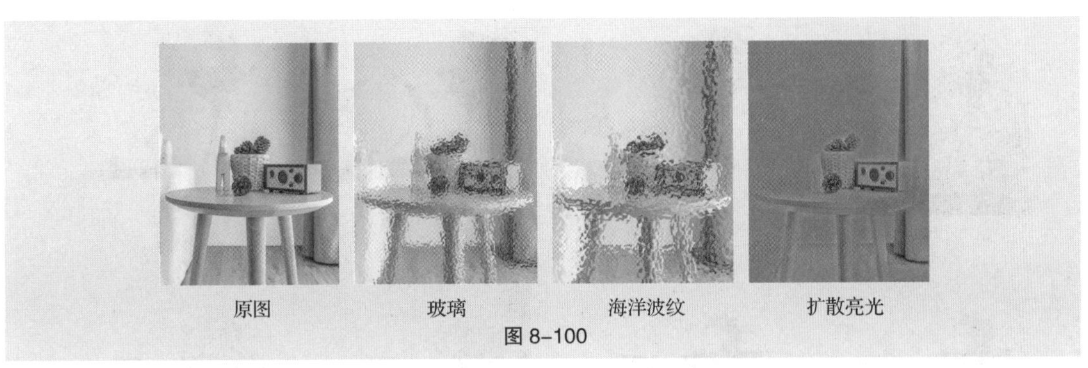


图 8-100

### 4. “素描”滤镜组

“素描”滤镜组包含 14 个滤镜，如图 8-101 所示。使用此滤镜组中的滤镜可以制作出多种素描绘画效果。应用不同的滤镜制作出的效果如图 8-102 所示。

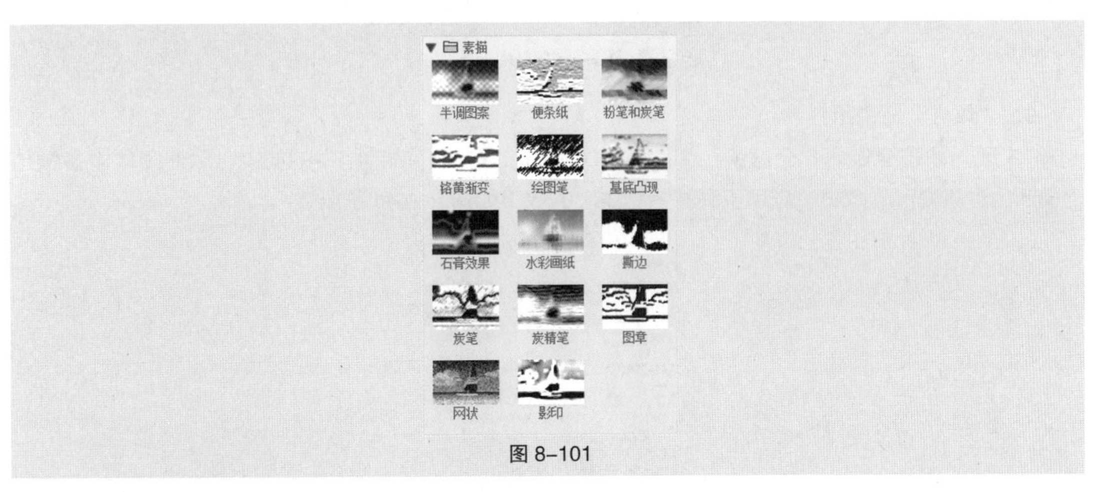


图 8-101

图 8-102

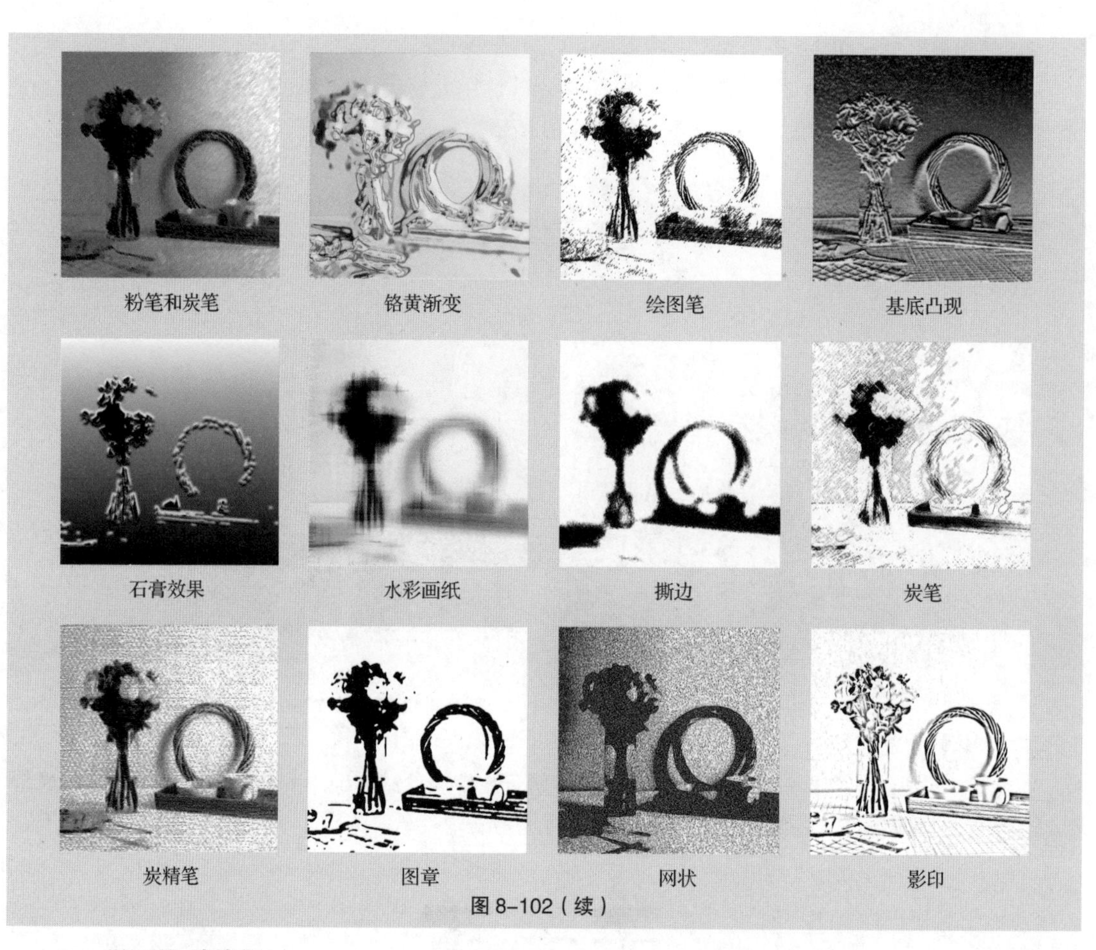
粉笔和炭笔　铬黄渐变　绘图笔　基底凸现
石膏效果　水彩画纸　撕边　炭笔
炭精笔　图章　网状　影印
图 8-102（续）

### 5. “纹理”滤镜组

“纹理”滤镜组包含 6 个滤镜，如图 8-103 所示。使用此滤镜组中的滤镜可以使图像中各颜色之间产生过渡变形的效果。应用不同滤镜制作出的效果如图 8-104 所示。

图 8-103

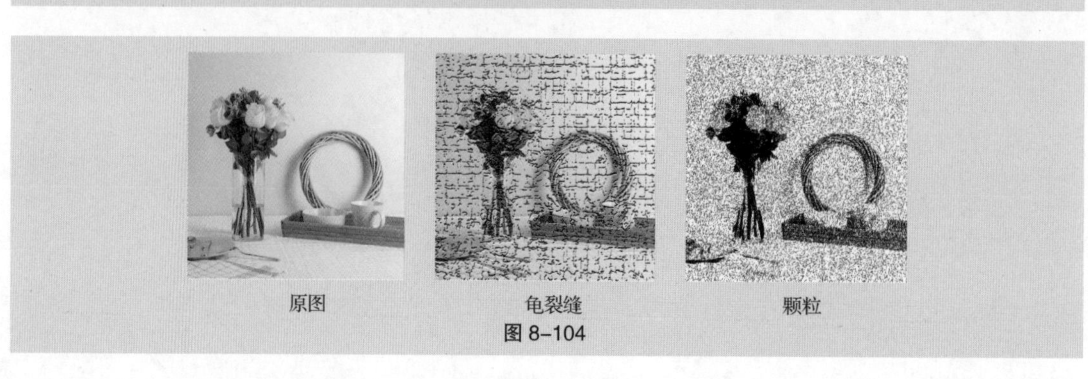
原图　龟裂缝　颗粒
图 8-104

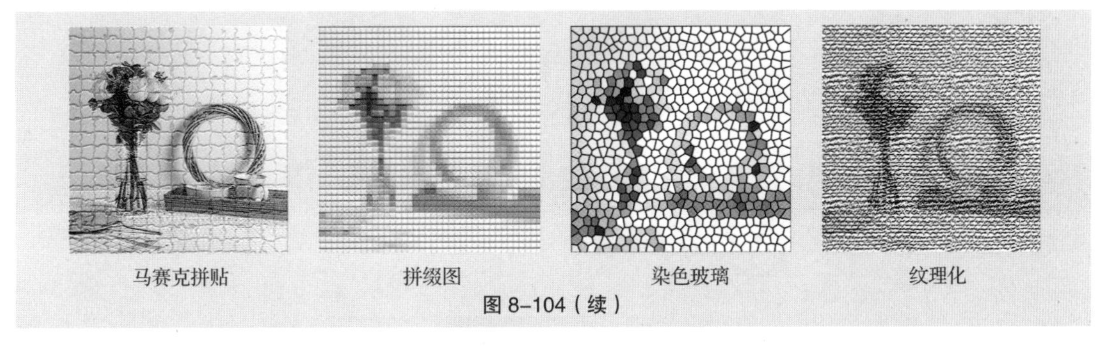

图 8-104（续）

### 6. “艺术效果”滤镜组

“艺术效果”滤镜组包含 15 个滤镜，如图 8-105 所示。使用此滤镜组中的滤镜可以模仿用自然或传统介质制作的绘画或艺术效果。应用不同滤镜制作出的效果如图 8-106 所示。

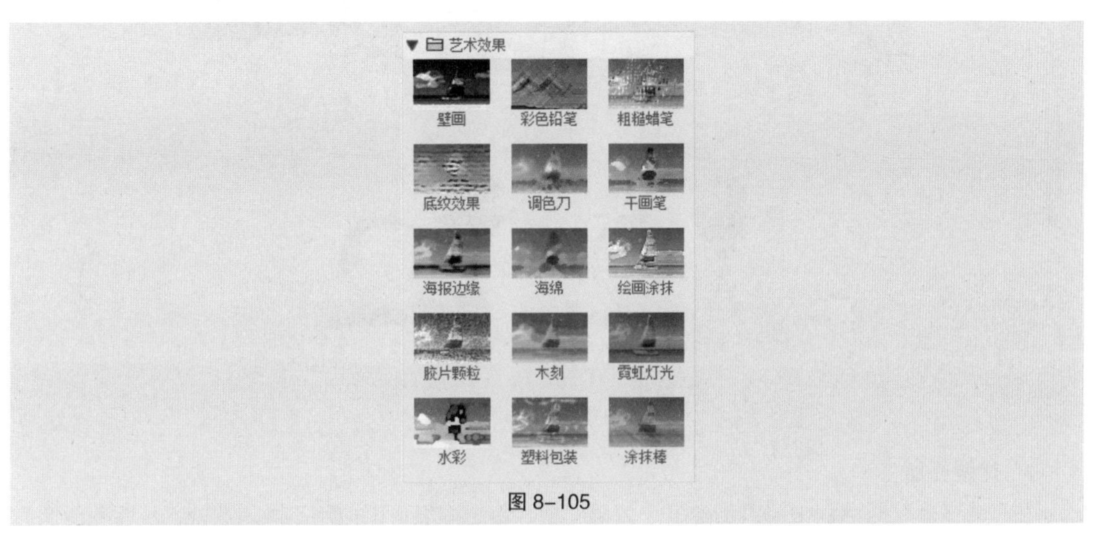

图 8-105

图 8-106

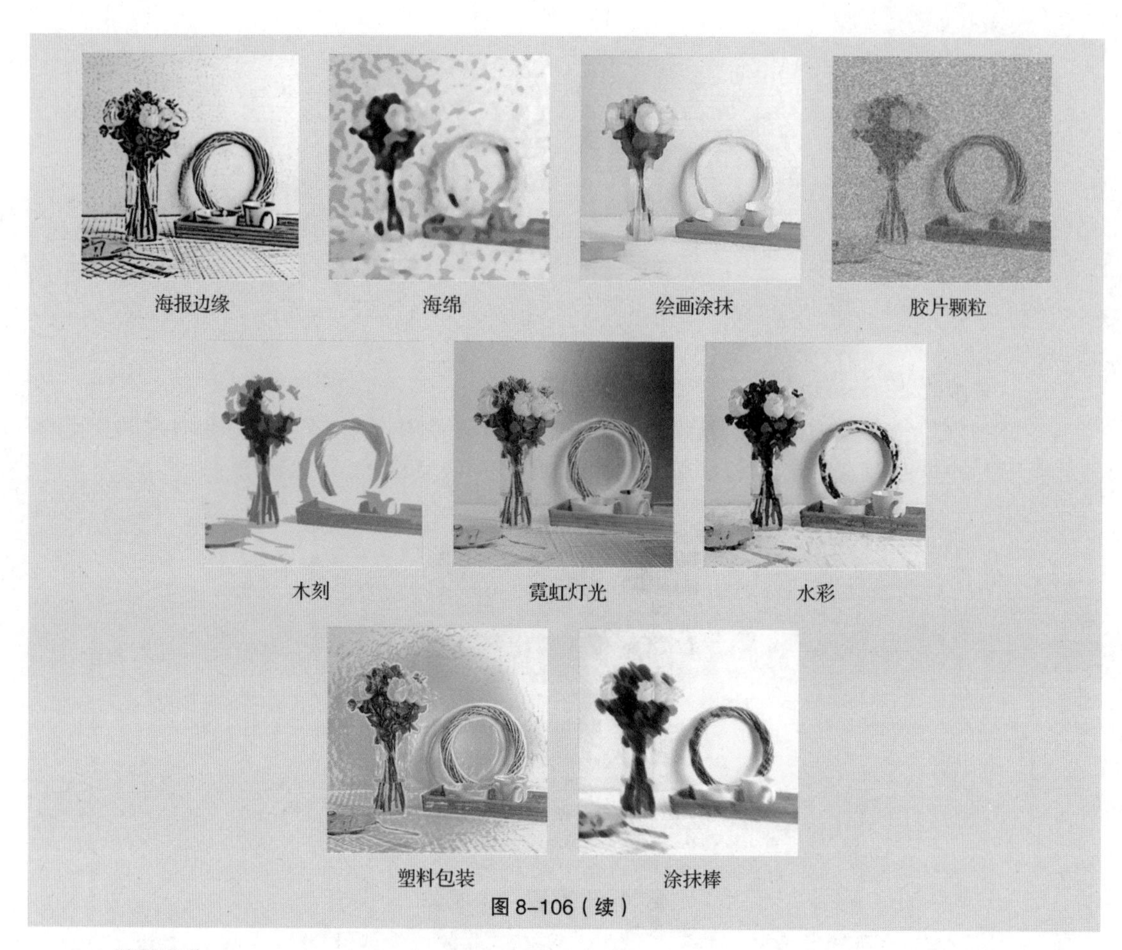

海报边缘　海绵　绘画涂抹　胶片颗粒

木刻　霓虹灯光　水彩

塑料包装　涂抹棒

图 8-106（续）

### 7. 滤镜叠加

在“滤镜库”对话框中可以创建多个效果图层，每个图层可以应用不同的滤镜，从而使图像产生多个滤镜叠加后的效果。

为图像添加“强化的边缘”滤镜，如图 8-107 所示，单击“新建效果图层”按钮⊞，生成新的效果图层，如图 8-108 所示。为图像添加“海报边缘”滤镜，叠加后的效果如图 8-109 所示。

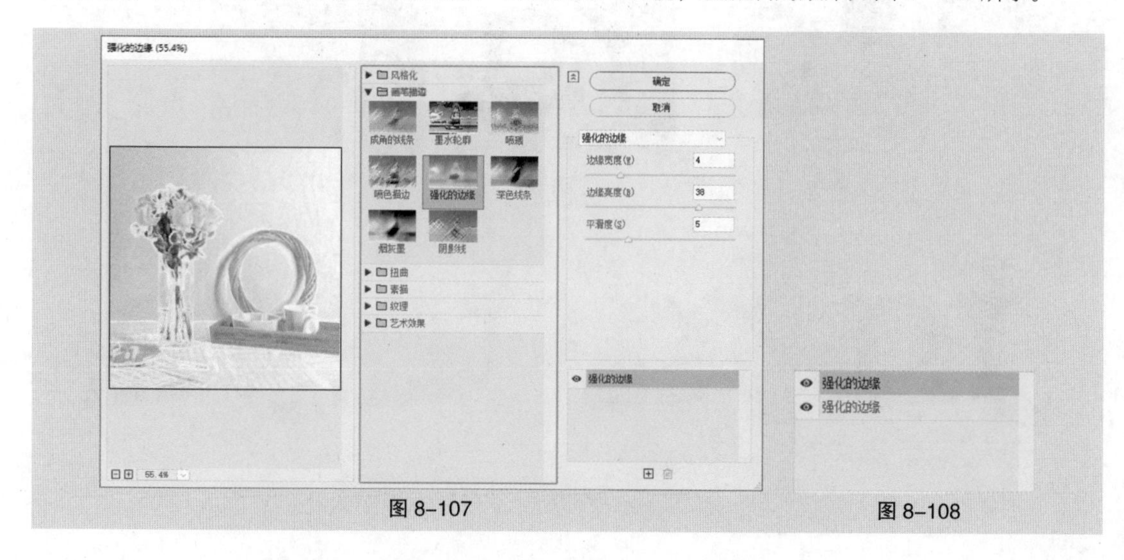


图 8-107　图 8-108

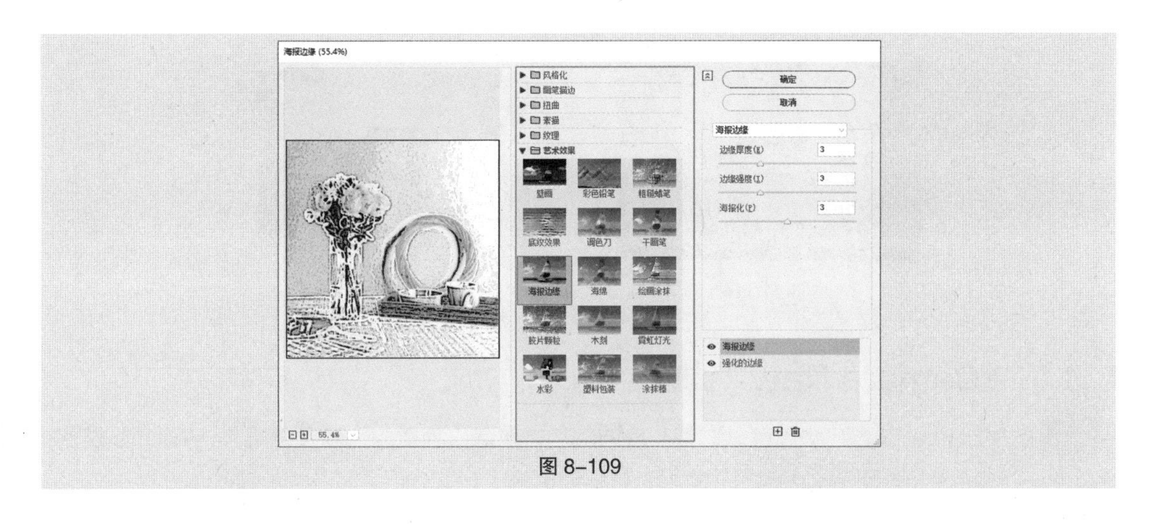


图 8-109

## 8.3.4 “自适应广角”滤镜

“自适应广角”滤镜可以用于对具有广角、超广角及鱼眼效果的图片进行校正。

打开一张图片，如图 8-110 所示。选择“滤镜 > 自适应广角”命令，弹出对话框，如图 8-111 所示。

图 8-110　　图 8-111

在对话框左侧图片上需要调整的位置拖曳一条线段，如图 8-112 所示。再将左侧第 2 个节点拖曳到适当的位置，旋转绘制的线段，如图 8-113 所示。单击“确定”按钮，图片调整后的效果如图 8-114 所示。用相同的方法调整图像上方，效果如图 8-115 所示。

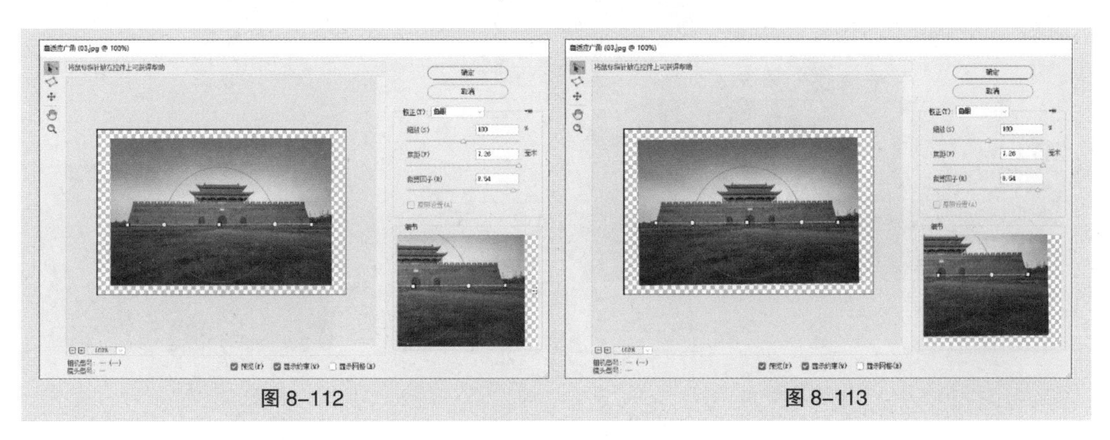

图 8-112　　图 8-113

图 8–114　　　　图 8–115

## 8.3.5 “Camera Raw”滤镜

使用“Camera Raw”滤镜可以调整照片的颜色，包括白平衡、色温和色调等，对图像进行锐化处理、减少杂色、纠正镜头问题及重新修饰。

打开一张图片，选择“滤镜 > Camera Raw 滤镜”命令，弹出图 8–116 所示的对话框。

图 8–116

选择“基本”选项卡，设置如图 8–117 所示，单击“确定”按钮，效果如图 8–118 所示。

图 8–117　　　　图 8–118

## 8.3.6 “镜头校正”滤镜

使用“镜头校正”滤镜可以处理常见的镜头瑕疵，如桶形失真、枕形失真、晕影和色差等，也可以旋转图像，或修复由于相机在垂直或水平方向上倾斜而导致的图像透视错误现象。

打开一张图片，如图 8-119 所示，选择“滤镜 > 镜头校正”命令，弹出图 8-120 所示的对话框。

图 8-119　　图 8-120

选择“自定”选项卡，设置如图 8-121 所示，单击“确定”按钮，效果如图 8-122 所示。

图 8-121　　图 8-122

## 8.3.7 课堂案例——制作美妆护肤类公众号封面首图

【案例学习目标】学习使用“液化”命令制作美妆护肤类公众号封面首图。

【案例知识要点】使用“液化”滤镜命令中的“脸部”工具、“向前变形”工具、“褶皱”工具调整脸型；使用“添加图层蒙版”按钮和“渐变”工具合成人物图片；效果如图 8-123 所示。

【效果所在位置】云盘 \Ch08\ 效果 \ 制作美妆护肤类公众号封面首图 .psd。

图 8-123

（1）按 Ctrl+N 组合键，弹出“新建文档”对话框，设置宽度为 1175 像素、高度为 500 像素、分辨率为 72 像素 / 英寸、颜色模式为 RGB 颜色、背景内容为粉色（245、207、206），单击“创建”按钮，新建一个文件。

（2）按 Ctrl + O 组合键，打开云盘中的“Ch08 > 素材 > 制作美妆护肤类公众号封面首图 > 01”文件，如图 8-124 所示。将“背景”图层拖曳到控制面板下方的“创建新图层”按钮 上进行复制，生成新的图层“背景 拷贝”，如图 8-125 所示。

图 8-124　　图 8-125

（3）选择“滤镜 > 液化”命令，弹出对话框。选择“脸部”工具 ，在预览窗口中拖曳，调整脸部宽度，如图 8-126 所示。

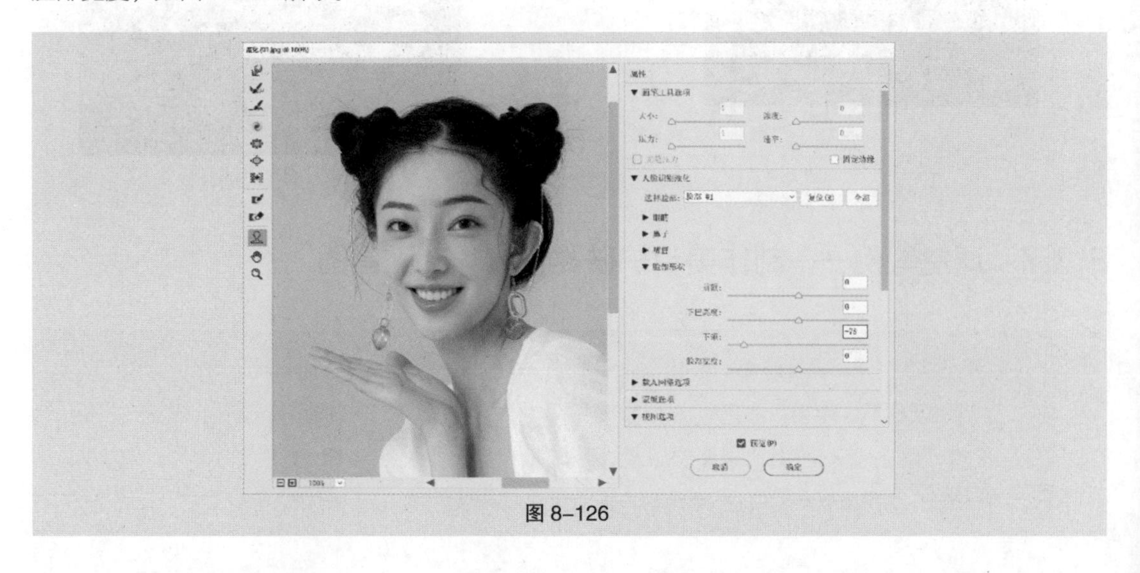

图 8-126

（4）选择“向前变形”工具，将画笔“大小”选项设为100，将画笔“压力”选项设为30，在预览窗口中拖曳，调整右侧脸部的大小，如图8-127所示。

图 8-127

（5）选择“褶皱”工具，将画笔“大小”选项设为100，在预览窗口中拖曳，调整嘴部的大小，如图8-128所示。单击“确定”按钮，效果如图8-129所示。

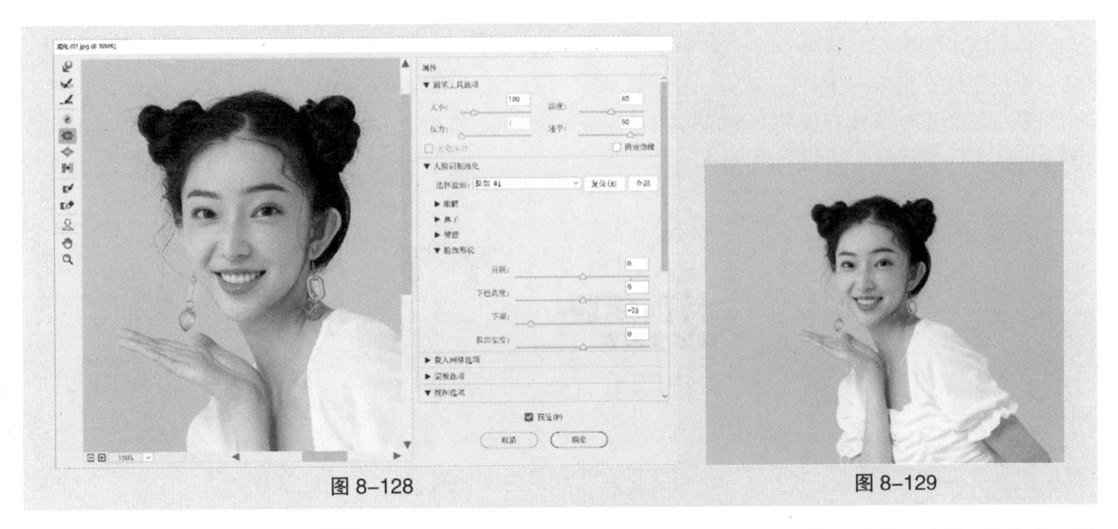
图 8-128　　图 8-129

（6）选择“移动”工具，将“01”图像拖曳到新建的图像窗口中的适当位置并调整大小，效果如图8-130所示，将“图层”控制面板中新生成的图层命名为“人物”。

图 8-130

（7）单击“图层”控制面板下方的“添加图层蒙版”按钮，为“人物”图层添加蒙版。选择“渐变”工具，单击属性栏中的“点按可编辑渐变”按钮，弹出“渐变编辑器”窗口。将渐变色设为从黑色到白色，如图 8-131 所示，单击“确定”按钮。在图像窗口中从左向右拖曳出渐变色，效果如图 8-132 所示。

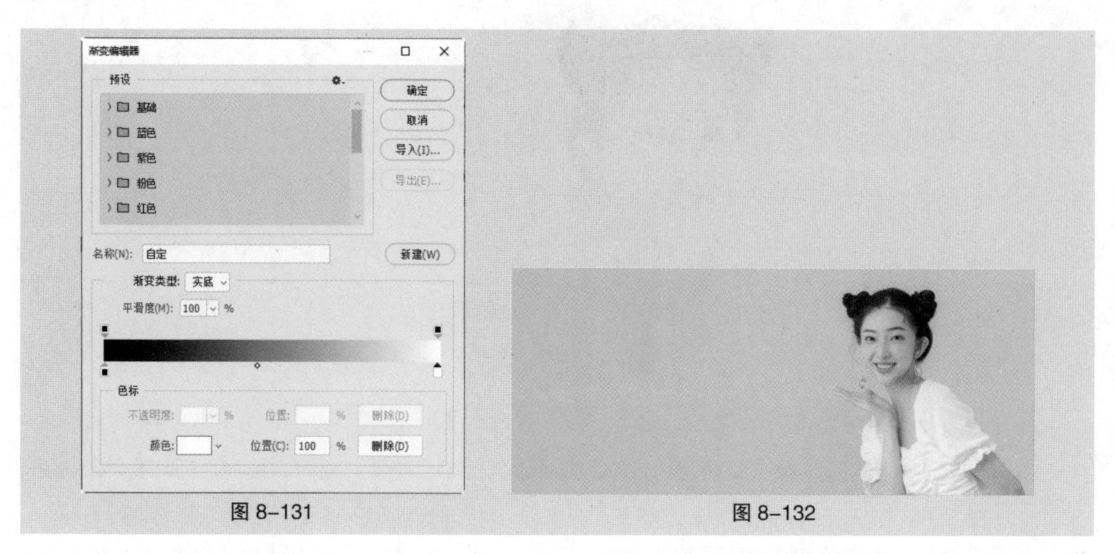


图 8-131　　　　图 8-132

（8）按 Ctrl+O 组合键，打开云盘中的“Ch08 > 素材 > 制作美妆护肤类公众号封面首图 > 02、03”文件，选择“移动”工具，将“02”和“03”图片分别拖曳到新建的图像窗口中的适当位置，如图 8-133 所示，将“图层”控制面板中新生成的图层分别命名为“文字”和“化妆品”。美妆护肤类公众号封面首图制作完成。

图 8-133

## 8.3.8 “液化”滤镜

使用“液化”滤镜可以制作出各种类似液化的图像变形效果。

打开一张图片，选择“滤镜 > 液化”命令，或按 Shift+Ctrl+X 组合键，弹出“液化”对话框，如图 8-134 所示。

左侧的工具箱由上到下分别为“向前变形”工具、“重建”工具、“平滑”工具、“顺时针旋转扭曲”工具、“褶皱”工具、“膨胀”工具、“左推”工具、“冻结蒙版”工具、“解冻蒙版”工具、“脸部”工具、“抓手”工具和“缩放”工具。

画笔工具选项组：“大小”选项用于设定所选工具的笔触大小；“密度”选项用于设定画笔的浓密度；“压力”选项用于设定画笔的压力，压力越小，变形的过程越慢；“速率”选项用于设定画笔的绘制速度；“光笔压力”选项用于设定压感笔的压力；“固定边缘”选项用于选中可锁定的图像边缘。

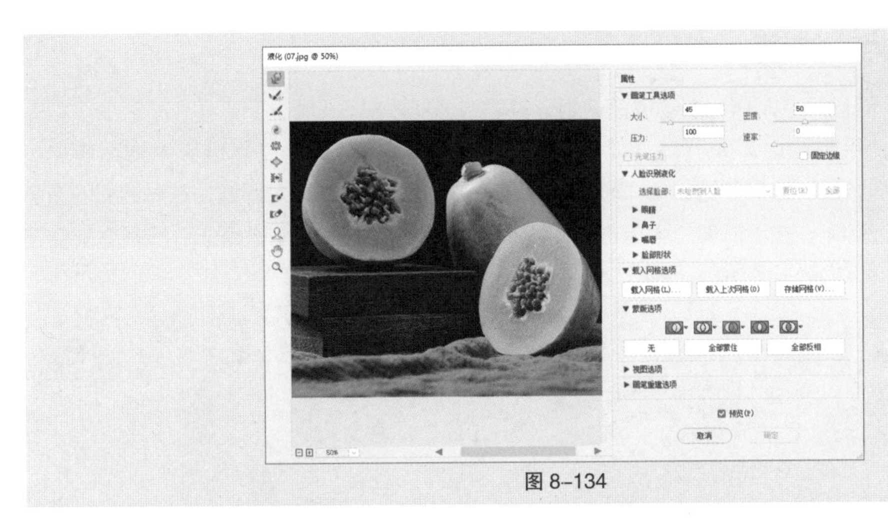


图 8-134

人脸识别液化组：“眼睛”选项组用于设定眼睛的大小、高度、宽度、斜度和距离；“鼻子”选项组用于设定鼻子的高度和宽度；“嘴唇”选项组用于设定微笑、上嘴唇、下嘴唇、嘴唇宽度和嘴唇高度；“脸部形状”选项组用于设定脸部的前额、下巴高度、下颌和脸部宽度。

载入网格选项组：用于载入、使用和存储网格。

蒙版选项组：用于选择通道蒙版的形式。单击“无”按钮，可以不制作蒙版；单击“全部蒙住”按钮，可以为全部的区域制作蒙版；单击“全部反相”按钮，可以解冻蒙版区域并冻结剩余的区域。

视图选项组：勾选“显示参考线”复选框，可以显示参考线；勾选“显示面部叠加”复选框，可以显示面部的叠加部分；勾选“显示图像”复选框，可以显示图像；勾选“显示网格”复选框，可以显示网格，“网格大小”选项用于设置网格的大小，“网格颜色”选项用于设置网格的颜色；勾选“显示蒙版”复选框，可以显示蒙版，“蒙版颜色”选项用于设置蒙版的颜色；勾选“显示背景”复选框，在“使用”下拉列表中可以选择图层，在“模式”下拉列表中可以选择不同的模式，“不透明度”选项用于设置不透明度。

画笔重建选项组：“重建”按钮用于对变形的图像进行重置；“恢复全部”按钮用于将图像恢复到打开时的状态。

在“液化”对话框中对图像进行变形，如图 8-135 所示，单击“确定”按钮，完成图像的液化变形，效果如图 8-136 所示。

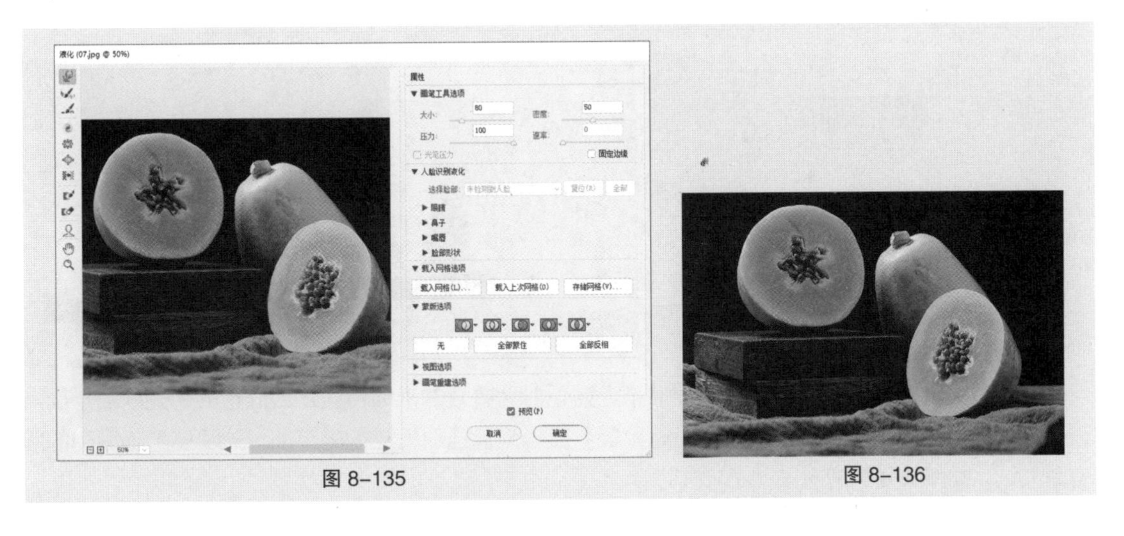


图 8-135

图 8-136

## 8.3.9 “消失点”滤镜

使用“消失点”滤镜可以制作建筑物或任何矩形对象的透视效果。

打开一张图片，绘制选区，如图 8-137 所示。按 Ctrl + C 组合键，复制选区中的图像。按 Ctrl+D 组合键，取消选区。选择“滤镜 > 消失点”命令，弹出“消失点”对话框，在对话框的左侧选择“创建平面”工具，在图像窗口中单击定义 4 个角的节点，如图 8-138 所示，节点之间会自动连接为透视平面，如图 8-139 所示。

图 8-137　　图 8-138　　图 8-139

按 Ctrl + V 组合键，将复制的图像粘贴到对话框中，如图 8-140 所示。将粘贴的图像拖曳到透视平面中，如图 8-141 所示。在按住 Alt 键的同时，复制并向上拖曳建筑物，如图 8-142 所示。用相同的方法，再复制两次建筑物，如图 8-143 所示。单击“确定”按钮，建筑物的透视变形效果如图 8-144 所示。

图 8-140　　图 8-141

图 8-142　　图 8-143　　图 8-144

在“消失点”对话框中，透视平面显示为蓝色时为有效的平面；显示为红色时为无效的平面，无法计算平面的长宽比，也无法拉出垂直平面；显示为黄色时为无效的平面，无法解析平面中的所有消失点，如图 8-145 所示。

蓝色透视平面

红色透视平面

黄色透视平面

图 8-145

## 8.3.10 “3D”滤镜组

使用“3D”滤镜组中的滤镜可以生成效果更好的凹凸图和法线图。“3D”滤镜组中的滤镜如图 8-146 所示。应用不同的滤镜制作出的效果如图 8-147 所示。

图 8-146

原图　生成凹凸图　生成法线图

图 8-147

## 8.3.11 课堂案例——制作惠农助农公众号封面首图

【案例学习目标】学习使用“滤镜库”命令、“风格化”命令制作惠农助农公众号封面首图。

【案例知识要点】使用“滤镜库”命令、“油画”滤镜制作油画效果；效果如图 8-148 所示。

【效果所在位置】云盘 \Ch08\ 效果 \ 制作惠农助农公众号封面首图 .psd。

图 8-148

扫码观看本案例视频

扩展阅读

（1）按 Ctrl ＋ O 组合键，打开云盘中的“Ch08 > 素材 > 制作惠农助农公众号封面首图 > 01”文件，如图 8-149 所示。将“背景”图层拖曳到控制面板下方的“创建新图层”按钮 ⊞ 上进行复制，生成新的图层“背景 拷贝”，如图 8-150 所示。

（2）选择“滤镜 > 滤镜库”命令，在弹出的对话框中进行设置，如图 8-151 所示，单击“确定”按钮，效果如图 8-152 所示。

图 8-149　　图 8-150

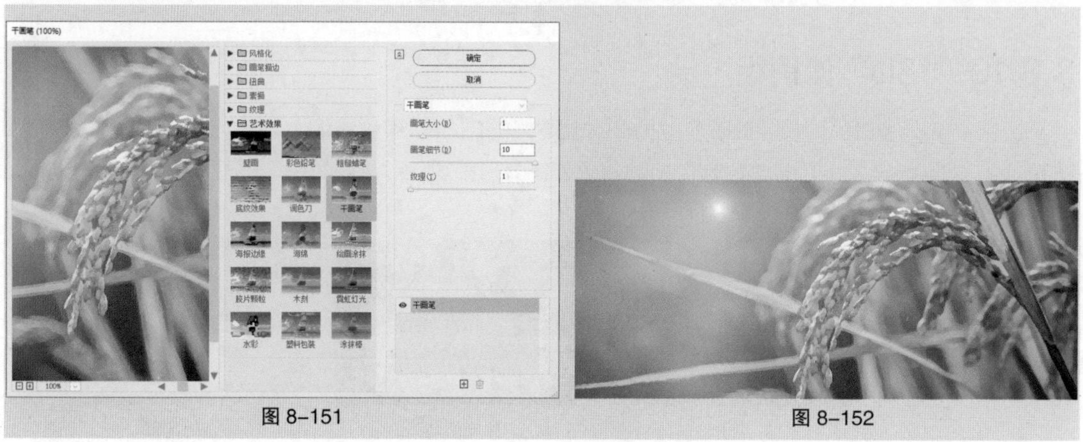

图 8-151　　图 8-152

（3）选择“滤镜 > 风格化 > 油画”命令，在弹出的对话框中进行设置，如图 8-153 所示，单击“确定”按钮，效果如图 8-154 所示。惠农助农公众号封面首图制作完成。

图 8-153　　图 8-154

## 8.3.12 “风格化”滤镜组

使用“风格化”滤镜组中的滤镜可以产生印象派和其他风格画派作品的效果，是完全模拟真实艺术手法进行创作的。“风格化”滤镜组中的滤镜如图 8-155 所示。应用不同的滤镜制作出的效果如图 8-156 所示。

图 8-155

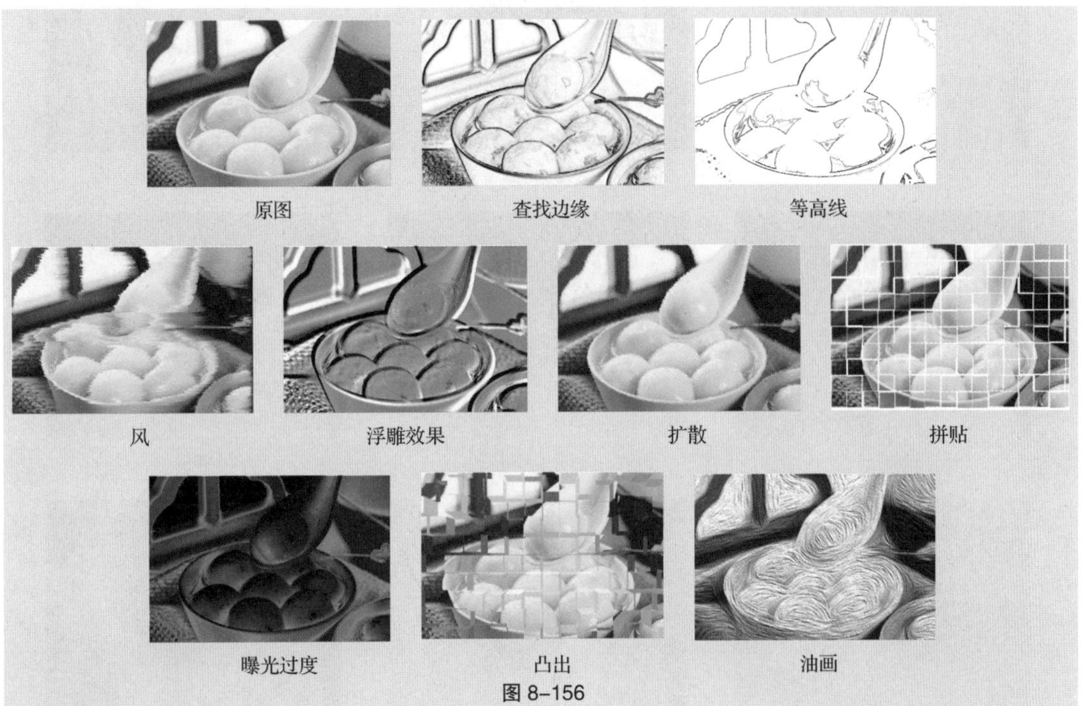

图 8-156

## 8.3.13 “模糊”滤镜组

使用“模糊”滤镜组中的滤镜可以使图像中过于清晰或对比度强烈的区域产生模糊效果，此外，也可以用于制作柔和阴影。“模糊”滤镜组中的滤镜如图 8-157 所示。应用不同的滤镜制作出的效果如图 8-158 所示。

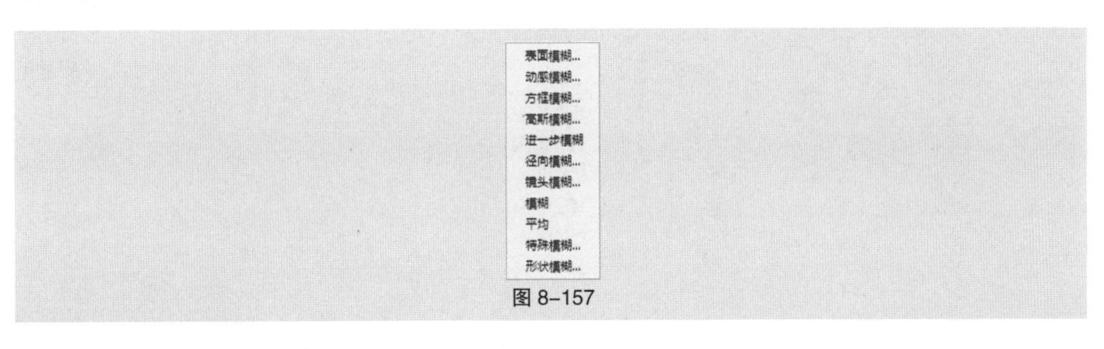

图 8-157

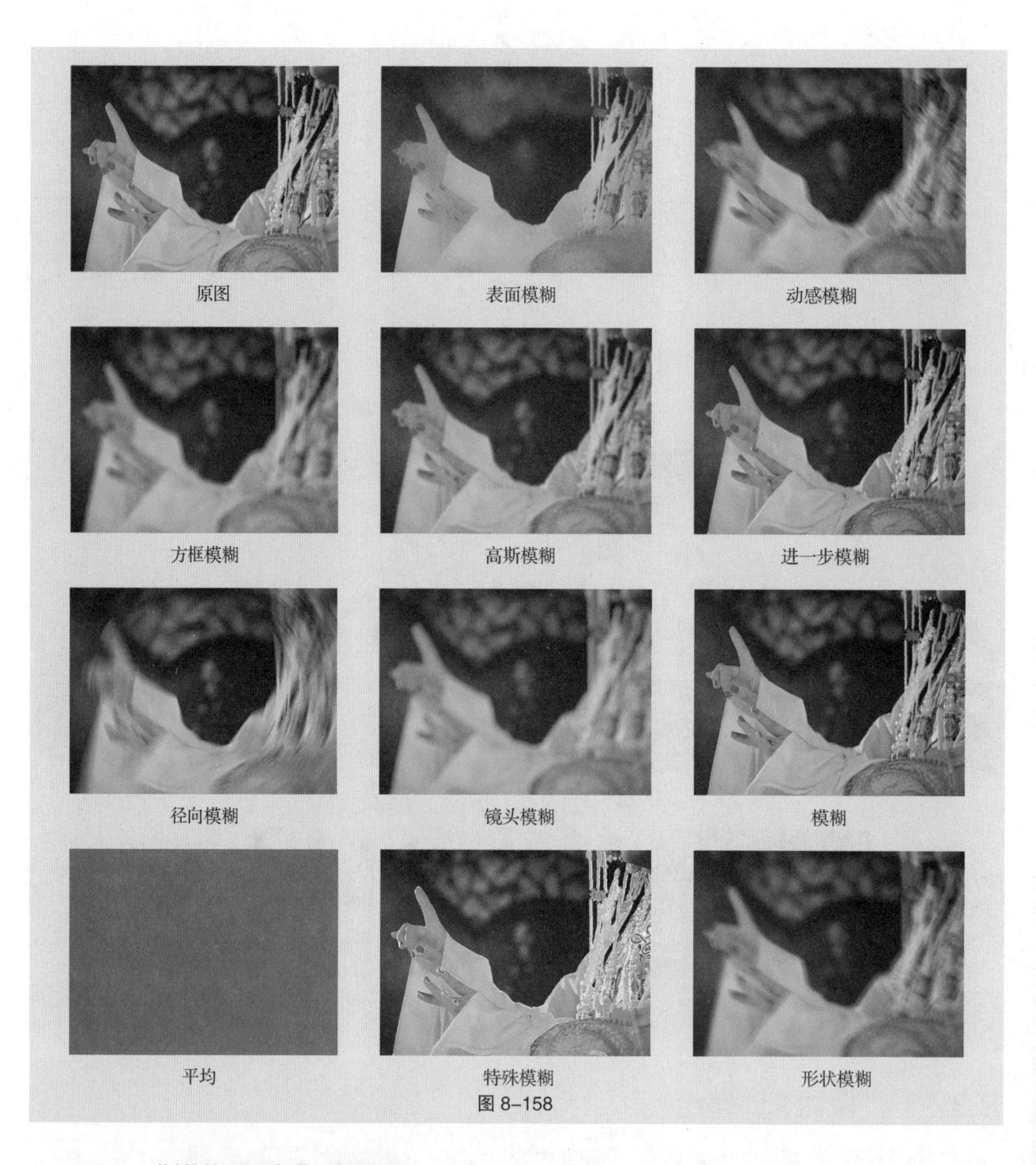

图 8-158

## 8.3.14 “模糊画廊”滤镜组

使用“模糊画廊”滤镜组中的滤镜可以使用图钉或路径来控制图像，制作模糊效果。“模糊画廊”滤镜组中的滤镜如图 8-159 所示。应用不同的滤镜制作出的效果如图 8-160 所示。

场景模糊...
光圈模糊...
移轴模糊...
路径模糊...
旋转模糊...

图 8-159

图 8-160

## 8.3.15 课堂案例——制作极限运动公众号封面次图

【案例学习目标】学习使用“扭曲”命令制作震撼的视觉效果。

【案例知识要点】使用“极坐标”滤镜、“波浪”滤镜扭曲图像；使用“裁剪”工具 裁剪图像；使用“添加图层蒙版”按钮和“画笔”工具 修饰图片；效果如图 8-161 所示。

【效果所在位置】云盘 \Ch08\ 效果 \ 制作极限运动公众号封面次图 .psd。

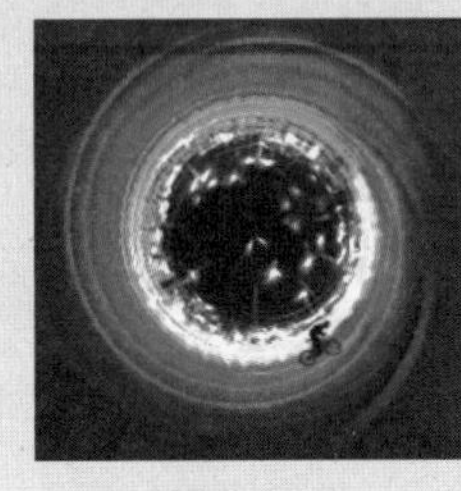

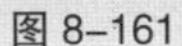
图 8-161

（1）按 Ctrl + O 组合键，打开云盘中的“Ch08 > 素材 > 制作极限运动公众号封面次图 > 01”文件，如图 8-162 所示。将“背景”图层拖曳到控制面板下方的“创建新图层”按钮 上进行复制，将新生成的图层命名为“底图”，如图 8-163 所示。

图 8-162

图 8-163

（2）选择“裁剪”工具，属性栏中的设置如图 8-164 所示。在图像窗口中的适当位置拖曳绘制一个裁剪框，如图 8-165 所示。按 Enter 键确定操作，效果如图 8-166 所示。

图 8-164

图 8-165　　图 8-166

（3）选择“滤镜 > 扭曲 > 极坐标”命令，在弹出的对话框中进行设置，如图 8-167 所示，单击“确定”按钮，效果如图 8-168 所示。

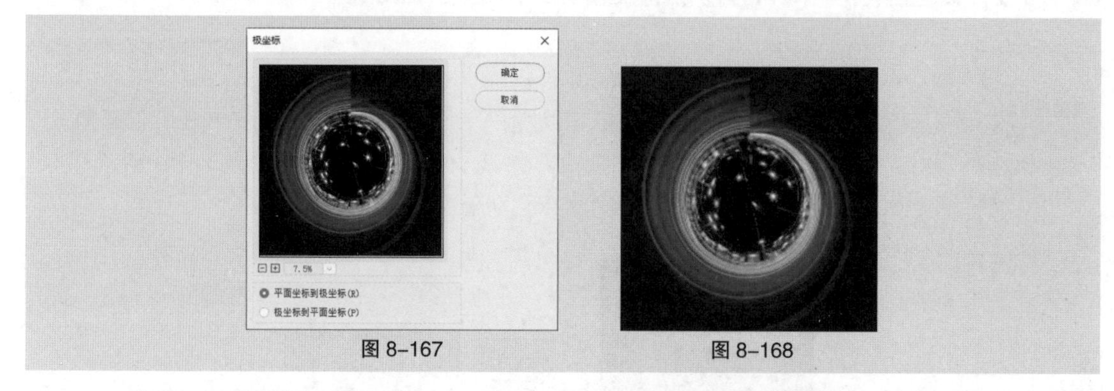


图 8-167　　图 8-168

（4）按 Ctrl+J 组合键，复制“底图”图层，生成新的图层“底图 拷贝”，如图 8-169 所示。

（5）按 Ctrl+T 组合键，图像周围出现变换框，将鼠标指针放在变换框的控制手柄外边，鼠标指针变为旋转图标，拖曳将图像旋转到适当的角度，按 Enter 键确定操作，效果如图 8-170 所示。

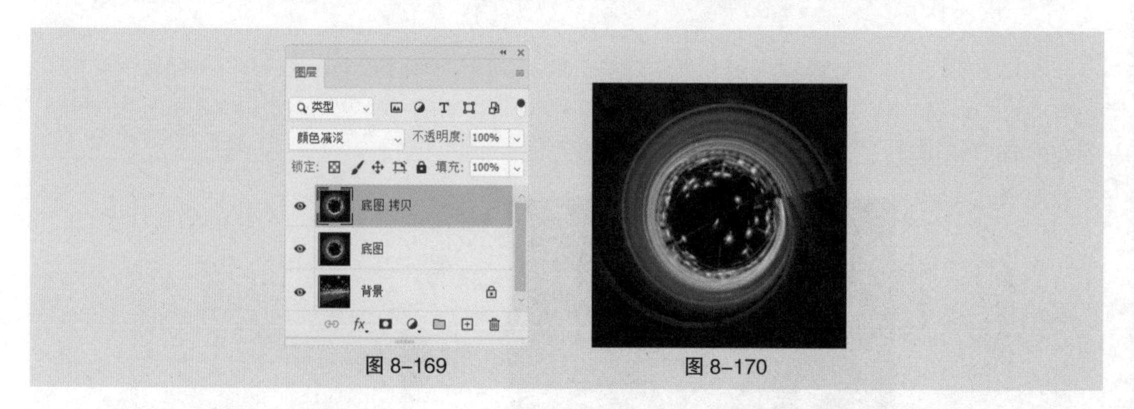


图 8-169　　图 8-170

（6）单击“图层”控制面板下方的“添加图层蒙版”按钮，为图层添加蒙版，如图 8-171 所示。将前景色设为黑色。选择“画笔”工具，在属性栏中单击“画笔预设”选项，弹出画笔选择面板。

在面板中选择需要的画笔形状，将“大小”选项设为 10 像素，如图 8-172 所示。在属性栏中将“不透明度”选项设为 80%，在图像窗口中拖曳擦除不需要的图像，效果如图 8-173 所示。

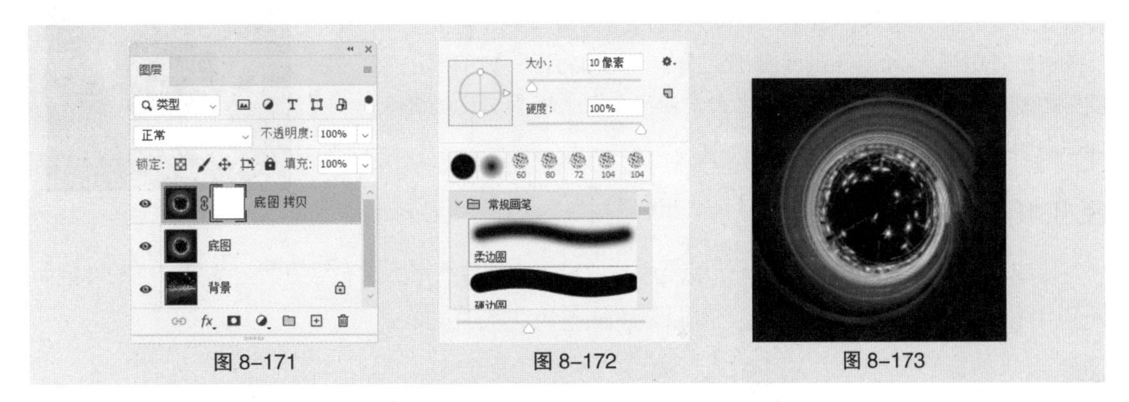


图 8-171　　图 8-172　　图 8-173

（7）按住 Ctrl 键的同时，选择“底图 拷贝”和“底图”图层。按 Ctrl+E 组合键，合并图层并将其命名为“底图”。按 Ctrl+J 组合键，复制“底图”图层，生成新的图层“底图 拷贝”，如图 8-174 所示。

（8）选择“滤镜 > 扭曲 > 波浪”命令，在弹出的对话框中进行设置，如图 8-175 所示，单击“确定”按钮，效果如图 8-176 所示。在“图层”控制面板上方，将“底图 拷贝”图层的混合模式设为“颜色减淡”，如图 8-177 所示，效果如图 8-178 所示。

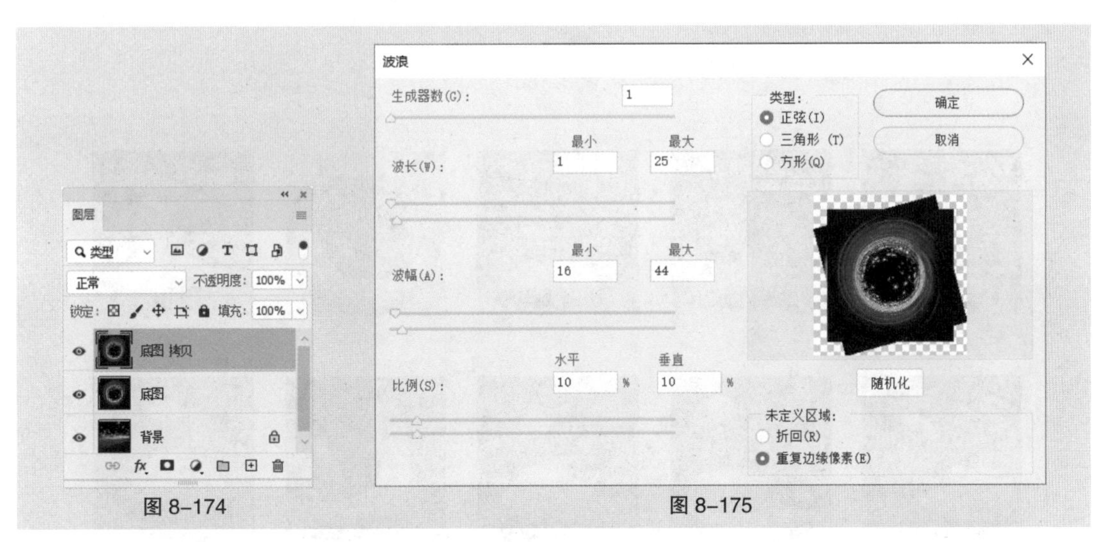


图 8-174　　图 8-175

图 8-176　　图 8-177　　图 8-178

（9）选择“文件 > 置入嵌入对象”命令，弹出“置入嵌入的对象”对话框，选择云盘中的“Ch08 > 素材 > 制作极限运动公众号封面次图 > 02”文件。单击“置入”按钮，将图片置入图像窗口中，将其拖曳到适当的位置并调整大小，按 Enter 键确定操作，效果如图 8-179 所示，将“图层”控制面板中新生成的图层命名为“自行车”。极限运动类公众号封面次图制作完成。

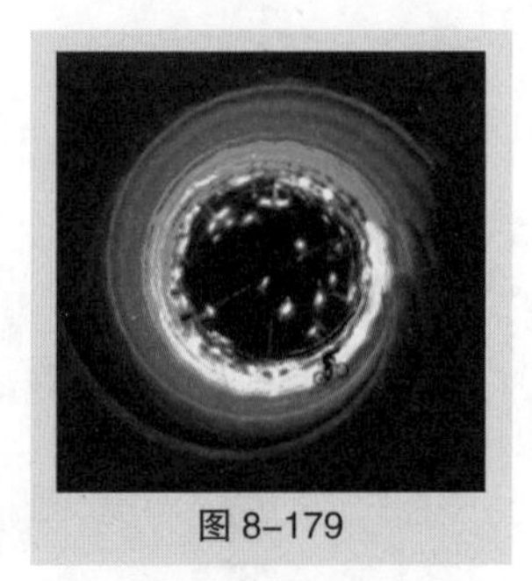
图 8-179

## 8.3.16 “扭曲”滤镜组

使用“扭曲”滤镜组中的滤镜可以生成从波浪、波纹等变形效果。“扭曲”滤镜组中的滤镜如图 8-180 所示。应用不同的滤镜制作出的效果如图 8-181 所示。

波浪...
波纹...
极坐标...
挤压...
切变...
球面化...
水波...
旋转扭曲...
置换...

图 8-180

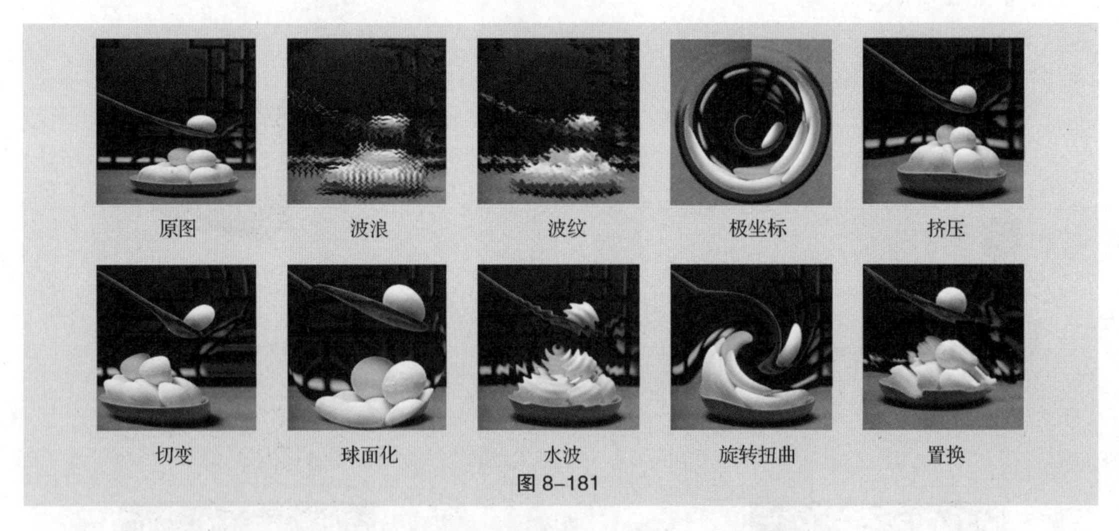

图 8-181

## 8.3.17 课堂案例——制作家用电器公众号封面首图

【案例学习目标】学习使用“锐化”命令锐化图片。

【案例知识要点】使用“USM 锐化”滤镜调整图片的清晰度；效果如图 8-182 所示。

【效果所在位置】云盘 \Ch08\ 效果 \ 制作家用电器公众号封面首图 .psd。

图 8-182

（1）按 Ctrl+N 组合键，弹出“新建文档”对话框，设置宽度为 900 像素、高度为 383 像素、分辨率为 72 像素 / 英寸、颜色模式为 RGB 颜色、背景内容为白色，单击“创建”按钮，新建一个文件。

（2）按 Ctrl + O 组合键，打开云盘中的“Ch08 > 素材 > 制作家用电器公众号封面首图 > 01”文件。选择“移动”工具，将“01”图片拖曳到新建的图像窗口中的适当位置，效果如图 8-183 所示，将“图层”控制面板中新生成的图层命名为“底图”。

图 8-183

（3）单击“图层”控制面板下方的“添加图层样式”按钮，在弹出的菜单中选择“描边”命令。弹出对话框，将描边颜色设为深红色（139、0、0），其他选项的设置如图 8-184 所示，单击“确定”按钮，效果如图 8-185 所示。

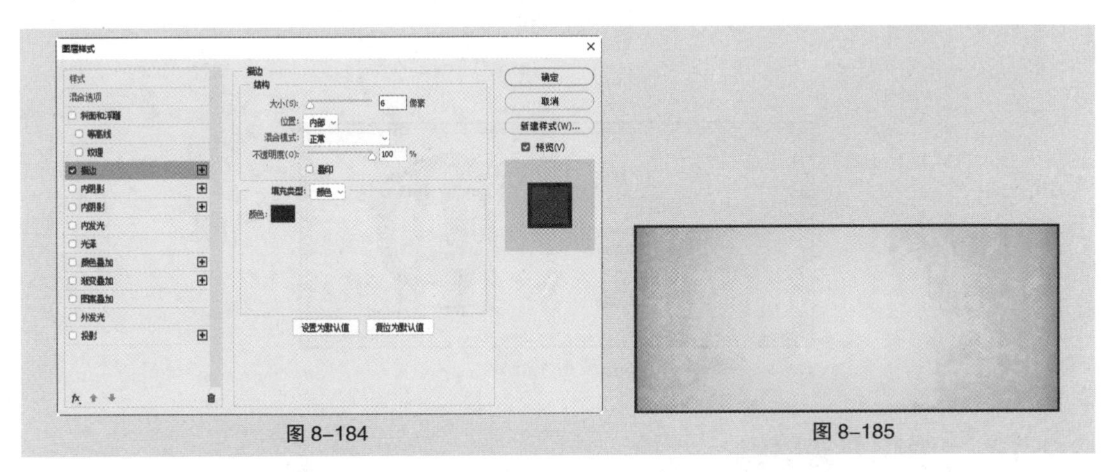

图 8-184　　图 8-185

（4）按 Ctrl+O 组合键，打开云盘中的“Ch08 > 素材 > 制作家用电器公众号封面首图 > 02、03”文件。选择“移动”工具，将“02”和“03”图像分别拖曳到新建的图像窗口中的适当位置，效果如图 8-186 所示，将“图层”控制面板中新生成的图层分别命名为“边框”和“热水壶”，如图 8-187 所示。

图 8-186　　图 8-187

（5）选中“热水壶”图层，选择“滤镜 > 锐化 > USM 锐化”命令，在弹出的对话框中进行设置，如图 8-188 所示，单击“确定”按钮，效果如图 8-189 所示。

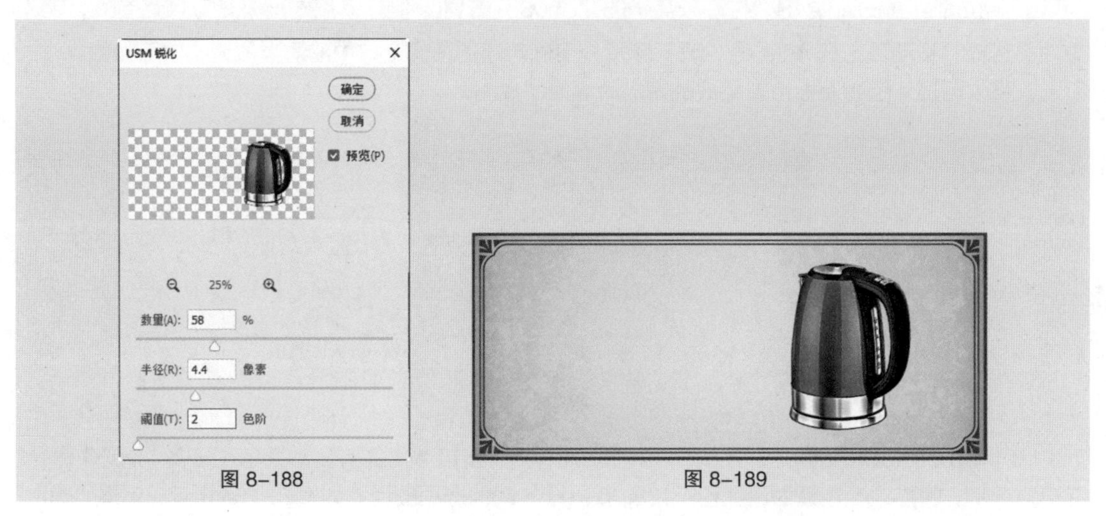


图 8-188　　图 8-189



（6）按 Ctrl+O 组合键，打开云盘中的“Ch08 > 素材 > 制作家用电器公众号封面首图 > 04”文件。选择“移动”工具 ，将“04”图片拖曳到新建的图像窗口中的适当位置，如图 8-190 所示，将“图层”控制面板中新生成的图层命名为“文字”。家用电器公众号封面首图制作完成。

图 8-190

## 8.3.18 “锐化”滤镜组

使用“锐化”滤镜组中的滤镜可以通过生成更大的对比度来使图像更加清晰，增强所处理的图像的轮廓。此滤镜组中的滤镜可减少图像修改后产生的模糊效果。“锐化”滤镜组中的滤镜如图 8-191 所示。应用不同的滤镜制作出的效果如图 8-192 所示。

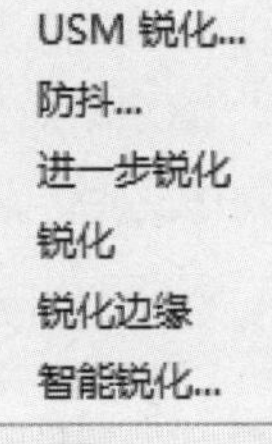

图 8-191

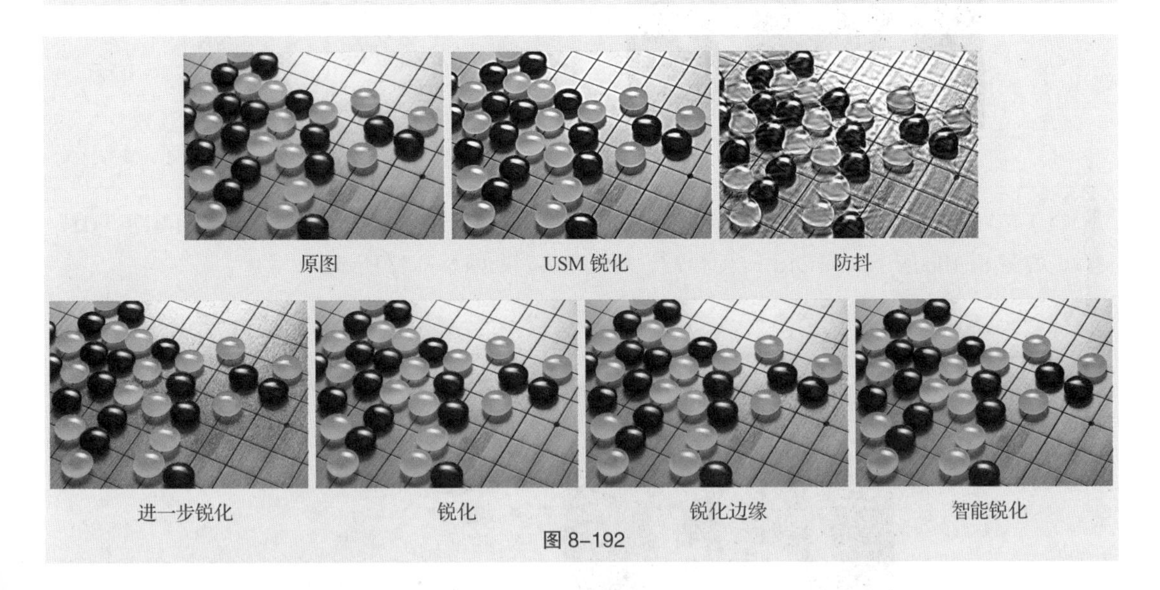

图 8-192





## 8.3.19 “视频”滤镜组

“视频”滤镜组中的滤镜将以隔行扫描方式提取的图像转换为视频设备可接收的图像，以解决图像交换时产生的系统差异。“视频”滤镜组中的滤镜如图 8-193 所示。应用不同的滤镜制作出的效果如图 8-194 所示。

图 8-193

图 8-194

## 8.3.20 课堂案例——制作文化传媒公众号封面首图

**【案例学习目标】**学习使用“像素化”命令、“模糊”命令和“渲染”命令制作文化传媒公众号封面首图。

【案例知识要点】使用“彩色半调”滤镜制作网点图像；使用“高斯模糊”滤镜和图层的混合模式调整图像效果；使用“镜头光晕”滤镜添加光晕；效果如图 8-195 所示。

【效果所在位置】云盘 \Ch08\ 效果 \ 制作文化传媒公众号封面首图 .psd。

图 8-195

（1）按 Ctrl + O 组合键，打开云盘中的“Ch08 > 素材 > 制作文化传媒公众号封面首图 > 01”文件，如图 8-196 所示。按 Ctrl+J 组合键，复制图层，如图 8-197 所示。

图 8-196　图 8-197

（2）选择“滤镜 > 像素化 > 彩色半调”命令，在弹出的对话框中进行设置，如图 8-198 所示，单击“确定”按钮，效果如图 8-199 所示。

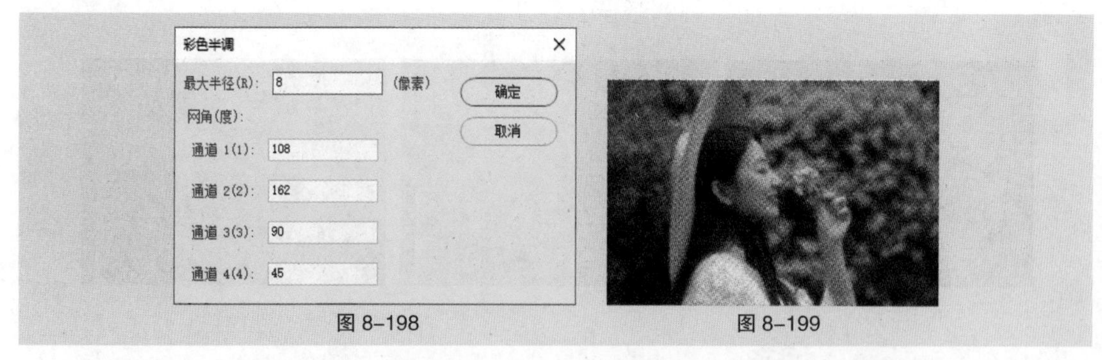


图 8-198　图 8-199

（3）选择“滤镜 > 模糊 > 高斯模糊”命令，在弹出的对话框中进行设置，如图 8-200 所示，单击“确定”按钮，效果如图 8-201 所示。

（4）在“图层”控制面板上方，将该图层的混合模式设为“正片叠底”，如图 8-202 所示，效果如图 8-203 所示。

（5）选择“背景”图层，按 Ctrl+J 组合键，复制“背景”图层，将复制的图层拖曳到“图层 1”的上方，如图 8-204 所示。

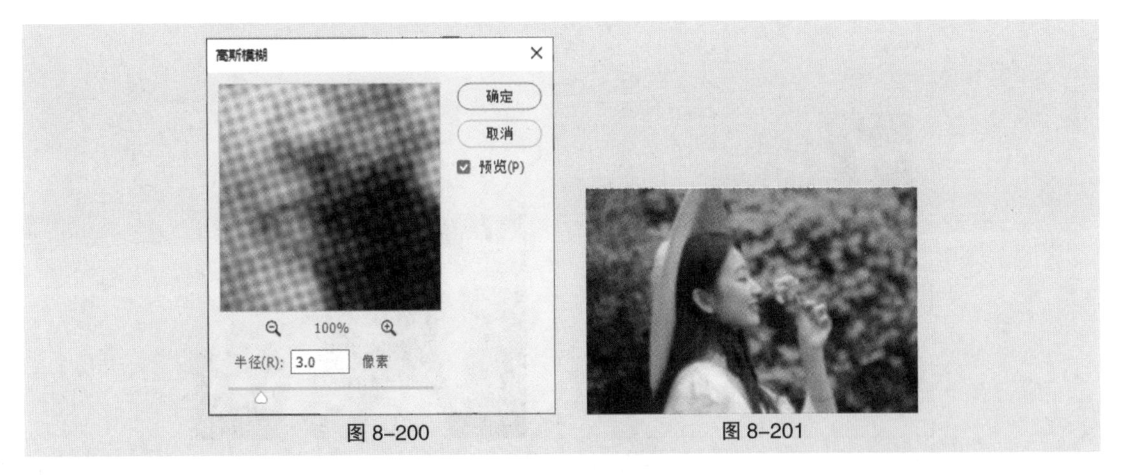


图 8-200　　图 8-201

图 8-202　　图 8-203　　图 8-204

（6）按 D 键，恢复为默认前景色和背景色。选择“滤镜 > 滤镜库”命令，在弹出的对话框中进行设置，如图 8-205 所示，单击“确定”按钮，效果如图 8-206 所示。

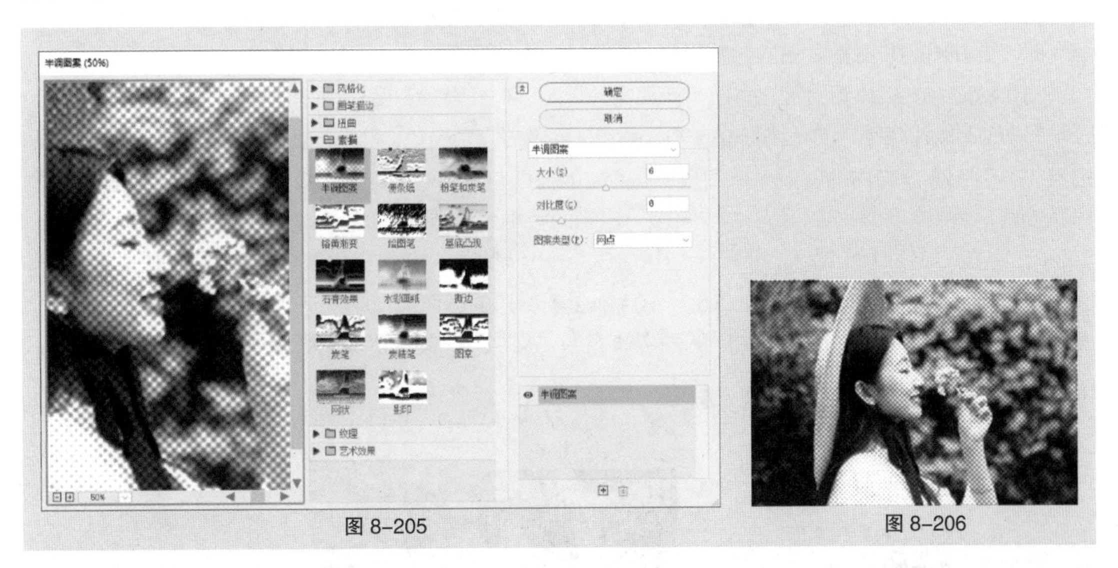


图 8-205　　图 8-206

（7）选择“滤镜 > 渲染 > 镜头光晕”命令，在弹出的对话框中进行设置，如图 8-207 所示，单击“确定”按钮，效果如图 8-208 所示。

（8）在“图层”控制面板上方，将“背景 拷贝”图层的混合模式设为“强光”，如图 8-209 所示，效果如图 8-210 所示。

图 8-207　　图 8-208

图 8-209　　图 8-210

（9）选择“背景”图层。按 Ctrl+J 组合键，复制“背景”图层，生成新的图层“背景 拷贝 2”。在按住 Shift 键的同时，选择“背景 拷贝”图层和“背景 拷贝 2”图层之间的所有图层。按 Ctrl+E 组合键，合并图层并将其命名为“效果”，如图 8-211 所示。

（10）按 Ctrl + N 组合键，弹出“新建文档”对话框，设置宽度为 1175 像素、高度为 500 像素、分辨率为 72 像素 / 英寸、颜色模式为 RGB 颜色、背景内容为白色，单击“创建”按钮，新建一个文件。选择“01”图像窗口中的“效果”图层。选择“移动”工具，将图像拖曳到新建的图像窗口中的适当位置，效果如图 8-212 所示，“图层”控制面板中生成新的图层，如图 8-213 所示。

（11）按 Ctrl+O 组合键，打开云盘中的“Ch08 > 素材 > 制作文化传媒公众号封面首图 > 02”文件。选择“移动”工具，将“02”图片拖曳到新建的图像窗口中的适当位置，效果如图 8-214 所示，将“图层”控制面板中新生成的图层命名为“文字”。文化传媒类公众号封面首图制作完成。

图 8-211　　图 8-212

图 8-213　　图 8-214

## 8.3.21 “像素化”滤镜组

“像素化”滤镜组中的滤镜可以用于将图像分块或将图像平面化。“像素化”滤镜组中的滤镜如图 8-215 所示。应用不同的滤镜制作出的效果如图 8-216 所示。

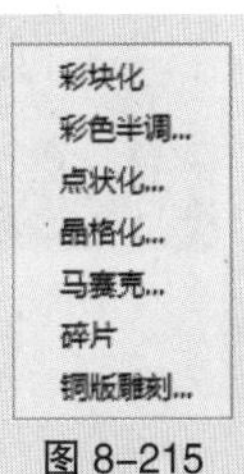

图 8-215

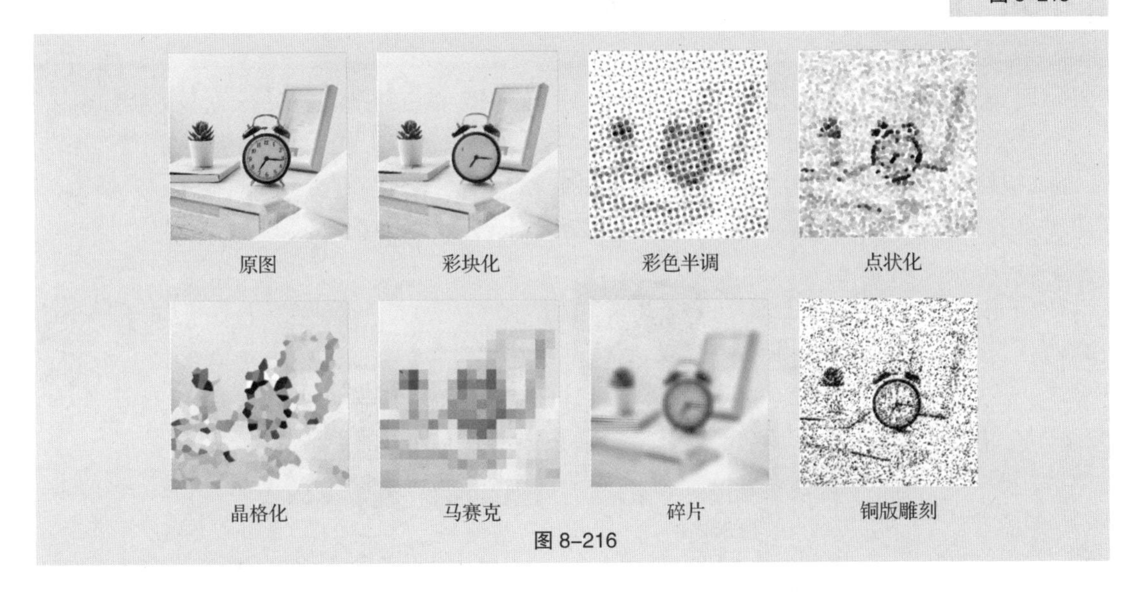
原图　彩块化　彩色半调　点状化

晶格化　马赛克　碎片　铜版雕刻

图 8-216

## 8.3.22 “渲染”滤镜组

使用“渲染”滤镜组中的滤镜可以在图片中产生不同的照明、光源和夜景效果。“渲染”滤镜组中的滤镜如图 8-217 所示。应用不同的滤镜制作出的效果如图 8-218 所示。

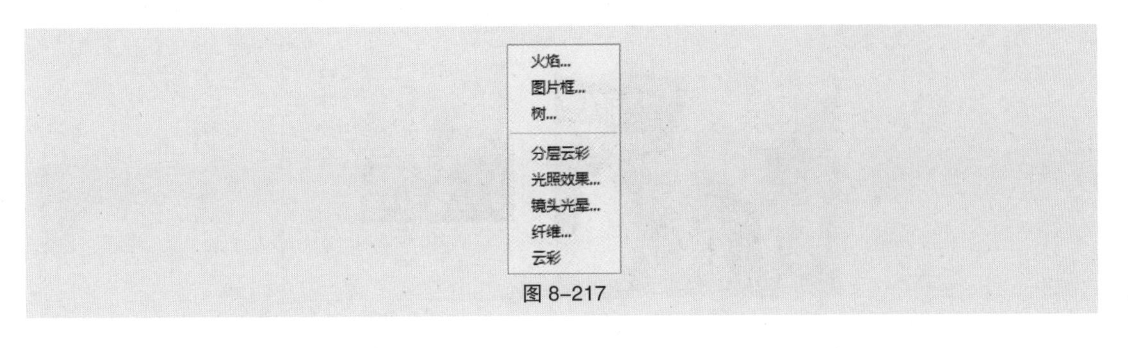

图 8-217

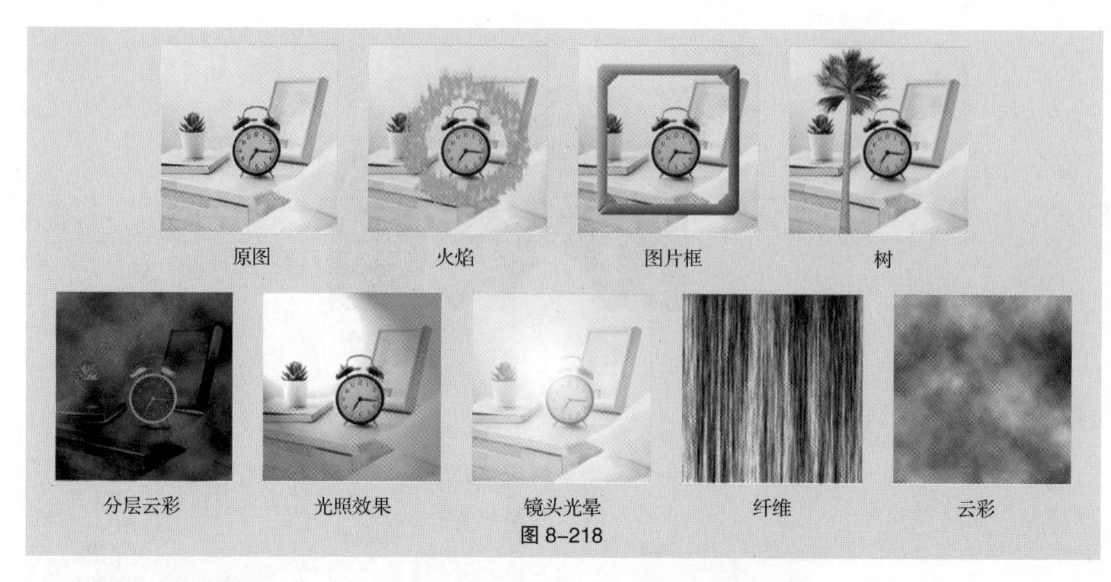

图 8–218

## 8.3.23 课堂案例——制作旅游出行公众号文章配图

【案例学习目标】学习使用“杂色”命令、“滤镜库”命令制作旅游出行公众号文章配图。

【案例知识要点】使用“中间值”滤镜、“照亮边缘”滤镜、“反相”命令、“图层”控制面板制作旅游出行公众号文章配图；效果如图 8–219 所示。

【效果所在位置】云盘 \Ch08\ 效果 \ 制作旅游出行公众号文章配图 .psd。

图 8–219

（1）按 Ctrl + O 组合键，打开云盘中的“Ch08 > 素材 > 制作旅游出行公众号文章配图 > 01”文件，如图 8–220 所示。将“背景”图层拖曳到“图层”控制面板下方的“创建新图层”按钮 ⊞ 上进行复制，生成新的图层“背景 拷贝”。选择“滤镜 > 杂色 > 中间值”命令，在弹出的对话框中进行设置，如图 8–221 所示，单击“确定”按钮。

图 8–220　图 8–221

（2）将“背景”图层拖曳到“图层”控制面板下方的“创建新图层”按钮 ⊞ 上进行复制，生成新的图层“背景 拷贝 2”。将“背景 拷贝 2”图层拖曳到“背景 拷贝”图层的上方，如图 8-222 所示。

（3）选择“滤镜 > 滤镜库”命令，在弹出的对话框中选择“风格化 > 照亮边缘”滤镜，选项的设置如图 8-223 所示，单击“确定”按钮，效果如图 8-224 所示。按 Ctrl+I 组合键，对图像进行反相操作，如图 8-225 所示。

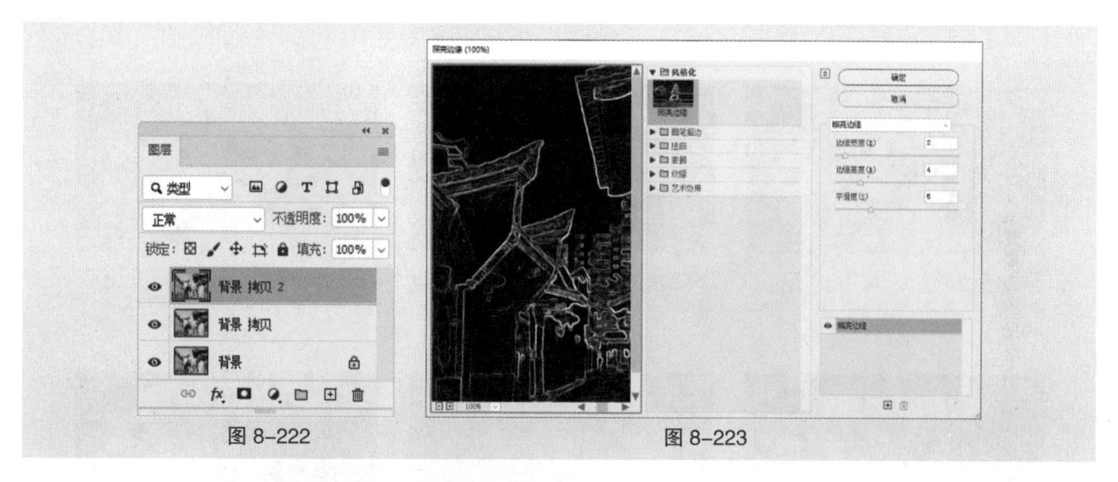


图 8-222　　图 8-223

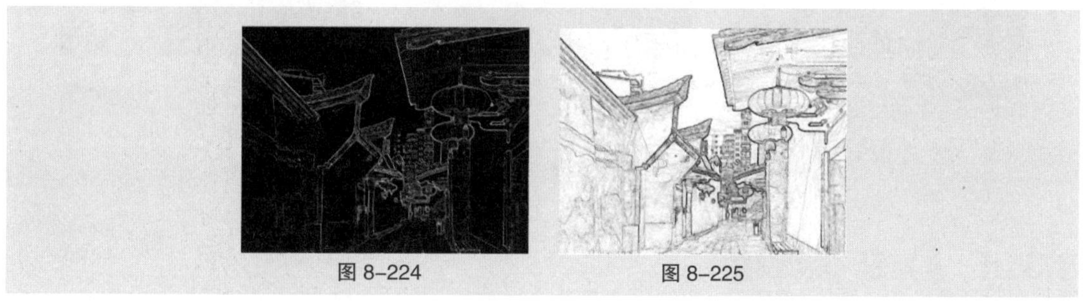

图 8-224　　图 8-225

（4）在“图层”控制面板上方，将该图层的混合模式设置为“叠加”，将“不透明度”设置为 70%，如图 8-226 所示，按 Enter 键确定操作，效果如图 8-227 所示。旅游出行公众号文章配图制作完成。

图 8-226　　图 8-227

## 8.3.24 “杂色”滤镜组

使用“杂色”滤镜组中的滤镜可以添加或去除杂色、斑点、蒙尘或划痕等。“杂色”滤镜组中的滤镜如图 8-228 所示。应用不同的滤镜制作出的效果如图 8-229 所示。

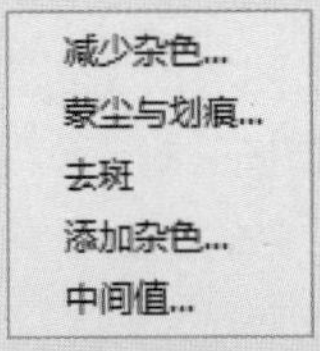

减少杂色...
蒙尘与划痕...
去斑
添加杂色...
中间值...

图 8-228

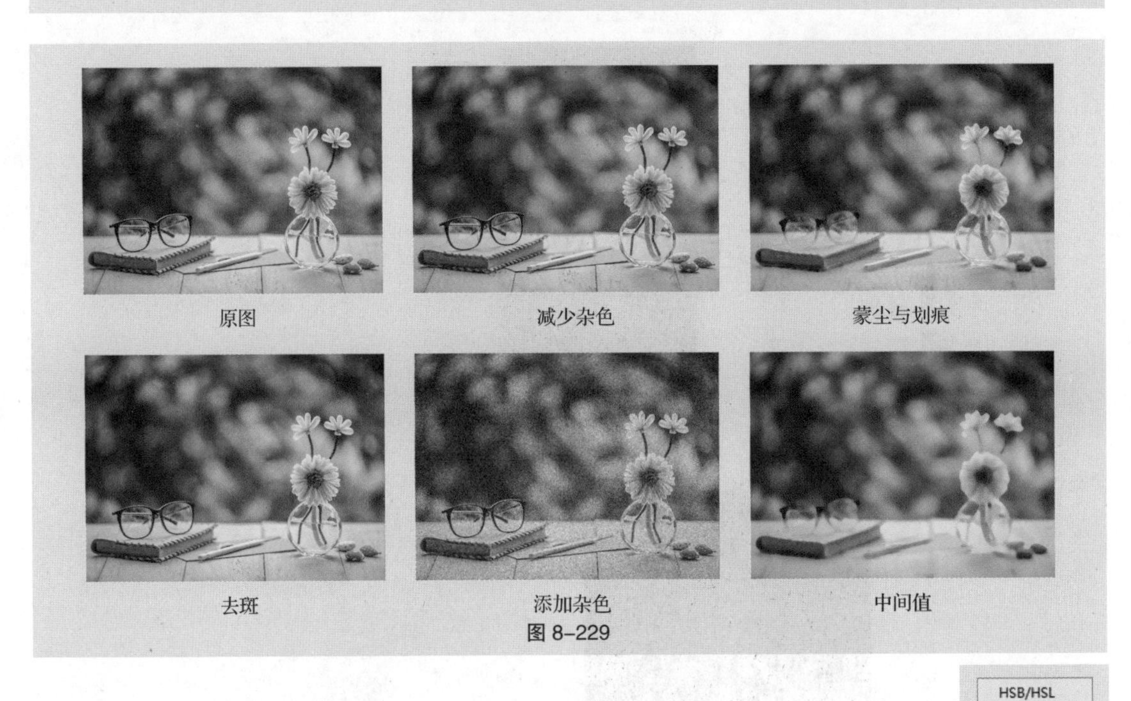

原图　减少杂色　蒙尘与划痕

去斑　添加杂色　中间值

图 8-229

## 8.3.25 “其它”滤镜组

使用“其它”滤镜组中的滤镜可以创建特殊的效果。“其它”滤镜组中的滤镜如图 8-230 所示。应用不同的滤镜制作出的效果如图 8-231 所示。

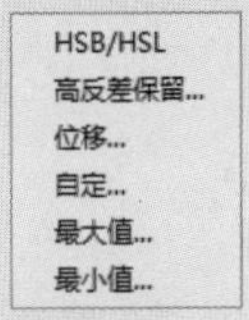

HSB/HSL
高反差保留...
位移...
自定...
最大值...
最小值...

图 8-230

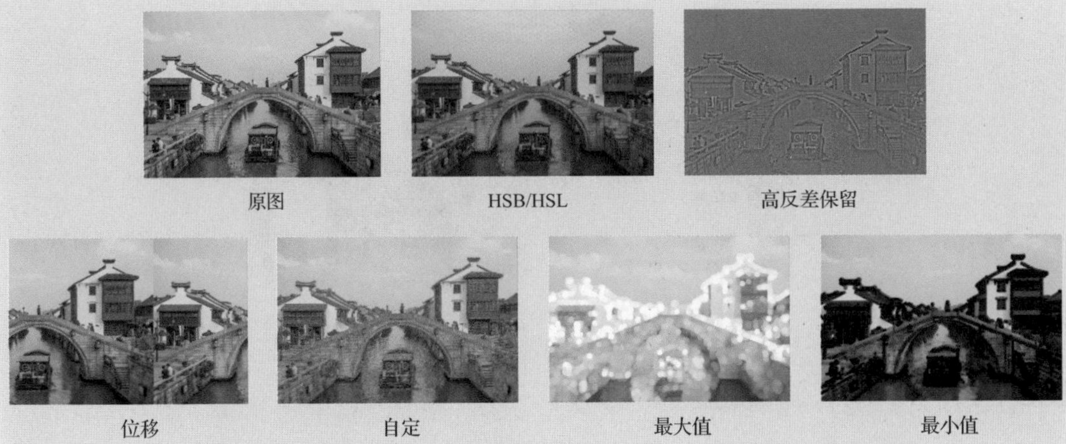

原图　HSB/HSL　高反差保留

位移　自定　最大值　最小值

图 8-231

# 8.4 滤镜的使用技巧

重复使用滤镜、对局部图像使用滤镜、对通道使用滤镜、使用智能滤镜或对滤镜效果进行调整可以使图像产生更加丰富、生动的变化。

## 8.4.1 重复使用滤镜

如果在使用一次滤镜后，效果不理想，可以按 Ctrl+F 组合键，重复使用滤镜。多次重复使用滤镜的不同效果如图 8-232 所示。

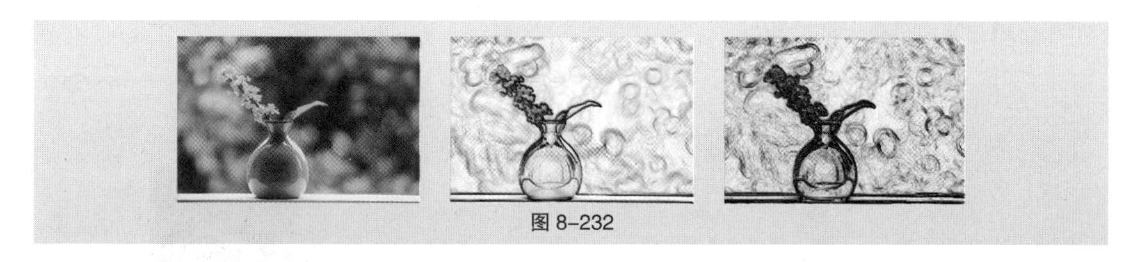

图 8-232

## 8.4.2 对局部图像使用滤镜

对局部图像使用滤镜，是常用的处理图像的方法。在图像上绘制选区，如图 8-233 所示，对选区中的图像使用“查找边缘”滤镜，效果如图 8-234 所示。如果对选区进行羽化后再使用滤镜，就可以得到与原图融为一体的效果。在“羽化选区”对话框中设置羽化的数值，如图 8-235 所示，单击“确定”按钮，再使用滤镜得到的效果如图 8-236 所示。

图 8-233　图 8-234　图 8-235　图 8-236

## 8.4.3 对通道使用滤镜

如果分别对图像的各个通道使用滤镜，结果和对原图像直接使用滤镜的效果是一样的。对图像的部分通道使用滤镜，可以得到非常特别的效果。原始图像如图 8-237 所示，对图像的绿、蓝通道分别使用“径向模糊”滤镜后得到的效果如图 8-238 所示。

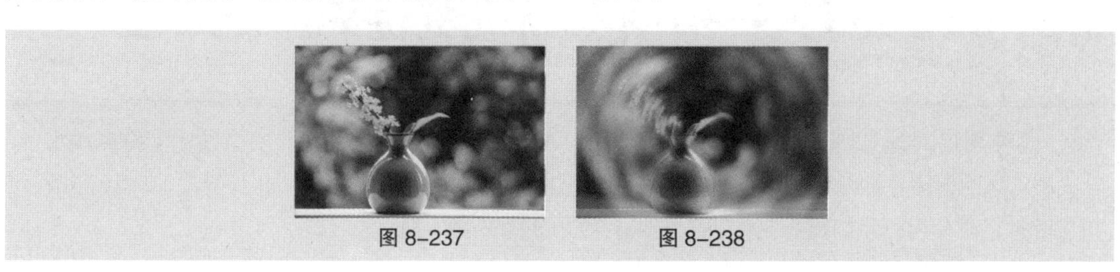

图 8-237　图 8-238

## 8.4.4 智能滤镜

常用的滤镜在应用后就不能改变滤镜中的数值，智能滤镜是针对智能对象使用的、可调节滤镜效果的一种应用模式。

在“图层”控制面板中选中需要的图层，如图 8-239 所示。选择“滤镜 > 转换为智能滤镜”命令，弹出提示对话框，单击“确定”按钮，“图层”控制面板中的效果如图 8-240 所示。选择“滤镜 > 模糊 > 动感模糊”命令，为图像添加动感模糊效果，“图层”控制面板中此图层的下方显示出滤镜名称，如图 8-241 所示。

双击“图层”控制面板中的滤镜名称，可以在弹出的相应对话框中重新设置参数。单击滤镜名称右侧的“双击以编辑滤镜混合选项”图标，可在弹出的“混合选项”对话框中设置滤镜效果的模式和不透明度，如图 8-242 所示。

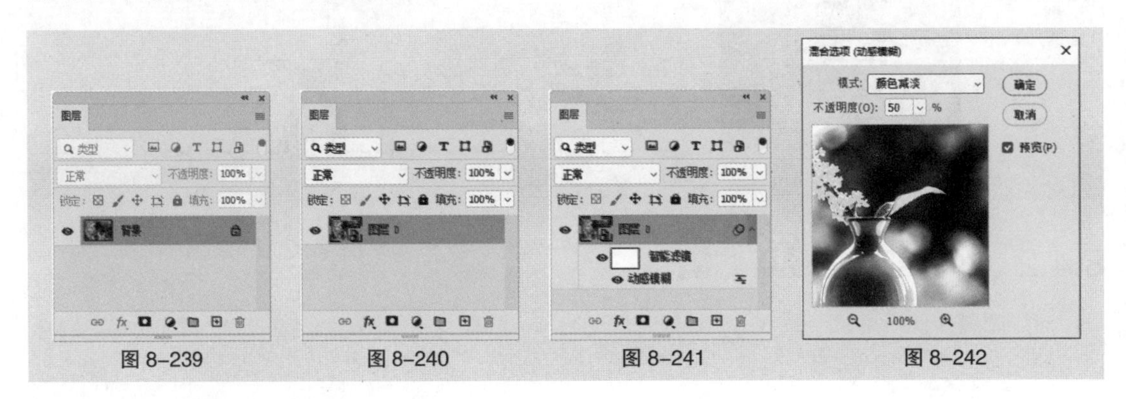

图 8-239　图 8-240　图 8-241　图 8-242

## 8.4.5 对滤镜效果进行调整

对图像应用“动感模糊”滤镜后，效果如图 8-243 所示。按 Shift+Ctrl+F 组合键，弹出“渐隐”对话框，调整不透明度并选择模式，如图 8-244 所示，单击“确定”按钮，滤镜效果产生变化，如图 8-245 所示。

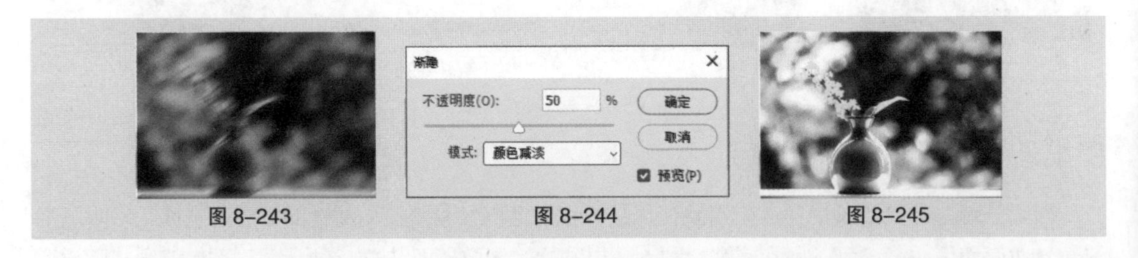

图 8-243　图 8-244　图 8-245

# 8.5 课堂练习——制作珍稀动物保护宣传海报

【练习知识要点】使用“椭圆”工具、“油画”滤镜、“动感模糊”滤镜制作装饰圆形；使用“高斯模糊”滤镜为兰花添加模糊效果；使用“添加杂色”滤镜、“径向模糊”滤镜、“渐变映射”命令为丹顶鹤图片制作特殊效果；效果如图 8-246 所示。

【效果所在位置】云盘 \Ch08\ 效果 \ 制作珍稀动物保护宣传海报 .psd。

图 8-246

## 8.6 课后习题——制作汽车销售类公众号封面首图

【习题知识要点】使用滤镜库中的“艺术效果”滤镜组和“纹理”滤镜组中的滤镜制作图片特效；使用文字工具组添加宣传文字；效果如图 8-247 所示。

【效果所在位置】云盘 \Ch08\ 效果 \ 制作汽车销售类公众号封面首图 .psd。

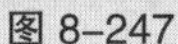

图 8-247

# 第9章

09

# 商业案例

## 本章介绍

本章结合多个应用领域商业案例的实际应用，通过项目背景、项目要求、项目设计、项目要点和项目制作进一步讲解 Photoshop 强大的应用功能和制作技巧。通过对本章的学习，读者可以快速地掌握商业案例设计的理念和软件的技术要点，设计制作出专业的案例。

### 学习目标

- 掌握软件基础知识的使用方法
- 了解 Photoshop 的常用设计领域
- 掌握 Photoshop 在不同设计领域的使用技巧

### 技能目标

- 掌握图标设计——时钟图标的绘制方法
- 掌握 App 页面设计——旅游类 App 首页的制作方法
- 掌握海报设计——传统文化宣传海报的制作方法
- 掌握 Banner 设计——服装饰品 App 首页 Banner 的制作方法
- 掌握书籍设计——化妆美容书封面的制作方法
- 掌握包装设计——果汁饮料包装的制作方法
- 掌握网页设计——中式茶叶官网首页的制作方法

### 素养目标

- 提升读者的综合设计能力和资源整合能力
- 激发读者的设计兴趣

# 9.1 图标设计——绘制时钟图标

## 9.1.1 项目背景

扩展阅读

**1. 客户名称**

微迪设计公司。

**2. 客户需求**

微迪设计公司是一家集界面设计、Logo 设计、视觉设计于一体的设计公司，得到众多客户的一致好评。公司现阶段需要为新开发的时钟 App 设计一款图标，要求使用拟物化的形式表达出 App 的特征，且要有极高的辨识度。

## 9.1.2 项目要求

（1）拟物化的图标设计，真实、直观、辨识度高。

（2）图标简洁明了，搭配合理。

（3）使用简洁、亮丽的色彩搭配，增加画面的活泼感。

（4）设计规格为 1024 像素（宽）×1024 像素（高），分辨率为 72 像素 / 英寸。

## 9.1.3 项目要点

使用“椭圆”工具、“减去顶层形状”命令和“添加图层样式”按钮绘制表盘；使用“圆角矩形”工具、“矩形”工具和“创建剪贴蒙版”命令绘制指针和刻度；使用“钢笔”工具、“图层”控制面板和“渐变”工具制作投影。

## 9.1.4 项目设计与制作

本案例的设计流程如图 9-1 所示。

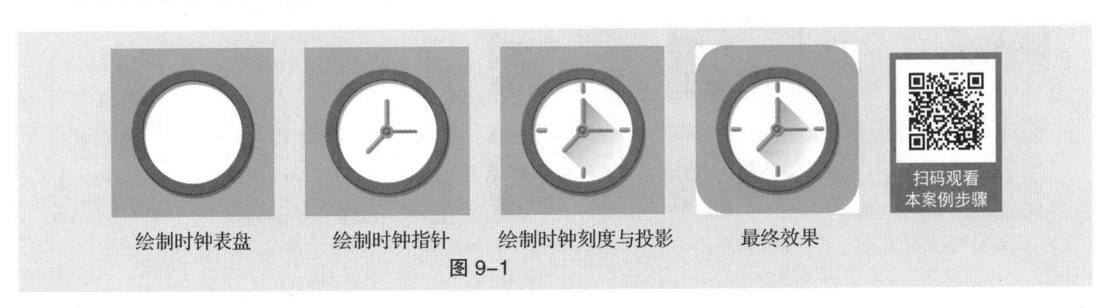


图 9-1

# 9.2 App 页面设计——制作旅游类 App 首页

## 9.2.1 项目背景

**1. 客户名称**

畅游旅游 App。

**2. 客户需求**

畅游旅游是一个在线票务服务公司，已创办多年，成功整合了高科技产业与传统旅游行业特点，为会员提供集酒店预订、机票预订、商旅管理、特惠商户及旅游资讯在内的全方位旅行服务。现为美化公司 App 页面，需要重新设计一款 App 首页，要求符合公司经营项目的特点。

### 9.2.2 项目要求

（1）页面布局合理，模块划分清晰、明确。

（2）Banner 采用风景图与文字相结合的形式，突出主题。

（3）整体色彩鲜艳、时尚，使人有兴趣浏览。

（4）景点图与介绍性文字合理搭配，相互呼应。

（5）设计规格为 750 像素（宽）×2086 像素（高），分辨率为 72 像素 / 英寸。

### 9.2.3 项目要点

使用“圆角矩形”工具、“矩形”工具和“椭圆”工具绘制形状；使用“置入嵌入对象”命令置入图片和图标；使用“创建剪贴蒙版”命令调整图片显示区域；使用“添加图层样式”按钮添加特殊效果；使用“横排文字”工具输入文字。

### 9.2.4 项目设计与制作

本案例的设计流程如图 9-2 所示。

图 9-2

## 9.3 海报设计——制作传统文化宣传海报

### 9.3.1 项目背景

**1. 客户名称**

北莞市展览馆。

**2. 客户需求**

古琴是汉族最早的弹弦乐器，在我国古代文化中的地位很高，是汉文化中的瑰宝。古琴以其独特的艺术魅力、厚重的文史底蕴，诠释着中华民族传统文化的精髓。本案例是设计制作古琴展览广告，要求在设计上要表现出古琴古香古色的特点和声韵之美。

## 9.3.2 项目要求

（1）背景元素和装饰图形要使用水墨风格，以表现出古琴的韵味和特点。

（2）使用古琴图片展示出本次展览会的主题。

（3）设计和编排要灵活，展示出展览会的相关信息。

（4）整体设计时尚典雅、充满韵味。

（5）设计规格为 21.6 厘米（宽）×29.1 厘米（高），分辨率为 150 像素 / 英寸。

## 9.3.3 项目要点

使用“创建新的填充或调整图层”按钮调整图像色调；使用“横排文字”工具 T. 添加文字信息；使用“矩形”工具 □. 和“直线”工具 ⁄. 添加装饰图形；使用“添加图层样式”按钮给文字添加特殊效果。

## 9.3.4 项目设计与制作

本案例的设计流程如图 9-3 所示。

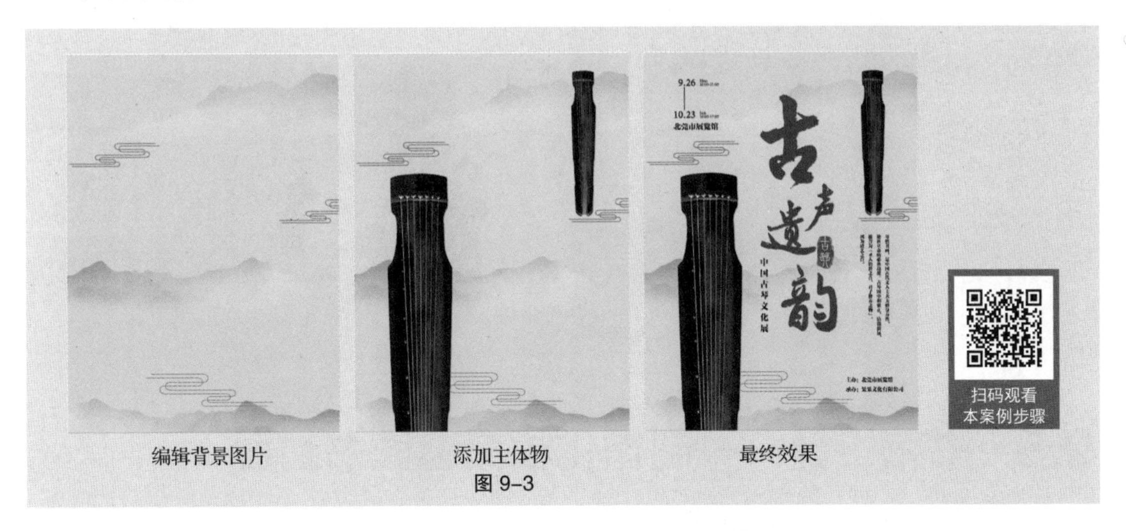


编辑背景图片　　添加主体物　　最终效果

图 9-3

# 9.4 Banner 设计——制作服装饰品 Banner

## 9.4.1 项目背景

**1. 客户名称**

霓裳服饰店。

**2. 客户需求**

霓裳服饰店是一家专业出售女士服饰的专卖店，一直深受崇尚时尚的女性喜爱。服饰店要为春季新款服饰制作网页焦点广告，设计要求典雅、时尚，能够体现店铺的特点。

### 9.4.2 项目要求

（1）设计要求以服装模特相关的图片为主要内容。

（2）运用颜色鲜明且较为现代的背景，与文字一起构成丰富的画面。

（3）设计要求体现本店时尚、简约的风格，色彩淡雅，给人活泼、清雅的视觉信息。

（4）要求文字排版简洁、明快，使消费者快速了解店铺信息。

（5）设计规格为 750 像素（宽）×200 像素（高），分辨率为 72 像素 / 英寸。

### 9.4.3 项目要点

使用“横排文字”工具 T. 添加文字信息；使用“椭圆”工具 ○、“矩形”工具 □ 和“直线”工具 ／ 添加装饰图形；使用“置入嵌入对象”命令置入图像。

### 9.4.4 项目设计与制作

本案例的设计流程如图 9-4 所示。

图 9-4

## 9.5 书籍设计——制作化妆美容图书封面

### 9.5.1 项目背景

**1. 客户名称**

文理青年出版社。

**2. 客户需求**

文理青年出版社即将出版一本关于化妆的图书，书名叫作《四季美妆私语》，目前需要为该图书设计封面。图书封面设计要求围绕化妆这一主题，能够通过封面吸引读者注意，要求将图书内容在封面中很好地体现出来。

## 9.5.2 项目要求

（1）图书封面使用可爱、漂亮的背景，注重细节的修饰和处理。

（2）整体色调美观舒适、色彩丰富、搭配自然。

（3）图书的封面要表现出化妆的魅力和特色，与图书主题相呼应。

（4）设计规格为 46.6 厘米（宽）×26.6 厘米（高），分辨率为 150 像素 / 英寸。

## 9.5.3 项目要点

使用“新建参考线”命令添加参考线；使用“矩形”工具、“不透明度”选项和创建剪贴蒙版的组合键制作宣传图片；使用“椭圆”工具、“定义图案”命令和“图案填充”命令制作背景底图；使用“自定形状”工具绘制装饰图形；使用“横排文字”工具和“描边”命令添加相关文字。

## 9.5.4 项目设计与制作

本案例的设计流程如图 9–5 所示。

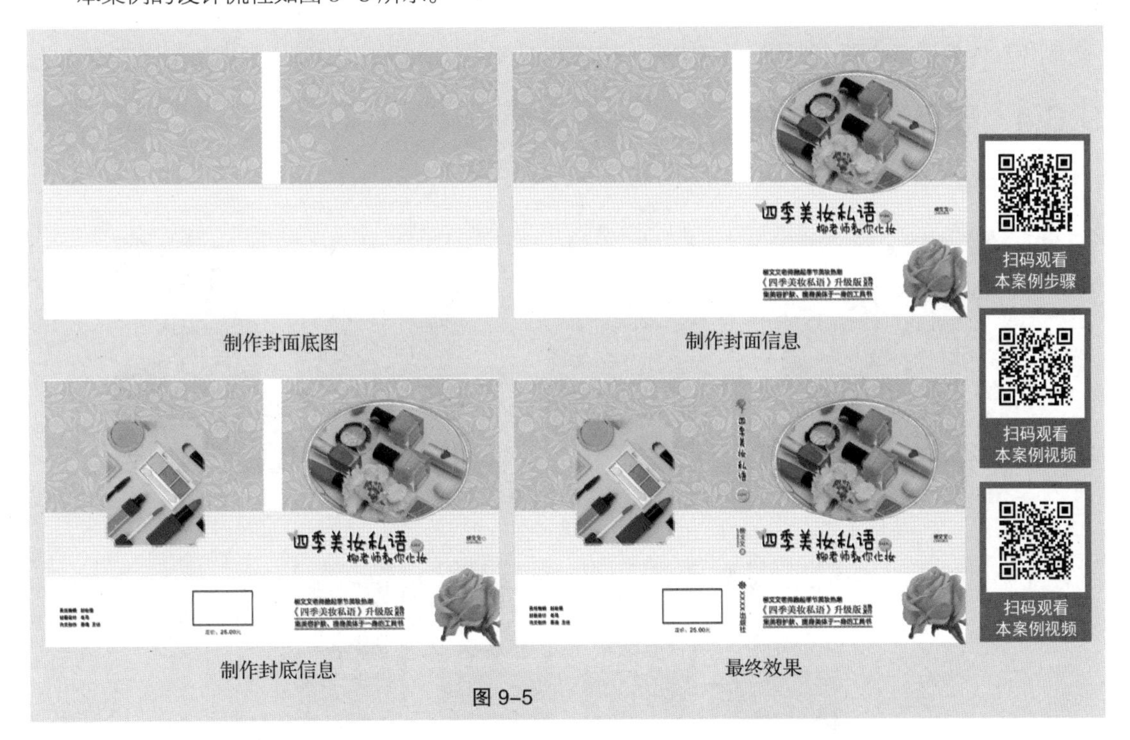


图 9–5

# 9.6 包装设计——制作果汁饮料包装

## 9.6.1 项目背景

**1. 客户名称**

天乐饮料有限公司。

**2. 客户需求**

天乐饮料有限公司是一家以生产纯天然果汁为主的饮料企业。要求为该公司设计一款有机水果饮料的包装，产品主要针对关注健康、注意营养膳食结构的人群。在包装设计上要体现出果汁来源于新鲜水果的概念。

## 9.6.2 项目要求

（1）包装风格要求以米黄和粉红为主，体现出产品新鲜、健康的特点。

（2）字体要求简洁、大气，配合整体的包装风格，让人印象深刻。

（3）设计以水果图片为主，图文的搭配、编排合理，视觉效果强烈。

（4）以真实、简洁的方式向观者传达信息内容。

（5）设计规格为 29 厘米（宽）×29 厘米（高），分辨率为 300 像素 / 英寸。

## 9.6.3 项目要点

使用“新建参考线”命令添加参考线；使用“矩形选框”工具和绘图工具组添加背景底图；使用“移动”工具、“添加图层蒙版”按钮和“画笔”工具制作水果和自然图片；使用“横排文字”工具和“创建文字变形”按钮添加宣传文字；使用“自由变换”命令和“钢笔”工具制作立体效果；使用“移动”工具、“椭圆”工具、“自定形状”工具制作广告效果。

## 9.6.4 项目设计与制作

本案例的设计流程如图 9-6 所示。

图 9-6

# 9.7 网页设计——制作中式茶叶官网首页

## 9.7.1 项目背景

**1. 客户名称**

品茗茶叶有限公司。

**2. 客户需求**

品茗茶叶有限公司是一家以制茶为主的企业，秉承汇聚源产地好茶的理念，在业内深受客户的喜爱，已开设多家连锁店。现为提升公司知名度，需要设计一个官网首页，要求体现公司内涵、传达企业理念，并能展示出主营产品。

## 9.7.2 项目要求

（1）整体版面以中式风格为主。

（2）设计简洁、大方，体现绿色生态的理念。

（3）以绿色和白色为主色调，和谐统一。

（4）要求体现主营产品的种类和种植环境。

（5）设计规格为 1920 像素（宽）×4867 像素（高），分辨率为 72 像素 / 英寸。

## 9.7.3 项目要点

使用“新建参考线”命令建立参考线；使用“置入嵌入对象”命令置入图片；使用创建剪贴蒙版的组合键调整图片的显示区域；使用“横排文字”工具 T. 添加文字；使用“矩形”工具 □. 和“圆角矩形”工具 ▢. 绘制基本形状。

## 9.7.4 项目设计与制作

本案例的设计流程如图 9-7 所示。

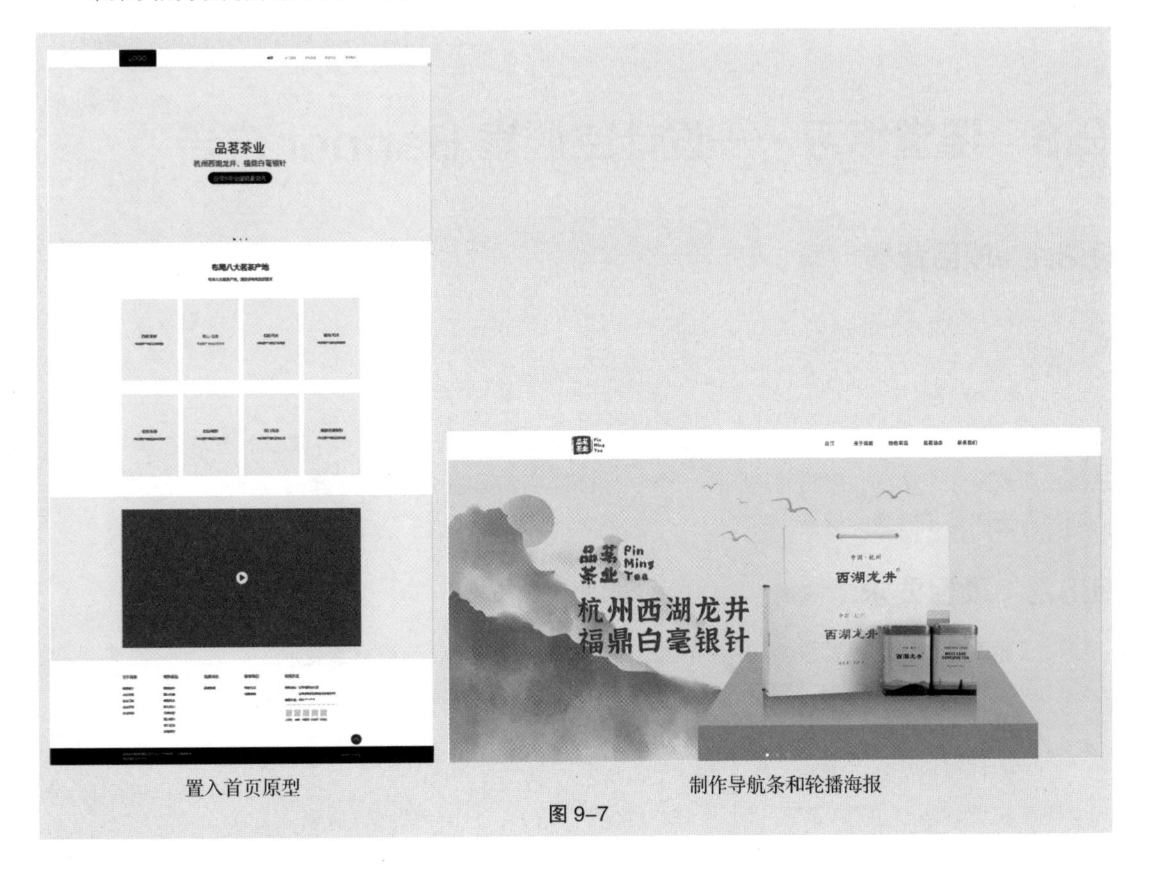


置入首页原型　　　　制作导航条和轮播海报

图 9-7

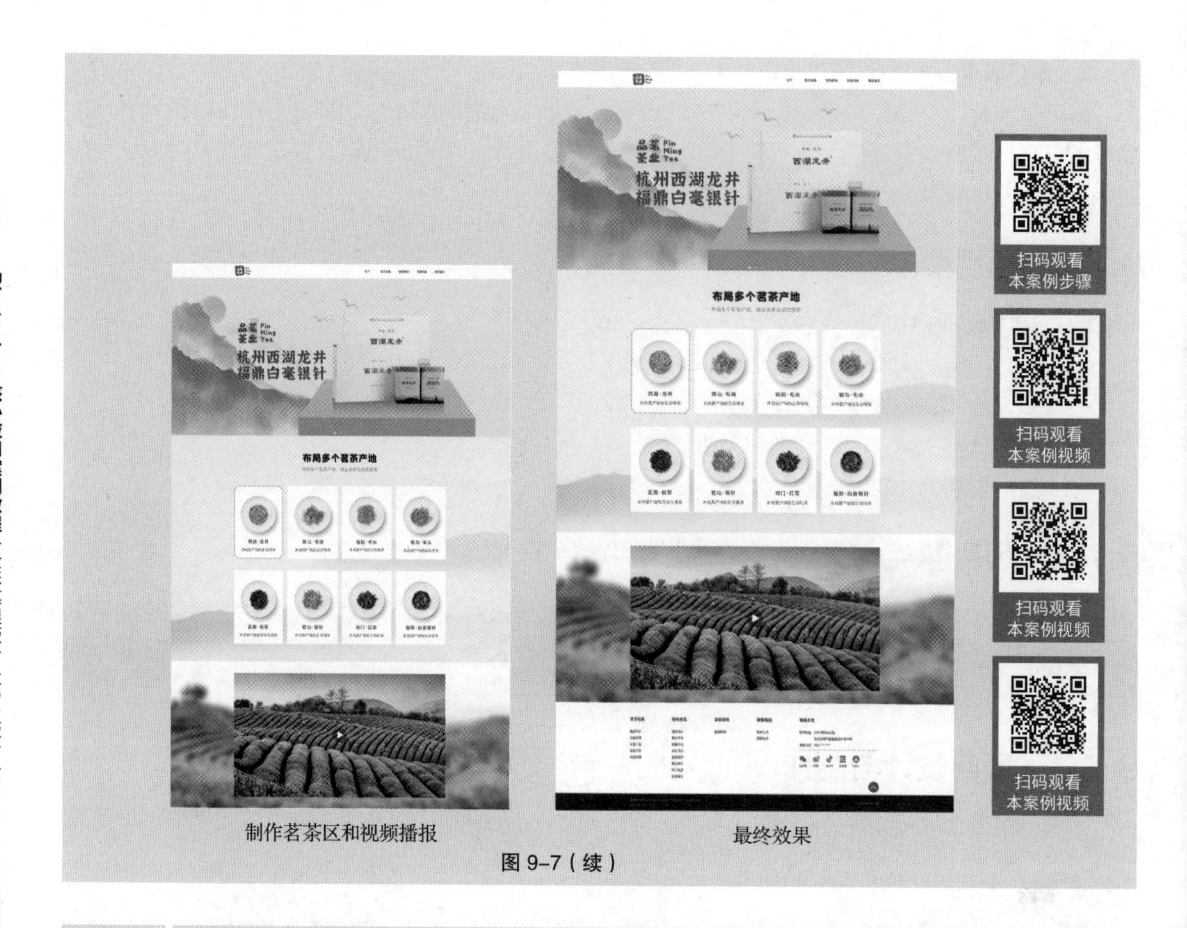


制作茗茶区和视频播报　　　　最终效果

图 9-7（续）

# 9.8 课堂练习——设计空调扇 Banner 广告

## 9.8.1 项目背景

**1. 客户名称**

戴森尔。

**2. 客户需求**

戴森尔是一家电商用品零售企业，贩售平整式包装的家具、配件、浴室和厨房用品等。公司近期推出新款变频空调扇，需要为其制作一个全新的网店首页海报，要求起到宣传公司新产品的作用，向客户传递清新和雅致的感受。

## 9.8.2 项目要求

（1）画面要求以产品图片为主体，模拟实际场景，带来直观的视觉感受。

（2）设计要求使用直观、醒目的文字来诠释广告内容，表现活动特色。

（3）整体色彩清新、干净，与宣传的主题相呼应。

（4）设计风格简洁、大方，给人整洁、干练的感觉。

（5）设计规格为 1920 像素（宽）× 800 像素（高），分辨率为 72 像素 / 英寸。

### 9.8.3 项目要点

使用“椭圆”工具 和“高斯模糊”滤镜为空调扇添加阴影效果；使用“色阶”命令调整图片颜色；使用“圆角矩形”工具 、“横排文字”工具 和“字符”控制面板添加产品品牌及相关功能介绍。

### 9.8.4 项目设计与制作

本案例的设计效果如图 9-8 所示。

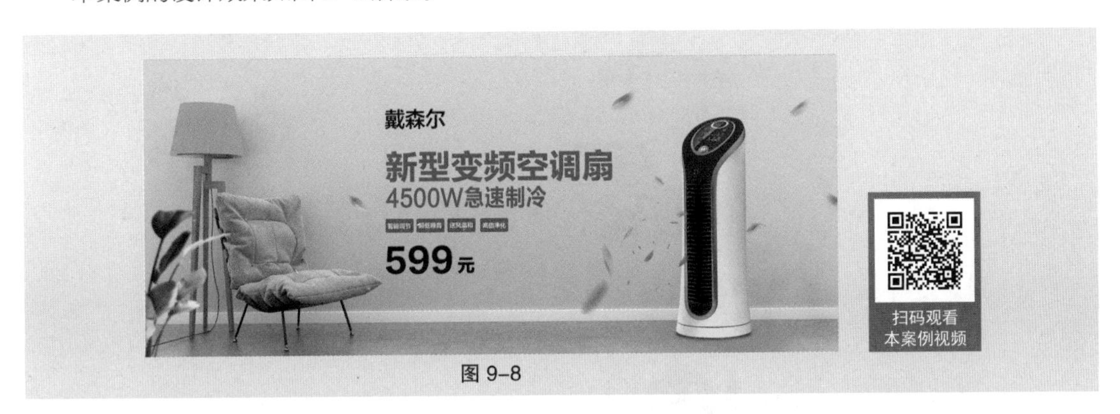


图 9-8

## 9.9 课后习题——设计中式茶叶官网详情页

### 9.9.1 项目背景

**1. 客户名称**

品茗茶叶有限公司。

**2. 客户需求**

品茗茶叶有限公司是一家以制茶为主的企业，秉承汇聚源产地好茶的理念，在业内深受客户的喜爱，已开设多家连锁店。现为推广茶文化，需要设计一款官网详情页，要求着重体现品茶方法，并普及泡茶过程以及制茶流程。

### 9.9.2 项目要求

（1）整体版面以中式风格为主。

（2）设计简洁、大方，体现绿色生态的理念。

（3）以绿色和白色为主色调，和谐统一。

（4）要求体现品茶方法、泡茶过程及制茶流程。

（5）设计规格为 1920 像素（宽）×7302 像素（高），分辨率为 72 像素 / 英寸。

### 9.9.3 项目要点

使用“新建参考线”命令建立参考线；使用“置入嵌入对象”命令置入图片；使用创建剪贴蒙

版的组合键调整图片的显示区域；使用“横排文字”工具 T. 添加文字；使用“矩形”工具 □. 和“椭圆”工具 ○. 绘制基本形状。

## 9.9.4 项目设计与制作

本案例的设计效果如图 9-9 所示。

图 9-9